Die Jagdgesetzgebung.

Jagdrecht — Jagdausübung — Jagdschutz.

Von

W. Schultz und **G. Frhr. v. Seherr-Thoß**
Landforstmeister a. D.   Regierungspräsident.

Zweite, neubearbeitete Auflage.

Springer-Verlag Berlin Heidelberg GmbH

1908.

Das Werk bildet zugleich den Band 5 des Teil XIV des Handbuchs der Gesetzgebung in Preußen und dem Deutschen Reiche, herausgegeben von Graf Hue de Grais, Wirkl. Geh. Oberregierungsrat, Regierungspräsident a. D.

ISBN 978-3-662-24083-0   ISBN 978-3-662-26195-8 (eBook)
DOI 10.1007/978-3-662-26195-8

Vorwort zur zweiten Auflage.

Die Jagdgesetzgebung hat in den wenigen seit dem Erscheinen der ersten Auflage verflossenen Jahren zahlreiche und eingreifende Veränderungen erfahren. Zuerst hat das Wildschongesetz vom 14. Juli 1904, das den Besitzern der ersten Auflage als Nachtrag geliefert wurde, neben der Neuregelung der Schonzeiten auch die verschiedenen provinziellen Vorschriften über die Jagdbarkeit beseitigt. Sodann wurde durch das Jagdverwaltungsgesetz vom 4. Juli 1905 die Verwaltung der gemeinschaftlichen Jagdbezirke neugeordnet. Eine weitere Gesetzvorlage wollte neue Grundsätze über die Bildung der Jagdbezirke einführen. Die Gesetzgebung war aber durch diese Änderungen so verwickelt und unübersichtlich geworden, daß statt dieses Ergänzungsgesetzes das ganze Gesetzgebungsgebiet in einer Jagdordnung zusammengefaßt ist, die abgesehen von Hannover, Hohenzollern und Helgoland und den Vorschriften über Wildschadenersatz im vormaligen Kurhessen auch für die einzelnen Landesteile einheitliches Recht geschaffen hat[1]). Nach dieser Entwickelung erschien eine vollständige Umarbeitung der ersten Auflage geboten.

Der Zweck und die Einrichtung des Werkes sind gegen die erste Auflage nicht verändert. Wie diese soll es:

1. die einzelnen zerstreuten Bestimmungen, die auch nach Erlaß der Jagdordnung noch auf dem Gebiete der Jagdgesetzgebung in Betracht kommen, nach ihrem inneren Zusammenhange übersichtlich zur Darstellung bringen,
2. die einzelnen Bestimmungen nach dem amtlichen Texte, doch unter Hervorhebung aller Änderungen, die sie im Laufe der Zeit erfahren haben, wiedergeben,

---

[1]) Nr. II. 2 d. W.

3. die Bestimmungen mit Erläuterungen versehen, wie sie für deren Verständnis und Anwendung erforderlich sind.

Das Handbuch erscheint als selbständiges, völlig in sich abgeschlossenes Werk, bildet aber zugleich den Teil XIV Band 5 des Handbuchs der Gesetzgebung in Preußen und dem Deutschen Reiche, das unter Herausgabe durch den Regierungspräsidenten a. D. Graf Hue de Grais in demselben Verlage erscheint und Einzelgebiete unserer Gesetzgebung in gleicher Weise in selbständigen Werken zur Darstellung bringt[2]). Infolgedessen kann jeder, der eins dieser Werke benutzt hat, sich ohne weiteres in jedem anderen zurecht finden.

Das vorliegende Werk zerfällt in die drei Abschnitte Jagdrecht, Jagdausübung und Jagdschutz. In diesen sind die einschlagenden Hauptgesetze unter fortlaufenden deutschen Ziffern aufgeführt. Die den Abschnitten vorangestellten Einleitungen bieten eine Übersicht der aufgenommenen Gesetze. Die nur zu ihrer Abänderung, Ergänzung oder Ausführung ergangenen Bestimmungen (Nebengesetze, Verordnungen, Anweisungen) sind entweder in Anmerkungen — die minder wichtigen nur dem Inhalt nach — aufgeführt, oder bei größerem Umfange als Anlagen unter lateinischen Buchstaben den Hauptgesetzen in der Reihenfolge angefügt, in der in diesen auf sie hingewiesen wird[3]).

Die gesetzlichen Bestimmungen sind durch stärkeren Druck hervorgehoben und alle Bestimmungen streng nach dem Wortlaut ihrer amtlichen Veröffentlichung wiedergegeben[4]). Die späteren Änderungen sind

---

[2]) Bislang erschienen außer dem vorliegenden Werke die Teile:

    I. Das Deutsche Reich vom Herausgeber (1901);

  III. Heer und Kriegsflotte, Bd. 1 Allgemeine Bestimmungen von demselben (1904). Bd. 2 Militärstrafrecht vom Reichsmilitärgerichtsrat Schlayer (1904);

  IV. Der preußische Staat Bd. 1 Staatsverfassung und Staatsbehörden vom Herausgeber (1903). Bd. 3 Kommunalverbände von demselben (1905);

  VII. Polizei vom Senatspräsidenten Genzmer (1905);

  IX. Bauwesen vom Geh. Ob.-Regierungsrat Münchgesang (1904);

XIV. Bd. 2 Forstwirtschaft vom Landforstmeister Schultz (1903);

XV. Bd. 1 Handel vom Geh. Ob.-Regierungsrat Lusensky (1904);

XIX. Eisenbahnen vom Geh. Ob.-Regierungsrat Fritsch (1906).

[3]) Örtliche Bestimmungen, die nicht mindestens für den Bezirk einer Provinz Geltung haben, sind in der Regel nicht aufgenommen, aber überall nachrichtlich angeführt.

[4]) Fortgelassen sind die regelmäßig wiederkehrenden Eingangs- und Schlußformeln der Gesetze, erstere, soweit sie nicht mit gesetzlichen Bestimmungen verbunden sind. Die Eingangsformel lautet bei Reichsgesetzen: „Wir Wilhelm, von Gottes Gnaden Deutscher Kaiser, König von Preußen ꝛc. verordnen im Namen des Reichs nach erfolgter Zustimmung des Bundesrats und des Reichstags was folgt:", bei Landesgesetzen: „Wir Wilhelm, von Gottes Gnaden König von Preußen ꝛc. verordnen unter Zustimmung beider Häuser des Landtags

zwar eingefügt, aber als solche deutlich bezeichnet. Veraltete oder aufgehobene Bestimmungen sind demgemäß fortgelassen, oder wo sie des Zusammenhanges wegen nicht zu entbehren waren, durch lateinischen Druck gekennzeichnet, während abgeänderte oder neu hinzugetretene Bestimmungen durch gesperrten Druck kenntlich gemacht sind. In beiden Fällen wird in den Anmerkungen nachgewiesen, wodurch die Aufhebung oder die Abänderung veranlaßt ist.

Die den Gesetzen angefügten Anmerkungen sollen außer diesen Angaben (Abs. 5) auch alle sonstigen für das Verständnis und die Handhabung erforderlichen Erläuterungen geben. Sie enthalten demgemäß neben der Darlegung der Entstehung, Bedeutung und Einteilung der Gesetze auch Hinweise auf andere Vorschriften, die mit den behandelten Bestimmungen in Zusammenhang stehen, ferner alle bezüglich ihrer ergangenen grundlegenden Entscheidungen der höchsten Gerichte und Verwaltungsbehörden, endlich die Hauptergebnisse, die Wissenschaft und praktische Handhabung darüber gefördert haben.

Dem Werke ist ein (chronologisches) Verzeichnis der Bestimmungen und ein (alphabetisches) Sachverzeichnis beigegeben.

Das Handbuch bietet sich damit allen Jägern und Jagdfreunden als ein zuverlässiger Führer auf dem Gesamtgebiet unserer Jagdgesetzgebung.

---

der Monarchie, was folgt:" Die Schlußformel lautet: „Urkundlich unter Unserer Höchsteigenhändigen Unterschrift und beigedrucktem Kaiserlichen (bei Landesgesetzen: Königlichen) Insiegel. Gegeben (Datum u. Unterschriften)". — Die in den Sammlungen enthaltenen laufenden Nummern der Gesetze sind fortgelassen; dafür sind die für das Auffinden in den Sammlungen wichtigeren Seitenzahlen der letzteren den Gesetzesüberschriften hinzugefügt. Fortgelassen sind ferner die den Bestimmungen beigefügten Formulare, die allen, die sie anzuwenden haben, in der Regel ohnehin zur Hand sein werden.

Berlin, im Dezember 1907.

Die Verfasser.

Inhalt.

III. Jagdschutz.

Berichtigungen.

S. 50 § 86 Nr. 5: Das G. datirt vom 29. April 1897.

S. 76 erste Zeile von oben: Der Verkehr mit Wild ist für die Provinz Schlesien neugeregelt durch Polizei-V. vom 14. Nov. 07.

Abkürzungen.

A. = Archiv.
AB. = Amtsblatt.
Abf. = Absatz.
AE. = Allerhöchster Erlaß.
AG. = Ausführungsgesetz (dieses bezieht sich, wo kein anderer Hinweis gegeben ist, auf das vorangegangene Hauptgesetz, BGB., StGB. usw.).
AH. = Abgeordnetenhaus.
AK. = Allerhöchste Kabinetsordre.
Anl. = Anlage.
Anm. = Anmerkung.
Anw. = Anweisung (Instruktion).
Art. = Artikel.
Ausf. = Ausführung.
B. = Blatt.
Bd. = Band.
Bearb. = Bearbeitung (Kommentar).
Begr. = Begründung (Motive).
BGB. = Bürgerliches Gesetzbuch 18. Aug. 96 (RGB. 195).
C. = Civilsachen.
CB. = Centralblatt.
CPO. = Civilprozeßordnung (Neufassung 98. RGB. 410).
Dekl. = Deklaration.
DJ. = Danckelmann: Jahrbuch für Forst- und Jagdwesen.
Druckf. = Drucksachen.
E. = Erlaß.
Ed. = Edikt.
EG. = Einführungsgesetz (Beziehung wie bei Ausführungsgesetz).
F.u.FstPG. = Feld- und Forstpolizeigesetz 1. April 80 (GS. 230).
FDG. = Forstdiebstahlgesetz 15. April 78 (GS. 222).
FM. = Finanzminister.
G. = Gesetz.
GA. = Goltdammer: Archiv.
GS. = Gesetzsammlung.
GVG. = Gerichtsverfassungsgesetz (Neufassung 98 RGB. 371).
Gesch.Anw. = Geschäftsanweisung.
HH. = Herrenhaus.
ha = Hektar.
Johow = Entsch. des Kamm.Ger.
JM. = Justizminister.

JMB. = Justizministerialblatt.
Kamm.Ger. = Kammergericht.
KB. = Kommissionsbericht.
KM. = Kriegsminister.
KO. = Kabinetsordre.
LR. = Allgemeines Landrecht.
Landt.Verh. = Landtagsverhandlungen.
LVG. = Landesverwaltungsgesetz 30. Juli 83 (GS. 195).
Min. = Minister.
Min.Instr. = Ministerialinstruktion.
MB. = Ministerialblatt der inneren Verwaltung.
M.d.ausw.A. = Minister der auswärtigen Angelegenheiten.
M.f.H. = Minister für Handel und Gewerbe.
MJ. = Minister des Innern.
ML. = Minister für Landwirtschaft, Domänen und Forsten.
O. = Ordnung.
OLG. = Oberlandesgericht.
OT. = Obertribunal.
OB. = Oberverwaltungsgericht.
PolV. = Polizeiverordnung.
PrAG. = Preußisches Ausführungsgesetz.
PrVBl. = Preußisches Verordnungsblatt.
Prov. = Provinz.
Reg. = Regierung.
Reg.Pr. = Regierungspräsident.
RBez. = Regierungsbezirk.
RG. = Reichsgesetz.
RGB. = Reichsgesetzblatt.
RGer. = Reichsgericht.
S. = Seite.
Schultz = Jahrbuch für Entscheidungen des RGer., OB., Kamm.Ger. usw. aus dem Gebiete der Preuß. Agrar-, Jagd- usw. Gesetzgebung (Berlin, Springer).
St. = Strafsachen.
StB. = Stenographische Berichte.
StGB. = Strafgesetzbuch (Neufassung 76, RGB.39).
Strieth.A. = Striethorst: Archiv.
V. = Verordnung.
Verh. = Verhandlung.
Vf. = Verfügung (Ministerialerlaß, Reskript, Zirkular).
d.W. = des Werkes.
ZustG. = Zuständigkeitsgesetz 1. Aug. 83 (GS.237).

Bemerkungen.

1. Die den Sammlungen (RGB., GS., MB., Entsch. usw.) angefügte Ziffer bedeutet die Seitenzahl und bezieht sich, wo eine besondere Jahreszahl nicht hinzugefügt ist, auf den Jahrgang, aus dem das Gesetz usw. ist. Wo die Sammlungen nicht nach Jahrgängen, sondern nach Bänden eingeteilt sind, weist die römische Ziffer den Band, die deutsche die Seite nach. Die Entsch. des Reichs- und Kammergerichts sind, wo ein besonderer Zusatz nicht gemacht ist, die Entsch. in Civilsachen.

2. Die sonstigen Abkürzungen finden in den unmittelbar vorausgegangenen Anmerkungen ihre Erklärung.

I. Jagdrecht.

1. Einleitung.

Die für das Jagdrecht unmittelbar in Betracht kommenden Vorschriften des BGB. (Nr. 2) beschränken sich auf die Bestimmungen über den Erwerb des Eigentums an herrenlosen beweglichen Sachen und über herrenlose wilde Tiere.

Die weiteren das Jagdrecht betreffenden Vorschriften sind durch EG. z. BGB.

Art. 69 Unberührt bleiben die landesgesetzlichen Vorschriften über Jagd und Fischerei, unbeschadet der Vorschrift des § 958 Abs. 2 des Bürgerlichen Gesetzbuchs und der Vorschriften des Bürgerlichen Gesetzbuchs über den Ersatz des Wildschadens

der Landesgesetzgebung vorbehalten[1]).

Die für Preußen bestehenden landesgesetzlichen Vorschriften über Jagd finden sich, abgesehen von den provinzialrechtlichen Bestimmungen und den im folgenden behandelten besonderen Jagdgesetzen im LR. (Nr. 3).

Das in Preußen früher als Regal oder selbständige Gerechtigkeit bestandene Jagdrecht auf fremdem Grund und Boden ist in den linksrheinischen Landesteilen durch die französische Gesetzgebung, in dem übrigen Staatsgebiete infolge der politischen Bewegungen im Jahre 1848 beseitigt worden. Das Jagdrecht ist seitdem ein Ausfluß des Grundeigentums.

Dieser Rechtszustand beruht in den 1848 zu Preußen gehörenden Landesteilen auf dem Jagd=G. 31. Okt. 48, in der Provinz Hannover auf dem Hannov. Jagd=G. 29. Juli 50, in dem vorm. Herz. Nassau auf der V. 30. März 67, in dem Kreise Herz. Lauenburg auf der V. 17. Juli 72 und in den übrigen, seitdem mit dem Staate vereinigten Ländern, insoweit für diese nicht bereits vor der Vereinigung gleichartige Bestimmungen getroffen und zur Ausführung gelangt waren[2]), auf dem G. 1. März 73.

---

[1]) Die Vorschriften des BGB. § 835 und des EG. z. BGB. Art. 70 u. 71 über den Ersatz des Wildschadens werden im Abschnitt II d. W. über Jagdausübung besprochen.

[2]) Für Hohenz. Sigmar. G. 29. Juli 48 (Sigm. V. u. Anz.=Bl. 275), Heching. G. 16. April 49 (Hech. V. u. Anz.=Bl. 151); für die Bayerischen Absplisse: G. 30. März 50 (Bayer. GS. 117); für das Kurf. Hessen: G. 1. Juli 48 (Kurh. GS. 47), V. 26. Jan. 54 (das. 12) u. 7. Sept. 65 (das. 571); für die Großh. Hess. Landesteile: G. 26. Juli 48 (Hess. Reg.=Bl. 209) und 2. Aug. 58 (das. 357); für die Landg. Hess.=Homburg: G. 8. Okt. 49 (Landg. Hess. Reg.=Bl. Nr. 8, S. 58); für Frankfurt a/M. (Stadtgebiet): G. 20. Aug. 50 (G. u. Stat. O. für Frankf. X. 323).

Die Vorschriften dieser Gesetze über das Jagdrecht sind in die Jagd=O. 15. Juli 07 (II. Nr. 2 d. W.) übernommen worden; nur für die Prov. Hannover bildet das G. 29. Juli 50 (Nr. 4) noch gegenwärtig die Rechtsgrundlage.

In die durch G. 18. Feb. 91 (GS. 11) dem Staatsgebiete angeschlossene Insel Helgoland ist die Preuß. Jagdgesetzgebung nicht eingeführt. Dort steht die Jagd jedem frei, der die Jagd= und Gewehrscheinsteuer entrichtet (II. Nr. 2 Anm. 91 d. W.).

---

2. Vorschriften des Bürgerlichen Gesetzbuches.

Drittes Buch, dritter Titel. Erwerb und Verlust des Eigentums.
V. Aneignung.

§ 958. Wer eine herrenlose bewegliche Sache in Eigenbesitz[1]) nimmt, erwirbt das Eigentum an der Sache.

Das Eigentum wird nicht erworben, wenn die Aneignuug gesetzlich ver=boten ist oder wenn durch die Besitzergreifung das Aneignungsrecht eines Anderen verletzt wird[2]).

§ 959. Eine bewegliche Sache wird herrenlos, wenn der Eigentümer in der Absicht, auf das Eigentum zu verzichten, den Besitz der Sache aufgibt.

§ 960. Wilde Tiere sind herrenlos, solange sie sich in der Freiheit be=finden. Wilde Tiere in Tiergärten[3]) und Fische in Teichen oder anderen ge=schlossenen Privatgewässern sind nicht herrenlos.

---

[1]) BGB. § 872: Wer eine Sache als ihm gehörend besitzt, ist Eigenbesitzer.

[2]) Die Vorschrift dieses Abs. ist von dem im EG. z. BGB. Art. 69 zugunsten der Landesgesetzgebung gemachten Vor=behalte über Jagd ausgeschlossen.

Der erste Satzteil betrifft die öffentlich=rechtlichen, der zweite die privatrechtlichen Hindernisse des Eigentumserwerbs.

Gesetzliche Verbote der Aneignung be=stehen z. B. hinsichtlich des unbefugten Ausnehmens von Eiern und Jungen jagdbaren Federwildes (StGB. § 368 Nr. 11, Wildschon=G. 14. Juli 04 § 5, Jagd=O. 15. Juli 07 § 42), des Zer=störens und Ausnehmens der Eier, des Ausnehmens und Tötens von Jungen der Vögel (Reichs=Vogelschutz=G. 22. März 88 § 1, F.u.FstPG. § 33), gefundener Abwurfstangen von Hirschen (Provinzial=rechtliche V. III Nr. 3 Anl. A d. W.). Ist nicht die Aneignung selbst, sondern nur eine gewisse Art oder Zeit der Aneignung gesetzlich untersagt, z. B. das Fangen jagd=barer Tiere in Schlingen, das Erlegen solcher Tiere während der Schonzeit, so stehen derartige polizeiliche Vorschriften dem Eigentumserwerbe nicht entgegen. An Wildarten, deren Erlegung unbe=dingt das ganze Jahr hindurch unter=sagt ist, z. B. an Elchkälbern (Wildschon=G. 14. Juli 04 § 2, Jagd=O. 15. Juli 07 § 39) wird dagegen Eigentum nicht erworben. Solches Wild bleibt herrenlos (Dickel, das BGB. für Forstmänner — Berl. 00 — S. 500; derselbe, das neue preuß. Wildschon=G. 14. Juli 04 — Berl. 06 — S. 101).

In privatrechtlicher Beziehung steht das ausschließliche Aneignungsrecht des Jagdberechtigten hinsichtlich jagdbarer Tiere [LR. II. 16 § 30 (Nr. 3), OT. 27. Juni 56 (St. XXXIII. 236), RGer. 1. Okt. 81 (St. V. 85) u. 19. Nov. 85 (St. XIII. 84)] dem Eigentumserwerb entgegen. Der Wilderer erwirbt mithin weder für sich, noch für den Jagdberech=tigten Eigentum. Das von dem Wilderer erbeutete Wild bleibt herrenlos, bis es an den Jagdberechtigten oder einen gutgläubigen Erwerber gelangt RGer. 25. April 07 (Schultz IV. 225).

[3]) Ein Tiergarten im Sinne dieser Vorschrift ist vorhanden, wenn das darin befindliche Wild vollständig am Austreten

Erlangt ein gefangenes wildes Tier die Freiheit wieder, so wird es herren=
los, wenn nicht der Eigentümer das Tier unverzüglich[4] verfolgt oder wenn er
die Verfolgung aufgibt.

Ein gezähmtes Tier wird herrenlos, wenn es die Gewohnheit ablegt, an
den ihm bestimmten Ort zurückzukehren.

---

3. Vorschriften des Allgemeinen Landrechts.

Diese Vorschriften sind, insoweit sie nicht durch neuere Gesetze in Wegfall
gekommen, durch das PrAG. z. BGB. Art. 89, 1 b, c aufrecht erhalten. Sie
bilden noch die aus der Jagdhoheit des Staates fließende Norm für den Gegen=
stand des Jagdrechts[1].

I. Tit. 9.

§ 114. Insekten und andere Thiere, welche nach §§ 107—111 ein
Gegenstand des Thierfanges, und weder zur Jagd= noch zur Fischereigerechtig=
keit geschlagen sind, können von einem Jeden eingefangen werden[2].

§ 115. Wer in der Absicht, dergleichen Thiere zu fangen, fremden
Grund und Boden, ohne Vorwissen und wider Willen des Eigenthümers be=
treten hat, muß das Gefangene dem Eigenthümer auf desselben Verlangen
nnentgeltlich ausliefern.

§ 116. Hat der Eigentümer auf seinem Grunde und Boden zu einem
erlaubten Thierfange Anstalten gemacht, so darf kein Anderer die daselbst ein=
gefangenen Thiere bei Strafe des Diebstahls wegnehmen[3].

§ 117. Vogeleier und junge Vögel sind, so weit es die Polizeigesetze
nicht ausdrücklich verbieten, ein Gegenstand des freien Thierfanges[4].

§ 128. Die Besitznehmung durch die Jagd ist erst alsdann für vollendet
zu achten, wenn das Thier todt oder lebendig in die Gewalt des Jagenden
gekommen ist[5].

§ 129. Ein Thier, welches bloß angeschossen worden oder aus dem
Netze entkommen ist, befindet sich noch in seiner natürlichen Freiheit[6].

---

gehindert und damit seiner natürlichen Freiheit beraubt ist. Die Größe des Tiergartens ist nicht entscheidend RGer. 9. Jan. 02. C. (Schultz I. 53).

[4] d. h. ohne schuldhaftes Zögern BGB. § 121. — Ein bei einer Parforce= jagd freigelassenes Stück Wild wird nicht herrenlos, weil die Verfolgung unver= züglich eintritt.

[1] RGer. 1. Okt. 81 (St. V. 85).

[2] Einschränkung LR. II. 16 § 35.

[3] Dies gilt auch für den Fall, daß der Eigentümer noch keine Kenntnis von dem erfolgten Fange erlangt hat RGer. St. 9. Mai 99 (XXXII. 161).

[4] Reichs=Vogelschutz=G. 22. März 88 (Nr. II. 2 Anl. D) § 1, F.u.FstPG. 1. April 80 § 33 das., und wegen Eier und Jungen von jagdbarem Federwilde LR. II. 16 § 57, Wildschon=G. 14. Juli 04 § 5 (II. 3 Anl. E d. W.) Jagd=O. 15. Juli 07 § 42 (II. 2 d. W.) u. StGB. § 368 Nr. 11 (Nr. III. 2 d. W.).

[5] Die Besitzergreifung ist auch dann schon vollendet, wenn das Tier in eine von dem Jagdberechtigten hergestellte Fangvorrichtung geraten und in ihr der= gestalt festgehalten ist, daß es sich nicht befreien kann. — Zum Eigentumserwerb ist Kenntnis von dem erfolgten Fange nicht erforderlich RGer. 9. Mai 99 (XXXII. 161).

[6] Vergl. BGB. § 960 (Nr. 2 d. W.).

§ 139. Ist angeschossenes Wild entkommen, oder hat sonst die Jagdfolge nicht stattgefunden, so ist der Jagende schuldig, dem Inhaber desjenigen angrenzenden Reviers, wohin das Wild auf der Flucht sich gewendet hat, von dem Anschusse binnen vierundzwanzig Stunden, bei einem bis fünf Thaler Strafe Nachricht zu geben.

§ 140. Doch versteht sich dieses nur vom angeschossenen hohen Wilde[7]), und die Anzeige geschieht auf Kosten des Berechtigten[8]).

§ 152. Wo sich Wölfe aufhalten, mag jeder Grundbesitzer an abgelegenen Orten Wolfsgruben anlegen.

§ 153. Damit aber Niemand dadurch Schaden leide, müssen dergleichen Gruben gegen Menschen und Vieh tüchtig umrückt werden.

§ 155. Wird Jemand von wilden Thieren angefallen, so sind ihm, zur Vertheidigung seines Lebens und seiner Gesundheit, alle Mittel, dieselben von sich abzuhalten oder zu tödten erlaubt[9]).

§ 156. Wilde oder andere reißende Thiere bleiben demjenigen, welcher sie bei solcher Gelegenheit[10]) gefangen oder getödtet hat, eigen.

§ 157. Sind aber Hirsche, Schweine oder anderes dergleichen Wild[11]) bei solchen Gelegenheiten gefangen und getödtet worden, so müssen sie dem Jagdberechtigten, gegen Ersatz des Schußgeldes, ausgeliefert werden.

§ 171. Der Fang solcher Thiere, die zugleich im Wasser und auf dem Lande leben (der Amphibien), gehört zur Jagd, wenn er mit Schießgewehr, Fallen oder Schlageisen geschieht[12]).

§ 172. Der Fang der Fischottern und Biber gehört allemal zur Jagd[13]).

§ 173. Wasservögel sind nur ein Gegenstand des Jagdrechts[14]).

§ 174. Insofern jedoch jagdbare Zugvögel, außer der Hegezeit, mit Fischernetzen unter dem Wasser gefangen werden können, ist solches dem Fischereiberechtigten erlaubt[15]).

---

[7]) LR. II. 16 § 37 u. Anm. 18.

[8]) § 139 u. 140 gehören zu den die Jagdfolge behandelnden Bestimmungen. Mit Aufhebung des Rechts der Jagdfolge (Jagd=G. 31. Okt. 48 § 4) sind auch die an die Ausübung dieses Rechtes geknüpften Pflichten beseitigt Kamm.Ger.St. 26. Juli 05 (Schultz III. 71).

[9]) Zu vergl. BGB.

§ 227. „Eine durch Nothwehr gebotene Handlung ist nicht widerrechtlich. Nothwehr ist diejenige Vertheidigung, welche erforderlich, um einen gegenwärtigen rechtswidrigen Angriff von sich oder einem Anderen abzuwenden."

[10]) Nur im Falle des § 155; anderenfalls gilt die Vorschrift § 115.

[11]) Mithin überhaupt jagdbare Tiere.

[12]) Über die Jagdbarkeit eines Tieres entscheidet jetzt die Jagd=O. 15. Juli 07 § 1 (II. 2 d. W.), für Hannover das Wildschon=G. 14. Juli 04 § 1 (II. 3 Anl. E d. W.).

[13]) Fischotter und Biber sind jagdbar; Anm. 12.

[14]) Anm. 12; die Jagdbarkeit ist aufrecht erhalten.

[15]) Die Befugnisse des Fischereiberechtigten sind anderweit geregelt durch Fischerei=G. $\frac{\text{30. Mai 74}}{\text{30. März 80}}$ u. Jagd=O. 15. Juli 07 (II. 2 d. W.) § 67.

§ 175. Alle anderen Wasserthiere und Amphibien, welche mit Fischer=netzen, Angeln oder mit der Hand im Wasser gefangen werden, gehören dem Fischereiberechtigten.

II. Tit. 16.

§ 30. Das Recht, jagdbare wilde Thiere aufzusuchen und sich zuzueig=nen, wird die Jagdgerechtigkeit genannt[16]). (Th. I Tit. 9 §§ 107—175.)

§ 31. Was zu den jagdbaren Thieren gehöre, oder ein Gegen=stand des freien Thierfanges sei, wird in den Gesetzen einer jeden Provinz bestimmt.

§ 32. Im Mangel anderer Bestimmungen gehören vierfüssige wilde Thiere und wildes Geflügel, insofern beide zur Speise gebraucht zu werden pflegen, zur ausschliessenden Jagdgerechtigkeit[12]).

§ 33. Andere wilde Thiere sind in der Regel ein Gegenstand des freien Thierfanges.

§ 34. Dahin gehören auch Wölfe, Bären und andere dergleichen schäd=liche Raubthiere.

§ 35. Doch dürfen dergleichen Thiere (§§ 33, 34) in Wäldern und Jagdrevieren von denjenigen, denen daselbst keine Jagdgerechtigkeit zukommt, nicht aufgesucht, noch weniger Jagden darauf angestellt werden[17]).

---

[16]) Das Jagdrecht besteht in der Be=fugnis zur ausschließlichen Aneignung jagdbarer Tiere OT. 27. Juni 56 (St. XXXIII. 236), RGer. 1. Okt. 81 (St. V. 85) u. 19. Nov. 85 (St. XIII. 84). — Dem Jagdberechtigten steht zwar kein dingliches Recht an den in seinem Jagd=gebiet befindlichen jagdbaren Tieren und demgemäß auch kein dinglicher Anspruch auf Herausgabe fortgeschaffter, sowie kein Besitzschutz bezüglich der noch nicht in Besitz genommenen Tiere zu. Der Jagd=berechtigte kann aber nicht nur im Wege der Selbsthilfe die Fortschaffung eines dem Aneignungsrechte unterliegenden Tieres aus dem Jagdbezirke verhindern, sondern auch gegen denjenigen, der wider=rechtlich die Entfernung eines Tieres be=wirkt hat, die Zurückschaffung in das Jagdgebiet erzwingen RGer. St. 5. Feb. 07 (Entsch. St. XXXIX. 427). — Aus dem Jagdrechte folgt auch die Befugnis, die erforderlichen Maßregeln zur Ver=hütung des Austrittes des Wildes zu treffen Kamm.Ger. C. 19. Juni 94 (PrVBl. XVI. 127). Den Gegenstand des Jagdrechtes bilden nicht nur lebende jagdbare Tiere, sondern auch totes Wild (Fallwild), es möge auf weidmännische Art erlegt sein oder nicht, ferner Bestandteile gefallenen Wildes RGer. 19. Nov. 85 (St. XIII. 84). — Fallwild kann jedoch als Gegen=stand des Jagdrechts nicht mehr angesehen werden, wenn namentlich durch Verwe=sung eine den Begriff eines jagdbaren Tieres überhaupt aufhebende Zerstörung eingetreten ist RGer. 14. März 95 (GA. 43 S. 48). — Geweihstangen eines Hirsches bilden, so lange sie sich in ihrer natür=lichen Verbindung mit der Hirnschale be=finden, Bestandteile des Körpers RGer. 14. Feb. 07 (Entsch. St. XXXX. 27). — Bereits abgeworfene Hirschstangen und Gehörne sind kein Bestandteil des Wildes mehr, sondern eine für sich bestehende, dem Jagdrechte nicht unterworfene Sache, sofern nicht bestimmte gesetzliche Vor=schriften etwas anderes anordnen OT. 17. Juni 75 (St. Bd. 75 S. 383) vergl. die Prov.G. (III. 3 Anl. A d. W.).

[17]) Diese Vorschrift ist lediglich polizei=licher Art, um Beeinträchtigungen des Jagdrechts zu verhindern. Eine Er=weiterung des ausschließlichen Aneig=nungsrechts auch auf nicht jagdbare Tiere ist darin nicht gegeben. Die Ausübung des freien Tierfanges ist hinsichtlich des wilden Kaninchens, das in Preußen nicht mehr zu den jagd=

§ 36. Was für Arten der wilden Thiere weder gejagt, noch sonst ein=
gefangen werden können, muß durch besondere Gesetze und Verordnungen aus=
drücklich bestimmt sein.

§ 37. Zur hohen Jagd werden gewöhnlich nur Hirsche, wilde Schweine
Auerochsen, Elendthiere, Fasanen, Auerhähne und Hennen gerechnet[18]).

§ 38. Wo die Provinzialgesetze keine mittlere Jagd bestimmen, gehört
alles übrige Wild zur niederen Jagd[18]).

§ 44. So weit als Jemand zur Jagd berechtigt ist, kann er seine Be=
fugniß, auf alle an sich erlaubte Arten, das Wild zu jagen oder zu fangen,
ausüben[19]).

§ 45. Die Setz-, Schon- und Hegezeit aber muss von jedem
Jagdberechtigten genau beobachtet werden[20]).

§ 57. Die Eier vom jagdbaren Federwilde dürfen niemals ausgenommen
werden[4]).

§ 58. Auch ein Jagdberechtigter darf kein Selbstgeschoß legen[21]).

§ 59. Fuchseisen oder Schlingen[22]) dürfen nur an abgelegenen Oertern
und mit solcher Vorsicht, daß dadurch weder Menschen und Vieh, ohne eigens
grobes Versehen der erstern, zu Schaden kommen können, gelegt werden.
(Th. I Tit. 9 §§ 152, 153.)

§ 60. Ohne besondere Erlaubniss des Staats darf Niemand ver-
zäunte Gehege, zum Schaden der Nachbarschaft und Hemmung des
Wildwechsels errichten, Einsprünge anlegen, oder die Grenzen nächt-
lich verlappen[23]).

§ 64[24]). Niemand darf auf fremden Jagdrevieren Hunde laufen lassen,
die nicht mit einem Knüppel, welcher sie an der Aufsuchung und Verfolgung
des Wildes hindert, versehen sind.

---

baren Tieren gehört, im Interesse des
Jagdschutzes insofern eingeschränkt, als
durch Jagd=O. 15. Juli 07 (II. 2 b. W.)
§ 4; u. durch Wildschon=G. 14. Juli 04
(II. 3 Anl. E d. W.) § 4 das Aufstellen
von Schlingen verboten ist, in denen sich
jagdbare Tiere oder Kaninchen fangen
können. — Außerdem besteht in fast
allen Landesteilen die polizeiliche An=
ordnung, daß der Kaninchenfang auf
fremden Grundstücken nur auf Grund
schriftlich erteilter Erlaubnis des Eigen=
tümers oder Nutzungsberechtigten des
Grundstücks und des Jagdberechtigten
ausgeübt werden darf. Anl. A enthält
das Verzeichnis der gegenwärtig darüber
bestehenden PolW. — Vergl. hierzu auch
II. 2 Anm. 159 d. W.

[18]) Die früher übliche Trennung der
jagdbaren Tiere in solche der hohen,
mittleren und niederen Jagd hat seit
Aufhebung des Jagdregals rechtlich die
Bedeutung verloren.

[19]) Vorschriften für die Jagdaus=
übung: Abschnitt II d. W.).

[20]) Jetzt Jagd=O. 15. Juli 07 (II. 2
b. W.), für Hannover Wildschon=G.
14. Juli 04.

[21]) StGB. § 367 Nr. 8 (III. 2 Anm. 30
b. W.).

[22]) Schlingen: Jagd=O. 15. Juli 07
§ 41, für Hannover Wildschon=G. 14.
Juli 04.

[23]) § 60 ist durch Jagd=G. 31. Okt.
48 aufgehoben OT. 22. Sept. 74 (Bd.
73 S. 72).

[24]) § 64 bis 67 kommen nur da zur
Anwendung, wo Prov.G. nichts anderes
bestimmen OT. 23. Jan. 68 (JMB. 78).
— Über diese den Jagdschutz betreffen=

§ 65. Ungeknüppelte gemeine Hunde, ingleichen Katzen, die auf Jagd=
revieren herumlaufen, kann jeder Jagdberechtigte töbten, und der Eigenthümer
muß das Schußgeld bezahlen[25]).

§ 66. Wenn Jagd= oder Windhunde, während der von einem Jagd=
berechtigten auf seinem Reviere angefangenen Jagd, bloß überlaufen, so können
sie nicht getödtet; sie müſſen aber sofort zurückgerufen werden[26]).

§ 67. Wenn Jagdhunde nicht mit Vorſatz an der Grenze gelöſet werden,
ſondern nur von ungefähr über die Grenze gelaufen ſind, können ſie auf=
gefangen und müſſen dem Eigenthümer, gegen Entrichtung eines Pfandgeldes
von Acht Groſchen für das Stück, zurückgegeben werden.

§ 68. Wie die Jagdkontraventionen zu beſtrafen, iſt im Kriminalrechte
vorgeſchrieben; und wird in den Provinzial=Jagdordnungen näher beſtimmt.

---

den Beſtimmungen: III. 3 Anl. B
d. W.

[25]) Im Gebiete des LR. ſteht dem
Jagdberechtigten die Befugnis, fremde in
ſeinem Revier umherlaufende Hunde zu
töten, auch rückſichtlich der Jagdhunde
zu, ſofern nicht einer der geſetzlichen
Ausnahmefälle vorliegt OT. 5. Mai 79
(MB. 80 S. 71). Zur Anwendung der
geſetzlichen Beſtimmungen wird voraus=
geſetzt, daß ſich der Hund nicht unter
unmittelbarer Aufſicht eines Menſchen
befunden habe; auch unter dieſer Vor=
ausſetzung kommt das Recht, den Hund
zu töten dem Jagdberechtigten, nicht
aber ohne weiteres jeder anderen mit
dem Schutze des Reviers beauftragten
Perſon zu RGer. 17. Dez. 81 (Rechtſpr.
III. 810). — Der zu tötende Hund muß
— unbeaufſichtigt — bei dem Herum=
laufen betroffen werden RGer. 30. April
03 (St. XXXVI. 230). — Der Jagd=
berechtigte kann auf Grund des § 65
andere Perſonen zur Tötung ungeknüp=
pelter Hunde ermächtigen RGer. 22. Ott.
94 (St. XXXIV. 197). — Für Fälle,
in denen die Vorſchriften des LR. oder
der Prov.G. nicht maßgebend ſind, iſt
die Selbſtverteidigung gegen umherlau=
fende Hunde und Katzen durch BGB.

§ 228. Wer eine fremde Sache be=
ſchädigt oder zerſtört, um eine durch ſie
drohende Gefahr von ſich oder einem
Anderen abzuwenden, handelt nicht
widerrechtlich, wenn die Beſchädigung
oder die Zerſtörung zur Abwendung
der Gefahr erforderlich iſt und der
Schaden nicht außer Verhältnis zu
der Gefahr ſteht. Hat der Handelnde
die Gefahr verſchuldet, ſo iſt er zum
Schadenserſatze verpflichtet.

geſchützt. Dieſer § behandelt die Abwehr
der Gefahr durch Sachen, wozu auch
Tiere gehören RGer. 17. Juni 01 (St.
XXXIV. 295). — Im Geltungsbereich
der Jagd=O. 15. Juli 07 § 65 (II. 2
d. W. u. der Hohenzollern. Jagd=O.
10. März 02 § 18 (II. 4 d. W.) darf
jeder ſich zur Abwehr des Rot=, Dam=
und Schwarzwildes kleiner oder gemeiner
Hofhunde bedienen.

[26]) Überjagende oder überlaufende
Hunde ſind nur ſolche, die während einer
von dem Jagdberechtigten auf ſeinem
Revier angefangenen Jagd lediglich von
ungefähr über die Grenze gelaufen ſind
OV. 14. Nov. 05 (PrVBl. XXVII.
930).

Anlage A (zu Nr. 3 Anmerkung 17).

Verzeichnis der gegenwärtig bestehenden Polizeiverordnungen über den Fang wilder Kaninchen [1]**.**

Provinz Brandenburg (mit Ausnahme der Stadtkreise Charlottenburg, Rixdorf und Schöneberg): Vom 4. Juni 02 (AB. für Potsdam 269, „ „ Frankfurt a. O. 167) —

„ Posen . . . . . . Vom 8. Jan. 07 (AB. für Posen 35, „ „ Bromberg 31) —

„ Sachsen . . . . Vom 17. Okt. 92 [2]) (AB. für Magdeburg 404, „ „ Merseburg 400, „ „ Erfurt 243) —

RBez. Stettin (Kreis Randow)	16. Dez. 01	AB.	86 —
„ Stralsund	1. Juni 94	„	206 —
„ Breslau	29. März 94	„	161 —
	13. Feb. 92	„	46,
„ Liegnitz {	11. April 02	„	178,
	31. März 03	„	106 —
„ Oppeln	2. April 94	„	110 —
„ Schleswig	5. Feb. 01	„	35 —
„ Hildesheim	28. April 06	„	—
„ Lüneburg	11. Mai 06	„	129 —
„ Münster	22. Sept. 94	„	186 —
„ Minden	8. Okt. 03	„	317 —
„ Arnsberg {	18. Okt. 98	„	710,
	21. Mai 01	„	431 —
„ Coblenz	18. Juli 92	„	229 —
„ Düsseldorf	13. Sept. 05	„	307 —
„ Cöln	13. Feb. 95	„	56 —
„ Trier	6. Nov. 00	„	502 —
„ Aachen	30. Jan. 93	„	88. —

---

4. Hannoversches Gesetz, betreffend Aufhebung des Jagdrechts auf fremdem Grund und Boden und Ausübung der Jagd. Vom 29. Juli 1850 (Hannov. GS. I. 103)[1].

I. Aufhebung des Jagdrechts auf fremdem Grund und Boden.

§ 1. Das Jagdrecht auf fremdem Grund und Boden, soweit dasselbe als dingliches Recht besteht, ist aufgehoben und kann als solches nicht ferner erworben werden.

---

[1] Wenn die Übertretung einer PolV., betr. das Verbot des Einfangens wilder Kaninchen auf fremden Grundstücken, den Gegenstand der Untersuchung bildet, so ist die Revision gegen ein in der Berufungsinstanz erlassenes Urteil unzulässig Kamm.Ger. 28. Sept. 99 (Johow XIX. 275).

[2] Als rechtsgültig erklärt RGer. 3. Dez. 94 (St. XXVI. 266).

[1] Bearb. durch Stelling (Hannov. Jagdrecht, Hannov. u. Leipzig 96, und die Hannov. Jagdgesetze in ihrer heutigen Gestalt, daf. 05).

§ **2.** Das Jagdrecht, welches erweislich durch einen mit dem Eigen=
thümer des belasteten Grundstücks abgeschlossenen lästigen Vertrag erworben
ist, kann jedoch nur durch Ablösung nach den Bestimmungen des § 17 auf=
gehoben werden.

Das bei übertragung des Grundeigenthums vorbehaltene Jagdrecht fällt
nicht unter diese Bestimmung.

§ **3.** Jedem Grundeigenthümer — auch dem mit erblichem Nutzungs=
rechte versehenen Besitzer (dominus utilis) unter Ausschluß des Obereigen=
thümers (dominus directus) — steht das Jagdrecht auf eignem Grund und
Boden zu[2]).

Die Ausübung desselben richtet sich nach den folgenden Bestimmungen:

II. Ausübung der Jagd (§§ 4—16)[3]).

III. Entschädigung des Jagdberechtigten für das aufgehobene Jagdrecht
(§§ 17—25)[4]).

IV. Schlußbestimmungen (§§ 26—31)[5]).

---

[2]) Hiernach ist nicht bloß das ding=
liche, sondern jedes Jagdrecht auf frem=
dem Grund und Boden aufgehoben OT.
20. März 78 (Oppenhoff, Rechtspr. des
OT. XIX. 419).

[3]) Die das Recht zur Ausübung der
Jagd behandelnden § 4 bis 16 sind durch
die Hannov. Jagd=O. 11. März 59 § 1
(II. 3 d. W.) aufgehoben.

[4]) Nach Erledigung der Entschädi=
gungsverhandlungen bedeutungslos ge=
worden.

[5]) Hiervon hatte nur noch der die Jagd
auf Wasservögel in Ostfriesland betr.
§ 30 Bedeutung. Er ist jedoch durch
Hannov. Jagd=O. 11. März 59 § 13
ersetzt.

II. Jagdausübung.

1. Einleitung.

Aus der jedem Grundbesitzer in den alten Provinzen durch G. 31. Okt. 48 (I. 1 d. W.) gestatteten Jagdausübung auf eigenem Grund und Boden und aus der gleichzeitig erfolgten Beseitigung aller Vorschriften über die Schonzeiten des Wildes entwickelten sich alsbald neben der Gefahr völliger Vernichtung der Wildstände so bedenkliche Beeinträchtigungen der öffentlichen Sicherheit und des Schutzes der Feldfrüchte, daß der Erlaß einschränkender jagdpolizeili.her Vorschriften nötig wurde.

Auch in den später mit dem Staate vereinigten Landesteilen hatte sich aus ähnlichen Ursachen eine Regelung der Jagdausübung als unerläßlich erwiesen.

Infolgedessen erging für die alten Provinzen das Jagdpolizei-G. 7. März 50 (GS. 165), das demnächst in die vormals Bayerische, der Prov. Sachsen angeschlossene Enklave Kaulsdorf (V. 22. Mai 67 — GS. 729), in das mit der Rheinprovinz vereinigte, früher Landgräflich Hessische Oberamt Meisenheim (V. 20. Sept. 67 — GS. 1534) und in die Prov. Schleswig-Holstein (G. 1. März 73 — GS. 27) eingeführt, auch mit geringen Abweichungen in die für das vormalige Herzogtum Nassau erlassene V. 30. März 67 (GS. 426) und in das den Kreis Herzogtum Lauenburg betr. G. 17. Juli 72 (Offiz. Wochenbl. 215) übernommen worden ist. Die Ausübung des Jagdrechts auf eigenem Grund und Boden wurde hierdurch im wesentlichen nur auf einer zusammenhängenden, mindestens 300 Morg. großen land- oder forstwirtschaftlich benutzten Fläche zugelassen, alle übrigen Grundstücke eines Gemeinde-(Guts-)Bezirkes aber wurden zu einem gemeinschaftlichen Jagdbezirke vereinigt. Für die Hege- und Schonzeiten des Wildes traten wieder die durch G. 31. Okt. 48 aufgehobenen Bestimmungen in Kraft; für die genannten neuen Landesteile verblieb es bei den dort bestehenden Vorschriften.

Für die Prov. Hannover brachte die Jagd-O. 11. März 59 die durch das Jagd-G. 29. Juli 50 (I. 4 d. W.) nicht genügend getroffene Regelung der Jagdausübung. Für das vorm. Kurfürstent. Hessen geschah dies durch das Jagd-G. 7. Sept. 65 (GS. 571).

Da hierneben die Jagdgesetze in Kraft geblieben waren, die in den, dem Staatsgebiete einverleibten früher Bayerischen, Großherz. Hessischen, Landgräfl. Hessischen und Frankfurter Landesteilen Geltung hatten, so ergab sich hieraus eine große, dem Staatsinteresse nicht entsprechende Mannigfaltigkeit der Jagdgesetzgebung.

Eine erste wesentliche Vereinfachung wurde durch das die Schonzeiten des Wildes im ganzen Umfange der Monarchie mit alleinigem Ausschlusse der Hohenzollernschen Lande einheitlich festsetzende G. 26. Feb. 70 (GS. 120) herbeigeführt.

Nach dem fruchtlosen Verlaufe der Landtagsverhandlungen in den Jahren 1883/84 über den Erlaß einer das Staatsgebiet umfassenden Jagd-O. wurde die Abstellung von Mißständen und die als notwendig erkannte einheitliche Regelung hinsichtlich einzelner jagdlicher Gegenstände verfolgt und zwar durch den Erlaß

gleichmäßiger Vorschriften über die Handhabung der Jagdpolizei im Zuständigkeits=
Gesetz 1. Aug. 83 (GS. 237) Tit. XV § 103—108; durch das Wildschaden=Gesetz
11. Juli 91 (GS. 307), gültig für die ganze Monarchie mit Ausnahme der Prov.
Hannover und des vorm. Kurfürstent. Hessen; ferner durch das für das ganze
Staatsgebiet mit Ausnahme von Helgoland erlassene Jagdschein=G. 31. Juli 95
(GS. 304), durch die für die Hohenzollernschen Lande erlassene Jagd=O. 10. März
02 (GS. 33), durch das die Jagdbarkeit der Tiere einheitlich für das ganze
Staatsgebiet mit Ausschluß der Hohenzollernschen Lande regelnde, die Schonzeiten
des Wildes, abweichend von dem G. 26. Feb. 70, festsetzende G. 14. Juli 04
(GS. 159) und durch das die Verwaltung gemeinschaftlicher Jagdbezirke betreffende
G. 4. Juli 05 (GS. 271), dessen Geltungsbereich die ganze Monarchie, mit Aus=
schluß der Prov. Hannover, Hessen=Nassau, der Hohenzollernschen Lande und der
Insel Helgoland, umfaßte.

Die 1906 erfolgte und zur Landtagssession 1907 wiederholte Gesetzvorlage
über die Änderung der im Laufe der Zeit namentlich in Beziehung auf die Bil=
dung der Jagdbezirke immer mehr als unzureichend erkannten Vorschriften des
Jagdpolizei=G. 7. März 50 und des kurhess. Jagd=G. 7. Sept. 65 führte in den
darüber gepflogenen Landtagsverhandlungen zu dem Beschlusse, die bestehenden,
sehr mannigfaltigen jagdgesetzlichen Bestimmungen mit den neu zu erlassenden
Vorschriften über die Bildung der Jagdbezirke usw. zu einer einheitlichen Jagd=
ordnung im Wege der Kodifikation und unter Aufhebung aller dadurch entbehrlich
werdenden Gesetze umzuformen. Das Ergebnis dieses Beschlusses ist die Jagd=O.
vom 15. Juli 07 (Nr. 2 d. W.).

Für die von ihrem Geltungsbereiche ausgeschlossene Prov. Hannover sind die
dort geltenden Gesetze über die Jagdausübung und den Wildschadenersatz (Nr. 3
d. W.) und für die gleichfalls ausgeschlossenen Hohenzollernschen Lande die Jagd=O.
vom 10. März 02 (Nr. 4 d. W.) in Kraft geblieben.

Die von der Jagd=O. ebenfalls nicht betroffene Insel Helgoland hat eigen=
artige jagdliche Einrichtungen (I. 1 und II. 2 Anm. 91 d. W.).

---

2. Jagdordnung. Vom 15. Juli 1907 (GS. 207).[1]

Wir usw. verordnen für den ganzen Umfang der Monarchie mit Ausschluß
der Provinz Hannover, der Hohenzollernschen Lande und der Insel Helgoland,
was folgt:

Erster Abschnitt.
Umfang des Jagdrechts[2].

§ 1[3]. Jagdbare Tiere[4] sind:

---

[1] Inhalt. Die Jagd=O. behandelt im Abschn. 1 das Jagdrecht und dessen Ausübung in Jagdbezirken; Abschn. 2 betrifft die Bildung und Verwaltung der Jagdbezirke; Abschn. 3 die Jagdscheine; Abschn. 4 enthält die Schonvorschriften. Die Abschn. 5 u. 6 behandeln den Er=satz und die Verhütung des Wildschadens; Abschn. 7 bezeichnet die zuständigen Be=hörden; Abschn. 8 enthält Strafvorschrif=ten und Abschn. 9 Übergangs= und Schlußbestimmungen.

Ausf.Vf.: 29. Juli 07. Anlage A. Quellen: Landt.Verh. 1907 AH. Drucks. 10 (Gesetzentw. u. Begr.), 322 (KB.), 365, 461, 496, StB. 951 ff., 5083 ff., 5128 ff., 5199 ff., HH. Drucks. 122 (KB.).

[2] Anl. A Nr. 1. — Begriff und Gegenstand des Jagdrechts: I. 3 Anm. 16 d. W.

[3] Anl. A Nr. 2.

[4] d. h. Wild im rechtlichen Sinne. Hierbei sind alle Tiere in Betracht ge=

a) Elch=, Rot=, Dam=, Reh= und Schwarzwild, Hasen, Biber, Ottern, Dachse, Füchse, wilde Katzen, Edelmarder[5]);

b) Auer=, Birk= und Haselwild, Schnee=, Reb= und schottische Moorhühner, Wachteln, Fasanen, wilde Tauben, Drosseln (Krammetsvögel[6]), Schnepfen, Trappen, Brachvögel, Wachtelkönige, Kraniche, Adler (Stein=, See=, Fisch=, Schlangen=, Schreiadler), wilde Schwäne, wilde Gänse, wilde Enten, alle anderen Sumpf= und Wasservögel[7]) mit Ausnahme der grauen Reiher[8]), der Störche[9]), der Taucher, der Säger, der Kormorane und der Bleßhühner.

§ 2[10]). Das Jagdrecht steht jedem Eigentümer auf seinem Grund und Boden zu.

Eine Trennung des Jagdrechts von Grund und Boden kann als dingliches Recht künftig nicht stattfinden.

§ 3[11]). Das Jagdrecht darf nur ausgeübt werden auf Jagdbezirken (Eigenjagdbezirken und gemeinschaftlichen Jagdbezirken) und auf Grundflächen, die Eigenjagdbezirken angeschlossen oder gemeinschaftlichen Jagdbezirken zugelegt sind[12]).

Zweiter Abschnitt[13]).

Jagdbezirke.

§ 4[14]). Eigenjagdbezirke können gebildet werden aus solchen, demselben

---

kommen, deren Fleisch, Gehörn, Balg und Eier genutzt werden, soweit sie nicht zu den überwiegend schädlichen gehören (Landt.Verh. 04 HH. Drucks. 23 Entw. u. Begr. zu Wildschon=G. 14. Juli 04 S. 9 bis 11). — Außerdem sind seltene Vogelarten (Adler) als jagdbar erklärt worden, um sie vor gänzlicher Ausrottung zu bewahren (AH. Sess. 04 Drucks. 336 KB. zu G. 14. Juli 04 S. 2).

[5]) Der früher in vielen Landesteilen jagdbar gewesene Steinmarder unterliegt nunmehr dem freien Tierfange.

[6]) § 175 der Schleswig=Holst.'schen Forst= u. Jagd=O. 2. Juli 1784, der jedem gestattet, Krammetsvogel=Dohnen auf seinen eigentümlichen Gründen an seinen eigenen Bäumen aufzustellen, ist hierdurch aufgehoben.

[7]) Dazu gehören u. a. der Kiebitz, die Regenpfeifer, der Kampfhahn, die Strandläufer, die Wasserläufer, die Rohrdommeln, die Seeschwalben und die Möven. Von letzteren genossen nur die im Binnenlande brütenden den Schutz des RG. 22. März 88 § 8 Nr. 12 (2. Anl. D d. W.).

[8]) Andere Reiher sind jagdbar.

[9]) Die Störche sind nicht jagdbar. Der ihnen durch RG. 22. März 88 (Anm. 7) gewährte Schutz kann durch Landes=G. entzogen werden (das. § 8 Abs. 1 u. § 48 dieser Jagd=O., Anl. A Nr. 34).

[10]) Anl. A Nr. 3.

[11]) Anl. A Nr. 4. — Außer Betracht bleibt hier die jedem zustehende Ausübung der Jagd auf dem Meere.

[12]) Vergl. § 12.

[13]) Anl. A Nr. 5. — In diesem Abschn., zu dem § 3 die Einleitung bildet, handeln § 4 bis 6 u. 14 von den Eigenjagdbezirken, § 7, 16 u. 17 von gemeinschaftlichen Jagdbezirken, § 20 bis 25 von deren Nutzung, insbes. der Verpachtung, § 8 bis 12 von den zu Jagdbezirken nicht geeigneten, benachbarten Jagdbezirken anzuschließenden oder zuzulegenden Grundflächen eines Gemeinde=(Guts=)Bezirkes u. § 17 bis 19 u. 26 von der Zuständigkeit. Sonderbestimmungen betreffen den Ausschluß der der Fischerei dienenden Seen und Teiche § 13, die abgelösten Jagdberechtigungen in Kurhessen § 15, die Anstellung von Jägern § 27 und die Jagdausübung in Festungswerken § 28.

[14]) Anl. A Nr. 6.

Eigentümer[15]), beim Miteigentume denselben Miteigentümern gehörigen Grund=flächen[16]), welche

1. dauernd und vollständig gegen den Einlauf von Wild eingefriedigt sind[17]), oder

2. in einem oder mehreren Gemeinde= (Guts=) Bezirken einen land= oder forstwirtschaftlich benutzbaren[18]) Flächenraum von wenigstens 75 Hektar[19]) einnehmen und in ihrem Zusammenhange[20]) durch kein fremdes Grund=stück unterbrochen werden. Die Trennung, welche Gewässer und Deiche, ebenso Wege, Kanäle und Eisenbahnen[21]) mit Zubehörfläche (Schutz=streifen, Ausschachtungs=, Anschüttungsflächen, Bahnhöfe und Ähnliches) bilden, wird als eine Unterbrechung des Zusammenhanges nicht an=gesehen[22]). Diese Flächen werden dem angrenzenden Eigenjagdbezirk angeschlossen[23]), falls nicht der Inhaber den Anschluß ablehnt; liegen sie zwischen verschiedenen Jagdbezirken, so erfolgt der Anschluß bis zur Mitte. Befindet der Grenzweg sich aber im Eigentume des Inhabers eines angrenzenden Eigenjagdbezirks, so steht diesem das Jagdrecht auf dem ganzen Wege zu. Lehnt der Inhaber den Anschluß nicht ab, so kann der Eigentümer der Fläche eine Pachtentschädigung verlangen; kommt eine Einigung über die Höhe der Pachtentschädigung nicht zu=stande, so findet das Verfahren nach § 19 Anwendung.

---

[15]) d. i. der im Grundbuch eingetragene Eigentümer Ah. StB. 5114. — Lehns= u. Fideikommißbesitzer, wie auch Nieß=braucher stehen ihm gleich § 5 Abs. 3. Einheitlichkeit des Eigentumsverhältnisses ist erforderlich, wie auch nach dem früheren Recht OB. 9. April 06 (Schultz III. 218).

[16]) Mithin Grundflächen jeder Art, auch Wasserflächen (Begr. S. 12).

[17]) Die Ausübung der Jagd darf erst erfolgen, nachdem festgestellt ist, daß die Einfriedigung den gesetzlichen Erforder=nissen entspricht Abs. 2 u. 3. — Die Frage, ob die Jagd in einem eingefrie=digten Grundstücke überhaupt ausgeübt werden kann, ist eine solche des bürger=lichen Rechts Ah. StB. S. 5114.

[18]) d. s. Flächen, die eine solche Be=nutzbarkeit ermöglichen, wenn sie auch zu einer anderen wirtschaftlichen Nutzung oder einem eine besondere Benutzungs=art bedingenden öffentlichen Zweck be=stimmt sind, z. B. zu Exerzier=, Truppen=übungs= oder Schießplätzen OB. 19. Dez. 01 (XXXX. 319). — Auch Seen können landwirtschaftlich genutzte Flächen sein OB. 21. April 02 (XXXXI. 297).

[19]) Privatwege, die dem land= und forstfiskalischen Betriebe dienen und Hof=stellen sind einzurechnen, wie nach bis=herigem Recht OB. 24. April 00 (XXXVIII. 298).

[20]) Der Zusammenhang ist vorhanden, wenn die Jagd auf den 75 ha großen Grundstücken ausgeübt werden kann, ohne daß ein fremdes Grundstück betreten werden muß — wie nach bisherigem Recht OB. 8. Juni 03 (PrVBl. XXV. 162).

[21]) Die Jagdausübung auf Schienen=wegen ist durch die Eisenbahnbetriebs=O. verboten (HH. KB. S. 6).

[22]) Dies trifft nur zu für Grundstücke, die ohne das Vorhandensein von Wegen usw. in ungetrenntem Zusammenhange liegen würden.

[23]) Der Anschluß erfolgt kraft des Ge=setzes pachtweise Anl. A Nr. 6 Abs. 2. Die Anpachtung bleibt nach § 11 in Kraft, bis eine anderweite Regelung er=folgt, mindestens aber sechs Jahre — unbeschadet der Bestimmung im § 14. — Im Eigentum des Inhabers des Eigenjagdbezirkes stehende Wege gehören ebenso zum Eigenjagdbezirk, wie die im Gesetze erwähnten Grenzwege.

Ein Eigenjagdbezirk kann allein aus Wegen, Deichen und Flüssen[24] sowie aus solchen längs Wegen, Kanälen[25] und Eisenbahnen führenden Zubehörstreifen, die wegen ihrer geringen Breite eine ordnungsmäßige Ausübung der Jagd nicht gestatten, nicht gebildet werden. Derartige Flächen stellen auch den Zusammenhang zur Bildung eines Eigenjagdbezirkes für getrenntliegende Grundflächen nicht her.

Auf Eigenjagdbezirken, welche aus dauernd und vollständig gegen den Einlauf von Wild eingefriedigten Grundflächen gebildet sind, ohne dem Erfordernisse der Ziffer 2 Abs. 1 zu entsprechen, darf die Jagd auf Flugwild nur mit Genehmigung der Jagdpolizeibehörde[26] ausgeübt werden. Das erlegte oder gefangene Flugwild muß, wenn es in benachbarten Jagdbezirken heimisch ist, an die Inhaber der letzteren gegen Zahlung von Schußgeld[27] abgeliefert werden. Bei Erteilung der Genehmigung ist darüber Bestimmung zu treffen, welche Flugwildarten erlegt werden dürfen, ob und an wen die Ablieferung des Flugwildes zu erfolgen hat und welches Schußgeld dafür zu entrichten ist.

Darüber, ob eine Grundfläche dauernd und vollständig gegen den Einlauf von Wild eingefriedigt ist, ob und unter welchen Bedingungen hier die Jagd auf Flugwild ausgeübt werden darf, oder ob die unter Ziffer 2 Abs. 2 aufgeführten Grundflächen zur Bildung eines Eigenjagdbezirkes oder zur Herstellung des Zusammenhanges geeignet sind, entscheidet auf Antrag eines Beteiligten die Jagdpolizeibehörde. Gegen deren Entscheidung findet innerhalb zwei Wochen die Beschwerde an den Bezirksausschuß statt. Der Beschluß des Bezirksausschusses ist endgültig.

Die Bildung eines Eigenjagdbezirkes ist auch dann zulässig, wenn die dafür in Betracht kommenden Grundstücke in mehreren Landesteilen liegen, in denen die gesetzlichen Vorschriften über die Bildung eines Eigenjagdbezirkes voneinander abweichen. In diesem Falle kommen die für den größeren Teil der Grundstücke geltenden gesetzlichen Vorschriften zur Anwendung. Bei gleicher Größe ist dasjenige Gesetz maßgebend, welches den größeren Flächeninhalt für die Bildung eines Eigenjagdbezirkes erfordert[28].

---

[24] Dazu sind, wie nach bisherigem Rechte, auch die öffentlichen Ströme zu rechnen, die in der Regel zu dem gemeinschaftlichen Jagdbezirke der betr. Gemeinde gehören. — Auf künstlichen Anlandungen in öffentlichen Flüssen ist der Uferbesitzer zwar jagdberechtigt, die Strombauverwaltung kann jedoch das Betreten der Anlandung verbieten G. 20. Aug. 83 (GS. 333) § 5 Abs. 6.

[25] Wegen der Schiffahrtskanäle vergl. § 13 Abs. 2.

[26] d. i. der Landrat, in Stadtkreisen die Ortspolizeibehörde § 69. — Über die hierbei zu beachtenden Grundsätze: Anl. A Nr. 6 Abs. 1.

[27] Über die Höhe des Schußgeldes hat der Landrat Bestimmung zu treffen. Der Ausdruck „übliches Schußgeld" ist als ein zu „vager" Begriff verworfen worden; dem Landrat soll vielmehr freie Hand bei Bemessung des Schußgeldes belassen sein HH. KB. zu § 2. S. 11.

[28] Anl. A Nr. 6 Abs. 3. — Das G. 7. Aug. 99 bezieht sich jedoch nur auf eigenen Grundbesitz, nicht auch auf fremde

§ 5[29]). Die Bildung des Eigenjagdbezirkes erfolgt durch den Eigentümer, der auf ihm zur Ausübung des Jagdrechts befugt ist.

Erklärt er für alle oder einzelne Grundflächen auf die Bildung eines Eigenjagdbezirkes zu verzichten, so erfolgt die Jagdbezirksbildung aus den freigegebenen Grundflächen nach Maßgabe der §§ 7 bis 10[30]). Der Verzicht ist, wenn die Jagdausübung auf den Grundflächen verpachtet wird, für die Dauer der Pachtverträge bindend und gilt als fortbestehend, wenn er nicht spätestens sechs Monate vor deren Ablauf zurückgenommen wird; er bindet auch den Rechtsnachfolger[31]).

Besteht an den, einen Eigenjagdbezirk bildenden Grundflächen ein erbliches oder ein zeitlich nicht beschränktes Nutzungsrecht oder ein Nießbrauch, so tritt an die Stelle des Eigentümers der Nutzungsberechtigte[32]).

§ 6. Steht ein Eigenjagdbezirk im Miteigentume von mehr als drei Personen, so darf die Ausübung des Jagdrechts nur von höchstens dreien der Miteigentümer erfolgen[33]).

Juristische Personen, Aktiengesellschaften, Kommanditgesellschaften auf Aktien, eingetragene Genossenschaften und Gesellschaften mit beschränkter Haftung dürfen das Jagdrecht auf Eigenjagdbezirken nur durch Verpachtung[34]) oder durch höchstens drei angestellte Jäger[35]) ausüben, oder sie müssen es ruhen lassen.

Grundstücke z. B. EnklavenOB. 29. Mai 02 (Gemeindevorstand Wersen gegen Georgs-Marienhütte).

[29]) Anl. A Nr. 7. Über Nutzung der Jagd durch Verpachtung: Anm. 33.

[30]) Nur auf Grund einer ausdrücklichen Erklärung kann ein Eigenjagdbezirk ganz oder teilweise einem gemeinschaftlichen Jagdbezirke zugelegt werden AH. KB. S. 17 (zu § 3).

[31]) Auf den Fideikommißnachfolger findet diese Bestimmung keine Anwendung; er ist ex jure et providentia majorum Nachfolger und nicht Rechtsnachfolger im Bilde dieses Paragraphen. HH. KB. S. 11 u. 12 zu § 3.

[32]) Vergl. Anm. 15. — Der Nießbrauch muß sich auf den gesamten Eigenjagdbezirk beziehen. Der Eigentümer eines den Anforderungen des G. entsprechenden Grundbesitzes bleibt jedoch eigenjagdberechtigt, auch wenn von einem Teil der Grundstücke ein Dritter (z. B. ein Altenteilsberechtigter) einen Nießbrauch hat AH. KB. S. 17 u. 18 zu § 3.

[33]) Die Bestimmung der drei Personen muß im Wege der Vereinbarung erfolgen. Kommt keine Einigung zustande, so hat das Gericht im Wege der Klage zu entscheiden. — Eine Namhaftmachung der Personen ist nicht nötig HH. KB. S. 12 zu § 4.

[34]) Vorschriften über die Art und Dauer der Verpachtung, über die Form der Pachtverträge, die Höchstzahl der Pächter, über Verpachtung an Ausländer, über Afterverpachtung usw., wie sie § 22 für gemeinschaftliche Jagdbezirke enthält, bestehen für Eigenjagdbezirke nicht. Nur für die im folgenden Absatz bezeichneten gemeinschaftlichen Holzungen ist öffentliche Verpachtung gegen Meistgebot vorgeschrieben. Im übrigen besteht auch für sie keine Beschränkung, namentlich nicht über die Personenzahl der Pächter. — Im Gegensatz hierzu sind für die eigene Jagdausübung in dem im Miteigentum mehrerer Personen befindlichen Eigenjagdbezirke nur höchstens drei der Miteigentümer und in einem Eigenjagdbezirke, der juristischen Personen usw. gehört, nur höchstens drei anzustellende Jäger zugelassen. — Die Ausstellung von Erlaubnisscheinen zur Jagdausübung (§ 75) ist für Eigenjagdbezirke zulässig. (Hinsichtlich der gemeinschaftlichen Jagdbezirke Anm. 63).

[35]) Vergl. § 27 Abs. 2.

Im ehemaligen Kurfürstentum Hessen sind die Jagden in allen Halbe=
gebrauchs=, Märkerschafts=, Interessenten= und dergleichen Waldungen öffentlich
meistbietend zu verpachten[36]).

§ 7[37]). Alle Grundflächen eines Gemeinde= (Guts=) Bezirkes, welche
nicht zu einem Eigenjagdbezirke gehören und im Zusammenhange wenigstens
75 Hektar umfassen[38]), bilden den gemeinschaftlichen Jagdbezirk.

Mit Genehmigung des Kreisausschusses und, wenn eine Stadtgemeinde
beteiligt ist, des Bezirksausschusses können jedoch aus ihnen auch mehrere,
selbständige gemeinschaftliche Jagdbezirke gebildet werden, von denen in der
Regel aber keiner weniger als 250 Hektar im Zusammenhang umfassen darf.
Ausnahmsweise kann im Interesse der Jagdgenossenschaft eine Herabsetzung
bis zu 75 Hektar stattfinden[39]).

Mit Genehmigung des Kreisausschusses und, wenn eine Stadtgemeinde
beteiligt ist, des Bezirksausschusses können die zur Bildung eines gemeinschaft=
lichen Jagdbezirkes geeigneten Grundflächen eines Gemeinde= (Guts=) Bezirkes
oder Teile von ihnen mit gleichartigen im räumlichen Zusammenhange mit
ihnen stehenden Grundflächen eines oder mehrerer anderer Gemeinde= (Guts=)
Bezirke oder den Teilen solcher zu gemeinschaftlichen, im Zusammenhange
wenigstens 75 Hektar umfassenden Jagdbezirken vereinigt werden[40]).

Die Zerlegung eines Gemeinde= (Guts=) Bezirkes in mehrere gemeinschaft=
liche Jagdbezirke, die Bildung gemeinschaftlicher Jagdbezirke aus mehreren
ganzen Gemeinde= (Guts=) Bezirken oder aus Teilen solcher darf auf keinen
kürzeren Zeitraum als auf sechs Jahre erfolgen und gilt, wenn eine Verpachtung
der Jagd in dem gemeinschaftlichen Jagdbezirke stattfindet, wenigstens für die
Dauer des Jagdpachtvertrags.

Diejenigen Grundflächen, welche von einem über 750 Hektar im Zu=
sammenhange großen Walde, der eine einzige Besitzung bildet, zu mindestens
90 Prozent begrenzt werden[41]), müssen dem Eigenjagdbezirke, zu dem dieser

---

[36]) Anl. A Nr. 8. — Das sind die
dem G. 14. März 81 (GS. 261) unter=
worfenen gemeinschaftlichen Holzungen.
Halbegebrauchswaldungen bestehen nach
Durchführung der auf sie bezüglichen
Auseinandersetzungen nicht mehr. —
Eine selbständige Verpachtung zur Jagd=
ausübung kann nur für den Fall ein=
treten, daß die betr. gemeinschaftliche
Waldung nach den Bestimmungen des
G. zu einem eigenen Jagdbezirk ge=
eignet ist.

[37]) Anl. A Nr. 9.

[38]) Darauf werden auch die Flächen
der von dem gemeinschaftlichen Jagd=
bezirke ausgeschlossenen, zur Fischerei
dienenden Seen und Teiche, sowie Schiff=
fahrtskanäle angerechnet § 13 Abs. 6.

[39]) Anl. A Nr. 9 Abs. 2.

[40]) Über einen hiergegen eingelegten
Einspruch ist nach § 17 Abs. 5 zu ver=
fahren. — Die Genehmigung des Kreis=
(Bezirks=)Ausschusses ist im § 7 Abs. 3
nur für den Fall verlangt, daß von zwei
oder mehreren Feldmarken, von denen
jede nach § 7 Abs. 1 kraft Gesetzes einen
gemeinschaftlichen Jagdbezirk bildet, Teile
abgelöst werden sollen Anl. A Nr. 10³.

[41]) Anl. A Nr. 9 Abs. 3. — Nicht zur
Holzzucht benutzte Vorländereien (Acker,
Wiesen usw.) sind, wie nach seitherigem
Recht, nicht als Wald zu behandeln OV.
25. Sept. 82 (IX. 143). — Eine zur
Holzzucht bestimmte und tatsächlich be=
nutzte Fläche verliert ihren Charakter als
Wald nicht dadurch, daß der zum Ab=

Wald gehört, auf Verlangen seines Inhabers angeschlossen werden. Dieses Verlangen ist spätestens bis zum Ablaufe der Auslegungsfrist der Pacht=bedingungen (§ 21) beim Jagdvorsteher[42]) anzumelden. Vorstehende Bestim=mung findet keine Anwendung, wenn die umschlossenen Flächen wenigstens 75 Hektar im Zusammenhange groß sind oder wenn nach ihrer Abtrennung die übrigbleibenden Flächen des Gemeinde= (Guts=) Bezirkes 75 Hektar nicht mehr umfassen würden.

§ 8[43]). Diejenigen Grundflächen eines Gemeinde= (Guts=) Bezirkes, welche nach §§ 4 und 7 zu einem Jagdbezirke nicht gehören, werden an=grenzenden gemeinschaftlichen Jagdbezirken zugelegt[12]) oder angrenzenden Eigen=jagdbezirken angeschlossen[12]) oder es kann aus ihnen zusammen mit an=grenzenden Grundflächen eines anderen Gemeinde= (Guts=) Bezirkes ein besonderer gemeinschaftlicher, im Zusammenhange wenigstens 75 Hektar umfassender Jagd=bezirk gebildet werden.

Werden sie ganz oder größtenteils von demselben Jagdbezirk umschlossen, so sind sie zunächst dessen Inhaber oder Vertreter zum Anschluß anzubieten.

§ 9[43]). Wenn für den Fall, daß ein gemeinschaftlicher Jagdbezirk nicht angrenzt, der Anschluß an einen angrenzenden Eigenjagdbezirk nicht möglich ist oder nicht zustande kommt und auch die Bildung eines besonderen gemein=schaftlichen, im Zusammenhange wenigstens 75 Hektar umfassenden Jagdbezirkes nicht erfolgt, so sind die Grundflächen einem getrennt liegenden Jagdbezirk anzu=schließen oder zuzulegen. Zu diesem Zwecke sind sie, wenn sie nur einem Eigentümer gehören oder im Miteigentume mehrerer stehen und der Eigentümer (Miteigentümer) zugleich Inhaber eines getrennt liegenden Eigenjagdbezirkes ist, auf Wunsch diesem zu überlassen, unter der Voraussetzung, daß sie mit den Grundflächen des Eigenjagdbezirkes eine land= oder forstwirtschaftliche Einheit bilden.

Auch kann aus ihnen — allein oder in Verbindung mit gleichartigen Grundflächen eines anderen Gemeinde= (Guts=) Bezirkes — ein selbständiger

trieb reife Bestand abgeholzt wird, so=fern die Fläche zur bestimmungsmäßigen Erzielung neuen Holzaufwuchses als Schonung liegen bleibt. — Eine andere Beurteilung kann auch dann nicht Platz greifen, wenn es sich um die Neuauf=forstung einer Fläche zum Zwecke ihrer künftigen Benutzung zur Holzerzeugung handelt OV. 4. Feb. 07 (Schultz IV. 240). — Über das für den Anschluß zu zahlende Pachtgeld: § 17 Abs. 2, § 19 u. § 25 Abs. 4.

[42]) Jagdvorsteher: § 16.

[43]) Anl. A Nr. 10. — Die Genehmi=gung des Kreisausschusses ist für die im § 8 u. 9 vorgesehenen Regelungen nicht erforderlich. Für das Verfahren in diesen Fällen enthalten § 17 u. 18 die erforderlichen Vorschriften. — Nach § 8 Abs. 2 ist auch der Anschluß sog. Feld=enklaven zulässig. — § 10: Die Vor=aussetzung, daß die Enklaven „ganz oder größtenteils" vom Walde um=schlossen sein müssen, entspricht dem früheren Recht (Jagdpol.G. 7. März 50 § 7). Nach OV. 1. Okt. 96 (XXX. 319) genügt zur Erfüllung dieser Voraus=setzung die Umgrenzung durch den Wald um mehr als die Hälfte nicht; die Grundstücke müssen vielmehr als Ganz=enklaven im Walde liegen oder als sack= oder zungenartig hineinspringende Halb=enklaven von ihm eingeschlossen sein.

nicht 75 Hektar im Zusammenhang umfassender gemeinschaftlicher Jagdbezirk und, wenn sie nur einem Eigentümer gehören oder im Miteigentume mehrerer stehen, Eigenjagdbezirk gebildet werden.

§ 10[43]). Werden im Falle des § 8 Abs. 2 die Grundflächen von einem über 750 Hektar im Zusammenhange großen Walde[41]), der eine einzige Besitzung bildet, ganz oder größtenteils umschlossen und lehnt der Inhaber des Eigenjagdbezirkes, zu dem der Wald gehört, den Anschluß ab, so kann aus ihnen, wenn die im § 8 Abs. 1 und § 9 Abs. 1 vorgesehenen Maßnahmen nicht zustande kommen, an Stelle der im § 8 Abs. 1 und § 9 Abs. 1 vorgesehenen Maßnahmen ein selbständiger, nicht 75 Hektar im Zusammenhang umfassender gemeinschaftlicher Jagdbezirk und, wenn die Grundflächen nur einem Eigentümer gehören oder im Miteigentume mehrerer stehen, ein Eigenjagdbezirk gebildet werden.

§ 11. Die nach §§ 8 und 9 getroffenen Maßnahmen bleiben in Kraft, bis eine anderweite Regelung erfolgt; vor Ablauf von 6 Jahren darf die Neuregelung — unbeschadet der Bestimmung im § 14 — nicht erfolgen. Dasselbe gilt von der Anpachtung der im § 4 Abs. 1 Ziffer 2 Satz 2 bezeichneten Flächen durch den Inhaber des angrenzenden Eigenjagdbezirkes.

Wenn im Falle des § 10 ein Jagdbezirk gebildet ist, ist der Inhaber des umschließenden Jagdbezirkes jederzeit befugt, den pachtweisen Anschluß der umschlossenen Flächen zu verlangen und zwar auch dann, wenn der Jagdbezirk verpachtet ist[44]).

§ 12[45]). Werden Grundflächen einem gemeinschaftlichen Jagdbezirke zugelegt, so gelten sie als dessen Teile.

Der Anschluß an einen Eigenjagdbezirk erfolgt pachtweise nach dem Werte der Jagdnutzung. Der Wert ist nach den Grundsätzen einer pfleglichen Behandlung der Jagd zu ermitteln. Der Preisermittelung sind, abgesehen vom Falle des § 4 Abs. 1 Ziffer 2 Abs. 1[46]) mindestens die Pachtpreise benachbarter Jagdbezirke unter Berücksichtigung der besonderen jagdlichen Verhältnisse der zu verpachtenden Grundflächen zu Grunde zu legen.

§ 13. Die Eigentümer sind befugt, zur Fischerei dienende Seen und Teiche, die zur Bildung von Eigenjagdbezirken nicht geeignet sind, einschließlich der in ihnen liegenden Inseln, soweit diese ganz ihnen gehören, von dem gemeinschaftlichen Jagdbezirk auszuschließen[47]).

Durch die Jagdpolizeibehörde kann das gleiche Recht den Unternehmern von Schiffahrtkanälen für bestimmte Grundflächen zugestanden werden, sofern

---

[44]) Dem Besitzer des umschließenden Jagdbezirkes, der nach § 53 Abs. 2 auch dann für Wildschaden ersatzpflichtig bleibt, wenn er die Anpachtung der Enklaven ablehnt, soll zur Vermeidung von Härten durch diese Bestimmung das Recht gegeben werden, jederzeit, d. h. wenn er wolle, die Jagd seinerseits zu pachten HH. KB. S. 17 zu § 10.

[45]) Anl. A Nr. 11.

[46]) Betrifft die Wege- usw. Flächen.

[47]) Weitere Befugnisse enthält § 67.

Tatsachen vorliegen, welche die Annahme rechtfertigen, daß die Ausübung der Jagd mit Rücksichten der Betriebssicherheit unvereinbar ist.

Gegen die Verfügung der Jagdpolizeibehörde ist die Klage im Verwaltungsstreitverfahren zulässig.

Auf den ausgeschlossenen Grundflächen muß während der Dauer des Ausschlusses die Ausübung des Jagdrechts ruhen.

Spätestens bis zum Ablaufe der Auslegungsfrist der Pachtbedingungen (§ 21) ist der Ausschluß beim Jagdvorsteher anzumelden.

Die ausgeschlossenen Flächen werden bei Feststellung der Mindestgröße der gemeinschaftlichen Jagdbezirke (§§ 7 bis 9) angerechnet[38]).

§ 14. Wenn Grundflächen, die zu einem verpachteten gemeinschaftlichen Jagdbezirke gehören, dauernd und vollständig gegen den Einlauf von Wild eingefriedigt (§ 4 Abf. 1 Ziffer 1) oder mit anderen Grundflächen zu einer zusammenhängenden Fläche von 75 Hektar im Sinne des § 4 Abf. 1 Ziffer 2 vereinigt werden, steht die eigene Ausübung des Jagdrechts auf ihnen dem Eigentümer mit Ablauf eines jeden Pachtjahres zu, sofern er den Vertreter[48]) und den Pächter des gemeinschaftlichen Jagdbezirks sechs Monate vorher von der Absicht in Kenntnis gesetzt hat, daß er von der ihm zustehenden Befugnis Gebrauch machen will. In diesem Falle enthält der Jagdpächter die Berechtigung, zum gleichen Zeitpunkte von dem Jagdpachtvertrage zurückzutreten, wenn er den Vertrag fünf Monate vorher aufkündigt.

Verlieren die Grundflächen die Eigenschaft eines Eigenjagdbezirkes, so fallen sie beim Vorliegen der Voraussetzungen des § 7 Abf. 1 dem gemeinschaftlichen Jagdbezirk ihres Gemeinde- (Guts-) Bezirkes von selbst zu; andernfalls ist über sie nach Maßgabe der Vorschriften in den §§ 7 bis 10 zu bestimmen, soweit nicht der Eigentümer sie nach § 13 vom gemeinschaftlichen Jagdbezirk ausschließt. Werden sie hierbei einem verpachteten gemeinschaftlichen Jagdbezirke zugelegt, so erhöht sich der zu zahlende Pachtpreis im Verhältnisse des neuen räumlichen Umfanges zum bisherigen Umfange des Jagdbezirkes. Der Pächter ist jedoch befugt, von dem Pachtvertrage zurückzutreten, wenn der neue räumliche Umfang den bisherigen Umfang des Jagdbezirkes um mehr als ein Zehntel übersteigt.

§ 15[49]). Die Vorschrift in den §§ 5 und 6 des kurhessischen Gesetzes, das Jagdrecht und dessen Ausübung betreffend, vom 7. September 1865

---

[48]) Das ist der Jagdvorsteher — § 16.

[49]) Anl. A Nr. 12. — Kurheff. G. 7. Sept. 65 bestimmt:

§ 5. Derjenige, welcher in einer Gemarkung, in der die Gemeinde die Jagdberechtigung abgelöst hat, ein zusammenhängendes Grundeigenthum von mindestens 100 Casseler Ackern besitzt oder nachträglich erwirbt, ist zur Ausübung auf demselben erst nach Erstattung des auf sein Grundeigenthum entfallenden Betrages des von der Gemeinde gezahlten Ablösungskapitals und erst nach Ablauf der bestehenden Jagdpachtverträge berechtigt.

§ 6. Sobald durch Theilung oder

(Kurh. Gesetzsamml. S. 571), daß erst nach Erstattung des für ein Grund=
stück gezahlten Ablösungskapitals in die Jagdausübung eingetreten werden darf,
bleibt bestehen mit der Maßgabe, daß an Stelle des dort zu Grunde gelegten
Umfanges des Grundbesitzes von 100 Casseler Morgen ein solcher von
75 Hektar tritt und daß die Jagdgenossenschaft an Stelle der Gemeinde tritt,
soweit die Erträge der Jagd nicht mehr der Gemeindekasse zukommen.

§ 16[50]). Die Eigentümer der Grundstücke eines gemeinschaftlichen Jagd=
bezirkes bilden eine Jagdgenossenschaft, die Rechtsfähigkeit besitzt.

Die Verwaltung der Angelegenheiten der Jagdgenossenschaft sowie ihre
gerichtliche und außergerichtliche Vertretung geschieht durch den Jagdvorsteher.
Jagdvorsteher ist der Vorsteher der Gemeinde (Bürgermeister, Gemeindevorsteher,
Gutsvorsteher, in der Rheinprovinz der Gemeindevorsteher).

Sind die Grundstücke eines gemeinschaftlichen Jagdbezirkes in mehreren
Gemeinde= (Guts=) Bezirken belegen, so bestimmt die Jagdaufsichtsbehörde
(§ 70) den zuständigen Jagdvorsteher.

Der gesetzliche Stellvertreter des Vorstehers der Gemeinde (des Gemeinde=

Veräußerung ein Grundbesitz, auf
welchem dem Eigenthümer selbst nach
§ 4 die Jagdausübung zustand, kleiner
als 100 Casseler Acker wird, hat die
Gemeinde, vorausgesetzt, daß ihr die
Jagdausübung in ihrer Gemarkung
zusteht, gegen Erstattung des auf das
fragliche Grundstück entfallenden Ab=
lösungskapitals in die Jagdausübung
einzutreten.

§ 7. Jeder Gemeinde steht hinsicht=
lich ihrer Gemarkung und hinsichtlich
der ihr zum Zweck der örtlichen Ver=
waltung zugetheilten Grundbesitzungen,
mit Ausnahme der darin befindlichen
oder in selbstständiger Ablösung be=
griffenen Jagdreviere einzelner Grund=
eigenthümer (vgl. § 3), die Befugniß
zu, in Vertretung der Grundeigen=
thümer die Jagdberechtigungen abzu=
lösen und die Jagd mittelst Verpach=
tung auszuüben.

Die Ablösung und Verpachtung ge=
schieht, insofern nicht durch Errichtung
von Statuten wegen der besonderen
Interessen und Verpflichtungen der
betheiligten Grundeigenthümer ab=

weichende Bestimmungen getroffen sind,
für Rechnung der Gemeindekasse.

Der durch § 86 Nr. 13 der Jagd=O.
gleichfalls aufrecht erhaltene § 7 hat nur
noch Bezug auf die erfolgte Ablösung der
Jagdberechtigungen. Hinsichtlich der Ver=
waltung, der Verpachtung und Nutzung
der Jagd gelten fortan auch im vorm.
Kurf. Hessen die Vorschriften der § 16
bis 27 der Jagd=O. — Übergangs=
bestimmung § 84.

[50]) Anl. A Nr. 13. — Der Gemeinde=
vorsteher ist nebenamtlich zum Jagd=
vorsteher bestellt worden, weil in ihm
ein in Verwaltungssachen erfahrenes,
den Jagdangelegenheiten als Beamter
unparteiisch gegenüberstehendes Organ
bereits vorhanden ist und deshalb
von der Bestellung eines besonderen,
von den Jagdgenossen zu wählenden
Jagdvorstandes (wie in der Prov. Han=
nover) abgesehen werden konnte (Landt.=
Verh. 04, HH. Drucks. 61, Begr. zu
G. 4. Juli 05 S. 8). — Verwaltung
und Vertretung übt allein der Jagd=
vorsteher kraft G. — Eine Entschädigung
aus den Jagdeinnahmen steht ihm dafür
nicht zu (§ 25). Der Jagdvorsteher hat
die Jagdgenossenschaft auch im Falle des
§ 52 Abs. 2 zu vertreten (§ 26). — Die
Mittel, den Jagdvorsteher zur Erfüllung
seiner Pflicht anzuhalten, sind in Anl. A
Nr. 44 Abs. 2 angegeben.

vorstehers in der Rheinprovinz)[51]) vertritt ihn in Behinderungsfällen auch in seiner Eigenschaft als Jagdvorsteher.

In Stadtkreisen ist der Bürgermeister befugt, die Wahrnehmung der Obliegenheiten des Jagdvorstehers und des Stellvertreters andern Magistrats=personen zu übertragen.

§ 17[52]). Über die Bildung mehrerer selbständiger gemeinschaftlicher Jagdbezirke aus einem Gemeinde= (Guts=) Bezirke, die Vereinigung mehrerer ganzer Gemeinde= (Guts=) Bezirke oder einzelner Teile eines solchen mit einem andern Gemeinde= (Guts=) Bezirk oder Teilen eines solchen zu einem gemein=schaftlichen Jagdbezirke (§ 7 Abs. 2 und 3) sowie über den Anschluß der nicht zu einem Jagdbezirke gehörigen Grundflächen an einen Eigenjagdbezirk, deren Zulegung zu einem gemeinschaftlichen Jagdbezirk oder die Bildung eines selb=ständigen Eigen= oder gemeinschaftlichen Jagdbezirkes aus ihnen (§§ 7 Abs. 5, §§ 8 bis 10) beschließen die Jagdvorsteher.

Ihnen liegt auch die Vereinbarung der Pachtentschädigung nach den §§ 7 Abs. 5, §§ 8 und 9 ob[53]).

Die Beschlüsse nnd die Vereinbarung der Pachtentschädiguug sind zwei Wochen lang öffentlich auszulegen. Ort und Zeit der Auslegung sind in ortsüblicher Weise bekannt zu machen[54]).

Während der Auslegungsfrist kann jeder beteiligte Grundbesitzer beim Kreisausschuß und, wenn ein Stadtkreis beteiligt ist, beim Bezirksausschusse gegen sie Einspruch erheben.

Wenn im Falle des § 7 Abs. 2 und 3 Einspruch eingelegt ist, darf über die Genehmigung erst nach rechtskräftiger Erledigung des Einspruchs=verfahrens, andernfalls erst nach Ablauf der Einspruchsfrist beschlossen werden[39]).

§ 18. Wenn bei Beteiligung der Grundflächen aus zwei oder mehreren Gemeinde= (Guts=) Bezirken eine Einigung zwischen den Jagdvorstehern (§ 17

---

[51]) D. i. der in dem örtlich geltenden Gemeindeverfassungs=G. bezeichnete Ver=treter. — Nach der Minist. Anw. III zur Ausführung der LGO. 29. Dez. 91 A. III. 2 Abs. 2 wird der Gemeinde=vorsteher in der Regel durch den dem Dienstalter, bei gleichem Dienstalter durch den dem Lebensalter nach ältesten Schöffen vertreten. Das ist aber nur eine Anweisung an die Aufsichtsbehörde, die gesetzliche Zuständigkeit der Schöffen wird dadurch nicht eingeschränkt. Das G. beruft im § 74 LGO. die beiden Schöffen zur Vertretung des Gemeinde=vorstehers, ohne eine Reihenfolge zu be=stimmen. Daraus folgt, daß die Hand=lungen eines jeden Schöffen, die er in Vertretung des behinderten Gemeinde=vorstehers vornimmt, gültig sind, außer wenn das Ortsrecht oder eine tatsächlich getroffene Bestimmung der Aufsichts=behörde einen anderen Schöffen zur Ver=tretung berufen hatte Kamm.Ger. E. 8. Nov. 06 (PrVBl. XXVIII. 337).

[52]) Anl. A Nr. 14 u. § 18.

[53]) Vergl. § 26.

[54]) D. h. etwa in der für Gemeinde= oder sonstige öffentlichen Angelegenheiten üblichen Weise. Sind einem Jagdbezirke Teile eines benachbarten Gemeinde= (Guts=)Bezirkes zugeschlagen, so hat die Bekanntmachung auch in diesem Bezirke in gleicher Weise zu geschehen.

Abf. 1) nicht zustande kommt, beschließt in den Fällen der §§ 8 und 9 der Kreisausschuß und, wenn ein Stadtkreis beteiligt ist, der Bezirksausschuß.

§ 19. Wenn im Falle des § 7 Abf. 5, § 8 Abf. 2 und § 11 Abf. 2 der Inhaber des umschließenden Eigenjagdbezirkes zur Anpachtung bereit ist, eine Einigung über die Höhe der Pachtentschädigung aber nicht erzielt wird, so beschließt darüber der Kreisausschuß und, wenn ein Stadtkreis beteiligt ist, der Bezirksausschuß.

§ 20[55]). Die Nutzung der Jagd in einem gemeinschaftlichen Jagdbezirk erfolgt in der Regel durch Verpachtung (§ 21).

Mit Genehmigung des Kreisausschusses, in Stadtkreisen des Bezirks= ausschusses, kann der Jagdvorsteher jedoch die Jagd auch gänzlich ruhen oder auf Rechnung der Jagdgenossenschaft durch höchstens drei angestellte Jäger[35]) ausüben lassen[56]).

Die Genehmigung ist jederzeit widerruflich[57]).

In gemeinschaftlichen Jagdbezirken, in denen Wildschäden vorkommen, darf die Jagd nicht ruhen, wenn ein Jagdgenosse dagegen Einspruch erhebt. Der Einspruch ist jederzeit zulässig und beim Jagdvorsteher anzubringen. Gegen dessen Bescheid findet innerhalb zwei Wochen[58]) die Beschwerde beim Kreisausschuß, in Stadtkreisen beim Bezirksausschusse, statt.

---

[55]) Anl. A Nr. 15.

[56]) Ein Einspruchsrecht gegen den Beschluß des Jagdvorstehers ist den Jagdgenossen nicht gewährt (vergl. je= doch Anm. 54).

[57]) Der Widerruf kann jederzeit er= folgen, und zwar auch auf Antrag eines Jagdgenossen an den Kreis=(Bezirks=) Ausschuß (Landt.Verh. 04, HH. Druckf. 61, Begr. zu G. 4. Juli 05 § 3) aus Gründen, die mit dem Vorkommen von Wildschäden nicht zusammenhängen.

[58]) Die Frist ist zu bemessen gemäß BGB.:

§ 187. Ist für den Anfang einer Frist ein Ereignis oder ein in den Lauf eines Tages fallender Zeitpunkt maß= gebend, so wird bei der Berechnung der Frist der Tag nicht mitgerechnet, in welchen das Ereignis oder der Zeit= punkt fällt.

Ist der Beginn eines Tages der für den Anfang einer Frist maßgebende Zeitpunkt, so wird dieser Tag bei der Berechnung der Frist mitgerechnet und

§ 188. Eine nach Tagen bestimmte Frist endigt mit dem Ablaufe des letzten Tages der Frist.

Eine Frist, die nach Wochen, nach Monaten oder nach einem mehrere Monate umfassenden Zeitraume — Jahr, halbes Jahr, Vierteljahr — bestimmt ist, endigt im Falle des § 187 Abf. 1 mit dem Ablaufe desjenigen Tages der letzten Woche oder des letzten Monats, welcher durch seine Benennung oder seine Zahl dem Tage entspricht, in den das Ereignis oder der Zeitpunkt fällt, im Falle des § 187 Abf. 2 mit dem Ablaufe des= jenigen Tages der letzten Woche oder des letzten Monats, welcher dem Tage vorhergeht, der durch seine Zahl dem Anfangstage der Frist entspricht.

Fehlt bei einer nach Monaten be= stimmten Frist in dem letzten Monate der für ihren Ablauf maßgebende Tag, so endigt die Frist mit dem Ablaufe des letzten Tages dieses Monats.

§ 21[59]). Die Verpachtung ist durch den Jagdvorsteher vorzunehmen.

Für die Art der Verpachtung ist das Interesse der Jagdgenossenschaft maßgebend.

Der Jagdvorsteher hat die von ihm beabsichtigte Art der Verpachtung in ortsüblicher Weise[54]) bekannt zu machen. Die von ihm in Aussicht genommenen Pachtbedingungen sind zwei Wochen lang öffentlich auszulegen. Ort und Zeit der Auslegung sind in der Bekanntmachung über die Art der Verpachtung anzugeben.

Jeder Jagdgenosse kann gegen die Art der Verpachtung und gegen die Pachtbedingungen während der Auslegungsfrist Einspruch beim Kreisausschuß, in Stadtkreisen beim Bezirksausschuß, erheben[60]).

Ort und Zeit der Verpachtung, sofern sie öffentlich meistbietend erfolgen soll, sind mindestens zwei Wochen vorher in ortsüblicher Weise und durch das von der Jagdaufsichtsbehörde bestimmte Blatt bekannt zu machen.

§ 22[61]). Für die Verpachtung gelten im übrigen folgende Bestimmungen:

1. die Pachtverträge sind schriftlich abzuschließen[62]);
2. die Verpachtung der Jagd auf demselben Jagdbezirke soll in der Regel nicht an mehr als drei Personen gemeinschaftlich[63]) erfolgen, jedoch kann dieselbe mit Genehmigung des Kreisausschusses, in Stadtkreisen des Bezirksausschusses, im Interesse der Jagdgenossenschaft auch an mehr als drei Jagdpächter oder an eine Jagdgesellschaft (Verein, Genossenschaft) von nicht beschränkter Mitgliederzahl vorgenommen werden[64]):
3. Weiterverpachtungen bedürfen der Zustimmung des Verpächters und der Genehmigung des Kreisausschusses, in Stadtkreisen des Bezirksausschusses;
4. die Pachtzeit soll in der Regel auf mindestens sechs und höchstens auf zwölf Jahre festgesetzt werden, jedoch kann dieselbe mit Genehmigung des Kreisausschusses, in Stadtkreisen des Bezirksausschusses, im Interesse der Jagdgenossenschaft bis auf drei Jahre herabgesetzt oder bis auf achtzehn Jahre erhöht werden;

---

[59]) Anl. A Nr. 16.

[60]) Der Einspruch kann auch auf die nicht ordnungsmäßig erfolgte Bekanntmachung gerichtet werden.

[61]) Anl. A Nr. 17.

[62]) Das BGB. fordert für derartige Verträge an sich die Schriftform nicht (U. RGer. 3. 9. Mai 02). Die hiervon abweichende Vorschrift ist auf EG. z. BGB. Art. 69 gestützt. Mündliche Nebenabreden neben dem schriftlichen Vertrage sind nichtig; ein Briefwechsel kann die Schriftform ersetzen (BGB. § 126, 127).

[63]) Zuwiderhandlungen hiergegen, auch z. B. durch Erteilung von Erlaubnisscheinen gegen Entgelt (da darin eine Beitragsleistung zum Pachtgelde zu erblicken ist, wodurch die Empfänger zu Mitpächtern werden), können durch PolV. mit Strafe bedroht werden U.Kamm.Ger. 21. Nov. 87 (Johow VII. 274). „Gemeinschaftlich" heißt hier: ohne örtliche Trennung des Jagdbezirkes unter die Pächter.

[64]) Rechtsfähigkeit der Jagdgesellschaft (Verein, Genossenschaft der Pächter) ist nicht erforderlich.

5. die Verpachtung der Jagd an Personen, welche nicht Angehörige des Deutschen Reichs sind, bedarf der Genehmigung der Jagdaufsichts= behörde.

§ 23[65]). Der Jagdvorsteher hat den Pachtvertrag zwei Wochen lang öffentlich auszulegen. Ort und Zeit der Auslegung sind in ortsüblicher Weise bekannt zu machen.

Jeder Jagdgenosse kann während der Auslegungsfrist beim Kreisausschuß, in Stadtkreisen beim Bezirksausschusse, gegen den Pachtvertrag Einspruch er= heben. Dieser darf sich jedoch gegen die Art der Verpachtung und gegen die Pachtbedingungen insoweit nicht richten, als dieselben durch das im § 21 vor= geschriebene Verfahren festgestellt sind.

§ 24[66]). Pachtverträge, die gegen die vorstehenden Vorschriften verstoßen, sind nichtig.

Streitigkeiten über die Frage der Nichtigkeit zwischen dem Jagdvorsteher und dem Jagdpächter unterliegen der Entscheidung im Verwaltungsstreit= verfahren[67]).

Zuständig zur Entscheidung ist in erster Instanz der Kreisausschuß, in Stadtkreisen der Bezirksausschuß.

Die Jagdaufsichtsbehörde ist befugt, dem Pächter für die Dauer eines über die Frage der Nichtigkeit eingeleiteten Verwaltungsstreitverfahrens die Ausübung der Jagd zu untersagen und wegen der anderweiten Nutzung der Jagd die erforderlichen Anordnungen zu treffen[68]). Gegen die Untersagung und die Anordnungen steht dem Pächter die Beschwerde nach näherer Maßgabe des § 70 zu.

§ 25[69]). Der Jagdvorsteher erhebt die Pachtgelder und sonstige Ein= nahmen aus der Jagdnutzung und verteilt sie nach Abzug der der Genossen= schaft zur Last fallenden Ausgaben unter die Jagdgenossen des Bezirkes nach dem Verhältnisse des Flächeninhalts der beteiligten Grundstücke[70]).

Der Verteilungsplan, welcher eine Berechnung der Einnahmen und Aus= gaben enthalten muß, ist zur Einsicht der Jagdgenossen zwei Wochen lang

---

[65]) Anl. A Nr. 18.

[66]) Anl. A Nr. 19.

[67]) Andere Streitigkeiten zwischen Jagd= vorsteher und dem Jagdpächter unter= liegen der Entscheidung der ordentlichen Gerichte (Landt.Verh. 04, HH. Drucks. 61, Begr. zu G. 4. Juli 05 § 7).

[68]) Die Jagdpolizeibehörde kann zur Untersagung der Jagdausübung auch ohne vorgängige Einleitung eines Streit= verfahrens schreiten. Die daneben be= stehende Befugnis der Jagdaufsichts= behörde, aus anderen als polizeilichen Gründen die Jagdausübung zu unter= sagen, tritt erst nach Einleitung des Streitverfahrens in Kraft und erlischt mit dessen Beendigung (Landt.Verh. 05, HH. Drucks. 61, Begr. zu G. 4. Juli 05 § 7).

[69]) Anl. A Nr. 20.

[70]) Der Genossenschaft fallen nament= lich die Verpachtungs=, Prozeß= und Kassenverwaltungskosten, ferner Kosten für Anstellung von Jägern, für Ver= teilung der Einnahmen, wie auch Beträge für Wildschadenersatz zur Last.

öffentlich auszulegen. Ort und Zeit der Auslegung sind vorher vom Jagd=
vorsteher in ortsüblicher Weise bekannt zu machen[71]).

Gegen den Verteilungsplan ist binnen zwei Wochen[58]) nach Beendigung
der Auslegung Einspruch bei dem Jagdvorsteher zulässig.

Gegen dessen Bescheid findet innerhalb zwei Wochen die Klage beim
Kreisausschuß, in Stadtkreisen beim Bezirksausschusse statt.

Vorstehende Bestimmungen gelten auch beim Anschlusse von Grundflächen
an einen Eigenjagdbezirk (§ 4 Abf. 1 Ziffer 2 Abf. 1, § 7 Abf. 5, §§ 8, 9)
mit der Maßgabe, daß die zu zahlende Entschädigung nach Abzug der Aus=
gaben nur unter die Eigentümer der angeschlossenen Grundflächen zu ver=
teilen ist.

Sind die Erträge der Jagd bisher herkömmlich für gemeinnützige Zwecke
verwendet worden, kann es hierbei verbleiben; es ist aber jeder Grundeigen=
tümer befugt, die Auszahlung seines Anteils zu verlangen.

Die Kassengeschäfte der Jagdgenossenschaft sind durch die Gemeindekasse
zu führen; hierfür kann eine vom Kreisausschuß, in Stadtkreisen vom Be=
zirksausschusse, festzusetzende angemessene Vergütung gewährt werden[72]).

§ 26[73]). Der Beschluß in den Fällen des § 17 Abf. 4, 5, §§ 18,
19, 20 Abf. 2, 4, § 21 Abf. 4, § 22 Ziffer 2, 3, 4, § 23, § 25 Abf. 7,
§ 52 Abf. 2 ist endgültig, jedoch steht dem Jagdvorsteher und beim Anschluß
an einen Eigenjagdbezirk (§§ 8 und 9) auch den Eigentümern der anzu=
schließenden Grundflächen innerhalb zwei Wochen gegen den Beschluß des
Kreisausschusses die Beschwerde an den Bezirksausschuß, gegen den in erster
Instanz ergehenden Beschluß des Bezirksausschusses die Beschwerde an den
Provinzialrat, ferner in gleicher Frist, soweit es sich um die Höhe der Pacht=
entschädigung handelt (§ 17 Abf. 2 und § 19), dem Jagdvorsteher und den
Eigentümern der anzuschließenden Grundflächen und im Falle des § 19 auch
dem Inhaber des Eigenjagdbezirkes der Antrag auf mündliche Verhandlung
im Verwaltungsstreitverfahren zu. Wenn der Antrag auf mündliche Ver=
handlung von mehreren hierzu Berechtigten gestellt wird, ist das Verfahren
zu verbinden. Die ergehende Entscheidung hat Geltung für alle Beteiligten.

§ 27[74]). Sowohl den Pächtern gemeinschaftlicher Jagdbezirke als auch
den Inhabern von Eigenjagdbezirken ist die Anstellung von Jägern für ihre
Reviere gestattet.

Als Jäger dürfen im Falle des § 6 Abf. 2 und des § 20 Abf. 2 nur
solche großjährigen Männer angestellt werden, gegen welche keine Tatsachen

---

[71]) Den Verteilungsplan hat der Jagd=
vorsteher aufzustellen, und zwar bei dem
Vorhandensein mehrerer Jagdbezirke in
einem Gemeindebezirke für jeden einzelnen
Jagdbezirk getrennt.

[72]) Bestehen im Gemeindebezirk meh=
rere selbständige Jagdbezirke, so bedarf
es der Festsetzung der Vergütung für
jeden einzelnen Jagdbezirk.

[73]) Anl. A Nr. 21.

[74]) Anl. A Nr. 22.

vorliegen, die nach den §§ 34 und 35 die Versagung des Jagdscheins recht=
fertigen[75]).

§ 28[76]). In allen Festungswerken ist die Militärverwaltung befugt,
die Jagd durch besonders dazu ermächtigte Personen ausüben zu lassen[77]).

Außerhalb dieser Werke, desgleichen um die Pulvermagazine und ähnliche
Anstalten werden auf Kosten der Militärverwaltung Umkreise oder Rayons
von zusammenhängender Fläche gebildet und bezeichnet, innerhalb welcher die
Jagd mit Feuergewehren nicht ausgeübt werden darf bei Vermeidung einer
Geldstrafe von 15 bis 60 Mark[78]).

Die weiteste Entfernung der Außenlinie von den ausspringenden Winkeln
des Glacis, der Pulvermagazine und ähnlicher Anstalten wird auf dreihundert
Schritte festgesetzt. Die Abgrenzung erfolgt gemeinschaftlich von der Festungs=
behörde, einem Deputierten des Gemeinde= (Guts=) Vorstandes und einem der
Kreisverwaltung.

Dritter Abschnitt[79]).

Jagdscheine.

§ 29[80]). Wer die Jagd ausübt[81]), muß einen auf seinen Namen
lautenden Jagdschein[82]) bei sich führen[83]). Zuständig für die Erteilung des

---

[75]) Die Vorschrift gilt auch für Per=
sonen, denen gegenüber von der Er=
mächtigung zur Versagung des Jagd=
scheines kein Gebrauch gemacht worden ist.

[76]) Anl. A Nr. 23.

[77]) Diese Bestimmung gilt nur für
Festungswerke, die als solche noch be=
stehen, nicht aber für aufgehobene. Die
Beschränkung der Jagdausübung in der
Nähe von Pulvertürmen bezieht sich nur
auf solche Pulvertürme, die mit Festungen
im Zusammenhange stehen AH. StB.
S. 5161.

[78]) Die Untersagung der Jagdaus=
übung mit Feuergewehren innerhalb der
abgesteckten Rayons ist auf die Jagd=
ausübung innerhalb der Festungswerke
selbst nicht auszudehnen RGer. E. 4. Mai
99 (XXXXIV. 195). — Vergl. auch § 38.

[79]) Anl. A Nr. 24.

[80]) Anl. A Nr. 25.

[81]) Jede auf Erlangung jagdbaren
Wildes (§ 1 d. G.) gerichtete Handlung
ist Jagdausübung RGer. 19. Nov. 85
(St. XIII. 94). Auch das Vergiften
von Wild, um Wildschaden zu ver=
hüten, gehört dazu RGer. 23. Sept. 86
(St. XIV. 419), ebenso das Jagen in
eingefriedeten Wildgärten, nicht aber
das Jagen auf offenem Meere OT.
28. Nov. 66 (GA. XV. 77). Helgoland

kommt hierbei nicht in Betracht Anm. 91.
— Zur Jagdausübung an dem im Eigen=
tum des Staates stehenden Meeresstrande
(LR. II. 15 § 80) ist ein Jagdschein
erforderlich. Eine Ausnahme besteht nur
für Schleswig=Holstein, wo die Jagd am
Meeresstrande, da dem Privatbesitz und
Privatverkehr entzogen, frei ist OAG.
14. Sept. 72 (GA. XV. 455).

[82]) Der Jagdschein gewährt nicht das
Jagdrecht selbst, sondern nur die poliz.
Erlaubnis zum Jagen OB. 9. Nov. 96
(XXXI. 242). Er dient zur Kontrolle
über die Person und durch die zu zah=
lende Gebühr zur Beschränkung der Zahl
der Jäger (Landt.Verh. 95 II. Sess. AH.
Drucks. 168, Begr. zu § 1 des Jagd=
schein=G. 31. Juli 95). — Äußere Be=
schaffenheit: Anl. A Nr. 25. — Das
Kurhess. Minist. Ausschreiben 1. Juni 22,
welches für jeden einen Erlaubnisschein
verlangt, der ein Feuergewehr außerhalb
seiner Wohnung führen will, versteht
darunter nicht den einfachen Transport,
sondern nur das Tragen zum Zwecke
des Gebrauches Kamm.Ger. 3. Dez. 00
(Johow St. XXI. 35).

[83]) Das G. verlangt das Beisichführen
des Jagdscheines nur von dem, der die
Jagd ausübt. Wer erst zur Jagd geht
oder schon von ihr heimkehrt, braucht

Jagdscheins ist der Landrat, in Stadtkreisen die Ortspolizeibehörde, desjenigen Kreises, in welchem der den Jagdschein Nachsuchende einen Wohnsitz hat oder zur Ausübung der Jagd berechtigt ist[84]).

Personen, welche weder Angehörige eines deutschen Bundesstaats sind, noch in Preußen einen Wohnsitz haben, kann der Jagdschein gegen die Bürgschaft[85]) einer Person, welche in Preußen einen Wohnsitz hat, erteilt werden. Die Erteilung erfolgt durch die für den Bürgen gemäß Abs. 1 zuständige Behörde. Der Bürge haftet für die Geldstrafen, welche auf Grund dieses Gesetzes oder wegen Übertretung sonstiger jagdpolizeilicher Vorschriften[86]) gegen den Jagdscheinempfänger verhängt werden, sowie für die Untersuchungskosten.

§ 30. Eines Jagdscheins bedarf es nicht:

1. zum Ausnehmen von Kiebitz= und Möweneiern[87]);
2. zu Treiber= und ähnlichen bei der Jagdausübung geleisteten Hilfs= diensten[88]);
3. zur Ausübung der Jagd im Auftrag oder auf Ermächtigung der Jagd= polizeibehörde in den gesetzlich vorgesehenen Fällen[89]). Der Auftrag oder die Ermächtigung vertritt die Stelle des Jagdscheins.

§ 31[90]). Der Jagdschein gilt für den ganzen Umfang der Monarchie[91]).

---

den Jagschein nicht bei sich zu führen, daher auch nicht vorzuzeigen Anm. 184. Wenn vor Beginn der Treibjagd die Platznummern verteilt werden und die Jäger erst im Begriff sind, sich auf die angewiesenen Plätze zu begeben, findet eine Jagdausübung noch nicht statt. Jeder Beteiligte, welcher einen Jagd= schein nicht bei sich führt, hat dann noch Zeit, straflos von der Jagd zurückzu= treten oder den vergessenen Jagdschein von Hause holen zu lassen Kamm.Ger. 22. Mai 02, D. Jur. Z. S. 149. — Das Nachhauseschaffen der Jagdbeute außer= halb des Jagdgebietes gehört nicht mehr zur Jagdausübung und erfordert nicht das Beisichführen des Jagdscheines Kamm.= Ger. 13. Mai 97 (Johow St. XIII. 280).

[84]) Der von einer örtlich nicht zu= ständigen Jagdpolizeibehörde ausgestellte Jagdschein ist nicht ungültig. Die Prü= fung der Zuständigkeit unterliegt nicht der richterlichen Erörterung OT. 14. Aug. 69 (OR. X. 224). — Als jagdberechtigt gilt auch der geladene Jagdgast (Landt.= Verh. AH. II. Seff. 95 Druckf. 206, KB. zu § 1 Abf. 4 des Jagdschein=G. 31. Juli 95), und wer als Jäger angestellt ist.

[85]) Der Bürgschein ist stempelpflichtig Stempelg. 31. Juli 95 (GS. 413) Tarif Nr. 59.

[86]) Mithin jeder auf die Jagd und deren Ausübung gegebenen Vorschrift OB. 2. Mai 01 (XXXIX. 288), auch der Wildschongesetze (Landt.Verh. AH. II. Seff. 95 Druckf. 168, Begr. zu Jagd= schein=G. 31. Juli 95).

[87]) Aus Rücksicht auf die Kürze der hierzu freigegebenen Zeit § 42.

[88]) Gemeint sind nur mechanische Hilfsleistungen RGer. 13. April 04 (Jur. Wochenschr. 04 S. 585 Nr. 31). Dazu gehört auch das Ausnehmen von Kram= metsvögeln aus den Schlingen im Auf= trage des Jagdberechtigten, Hilfeleistung beim Dachsgraben usw. (Begr. zu Jagd= schein=G. 31. Juli 95, siehe Anm. 86).

[89]) § 61 bis 63, 66 u. 67. In den Fällen § 64 Abf. 2 u. 3 bedarf es eines Jagdscheines, weil diese Jagdausübung ohne Auftrag oder Ermächtigung der Aufsichtsbehörde geschehen kann.

[90]) Anl. A Nr. 26.

[91]) Helgoland dürfte gleichwohl aus= geschlossen sein. Dort besteht eine Jagd= und eine Gewehrscheinsteuer von jährlich 25 und von 7 M. zugunsten der Staats= kasse. Der Jagdschein dient dort nicht bloß als polizeilicher Ausweis, sondern gewährt das Jagdrecht selbst auf dem Lande und Wasser. Der Gewehrschein (Wasserjagdschein) gibt nur das Recht

Er wird in der Regel auf ein Jahr ausgestellt (Jahresjagdschein)[92]. Personen, welche die Jagd nur vorübergehend ausüben wollen, kann jedoch ein auf drei aufeinander folgende Tage gültiger Jagdschein (Tagesjagdschein)[93] ausgestellt werden.

§ 32. Für den Jahresjagdschein ist eine Abgabe[94] von 15 Mark, für den Tagesjagdschein von 3 Mark zu entrichten. Personen, welche weder Angehörige eines deutschen Bundesstaates sind, noch in Preußen einen Wohnsitz oder einen Grundbesitz mit einem Grundsteuerreinertrage von 150 Mark haben[95], müssen eine erhöhte Abgabe für den Jahresjagdschein von 100 Mark, für den Tagesjagdschein von 20 Mark entrichten.

Neben der Jagdscheinabgabe werden Ausfertigungs= oder Stempelgebühren nicht erhoben.

Gegen Entrichtung von 1 Mark kann eine Doppelausfertigung des Jagdscheines gewährt werden.

Die Jagdscheinabgabe fließt zur Kreiskommunalkasse, in den Stadtkreisen zur Gemeindekasse. Über die Verwendung der eingegangenen Beträge hat die Vertretung des betreffenden Kommunalverbandes zu beschließen.

§ 33. Von der Entrichtung der Jagdscheinabgabe sind befreit:
die auf Grund des § 23 des Forstdiebstahlgesetzes vom 15. April 1878 (Gesetzsamml. S. 222)[96] beeideten sowie diejenigen Personen, welche

---

zum Halten einer Schußwaffe und zum Schießen auf See in Entfernungen von mindestens 270 m von der Insel oder der Düne. Badegäste, Militärs und vom „governer" Privilegierte bedürfen keines Jagdscheines V. des „governer" 9. April 88. Die Erteilung von Jagd= und Gewehrscheinen erfolgt durch den landrätlichen Hilfsbeamten auf der Insel PolV. 21. Dez. 92 (KrV. für Süderdithmarschen Nr. 52). Dieser Beamte erteilt auch nach Gewohnheitsrecht Scheine zum Fangen von Schnepfen und kleinen Vögeln mit Netzen gegen Zahlung von 5 und von 3 M. an die Gemeindekasse. — Der sonst dort jedem freistehende Vogelfang ist Personen unter 15 Jahren untersagt PolV. 8. Sept. 94 (KrV. 177).

[92] Vorausbestellung des Jagdscheines ist zulässig Vf. ML. 11. Jan. 95 (MB. 20), Landt.Verh. AH. II. Seff. 95 Druckf. 168 u. 206, Begr. u. KB. zu § 3 u. 4, StB. 2680 zu Jagdschein=G. 31. Juli 95. — Für die Berechnung der Frist sind die bürgerlichen Prozeßgesetze maßgebend LVG. § 42, CPO. § 221, 222, BGB. § 186—193.

[93] Ob einer der drei Tage ein Sonn= oder Festtag ist, ist gleichgültig, weil das Jagen an einem solchen Tage nicht verboten, wenn auch polizeilich eingeschränkt ist (III. 2 Anl. C d. W.) Vf. ML. 11. Jan. 96.

[94] D. h ein Entgelt für Gewährung des Jagdschutzes und für die besondere Art der Jagdscheinerteilung. Die Abgabe hat nicht die Eigenschaft einer direkten oder indirekten Steuer OV. 9. Nov. 96 (XXXI. 244). — Von der Entrichtung dieser Art Verwaltungsgebühr sind die fremden Diplomaten weder nach völkerrechtlichen, noch nach Grundsätzen des Preuß. Staatsrechts befreit Vf. JM., ML., FM. u. MJ. 3. Juli 01.

[95] d. h. einen Grundsteuerreinertrag von mindestens 150 M. Angehörige Griechenlands, Italiens, Serbiens, Rußlands und der Türkei, denen für ihre Untertanen vertragsmäßig hinsichtlich der persönlichen Abgaben das Recht auf Gleichstellung mit den deutschen, bezw. preuß. Staatsangehörigen zusteht, gehören dazu nicht Vf. M.d.ausw.A. 5. Jan. 96.

[96] FDG. 15. April 78 (GS. 222):
§ 23. Personen, welche mit dem Forstschutze betraut sind, können, so=

fern dieselben eine Anzeigegebühr nicht empfangen, ein= für allemal gerichtlich beeidigt werden, wenn sie

1. Königliche Beamte sind, oder

2. vom Waldeigentümer auf Lebens= zeit, oder nach einer vom Landrath (Amtshauptmann, Oberamt= mann) bescheinigten dreijährigen tadellosen Forstdienstzeit auf min= destens drei Jahre mittels schrift= lichen Vertrages angestellt sind, oder

3. zu den für den Forstdienst be= stimmten, oder mit Forstversor= gungsschein entlassenen Militär= personen gehören.

In den Fällen der Nr. 2 und 3 ist die Genehmigung des Bezirksaus= schusses erforderlich. In denjenigen Landestheilen, in welchen das Ge= setz vom 26. Juli 1876 (Gesetz= Samml. S. 297) nicht gilt, tritt an die Stelle des Bezirksraths die Regierung (Landdrostei).

§ 24. Die Beeidigung erfolgt bei dem Amtsgerichte, in dessen Bezirk der zu Beeidigende seinen Wohnsitz hat, dahin:

> daß er die Zuwiderhandlungen gegen dieses Gesetz, welches den seinem Schutze gegenwärtig an= vertrauten oder künftig anzuver= trauenden Bezirk betreffen, ge= wissenhaft anzeigen, bei seinen gerichtlichen Vernehmungen über dieselben nach bestem Wissen die reine Wahrheit sagen, nichts ver= schweigen und nichts hinzusetzen, auch die ihm obliegenden Schätzun= gen unparteiisch und nach bestem Wissen und Gewissen bewirken werde.

Eine Ausfertigung des Beeidigungs= protokolls wird den Amtsgerichten mitgeteilt, in deren Bezirke der dem Schutze des Beeidigten anvertraute Bezirk liegt.

An Stelle des Amtshauptmannes ist jetzt der Landrat KrO. 6. Mai 84 (GS. 181) § 26 und an Stelle des Bezirksrats, sowie der Regierung (Landdrostei) der Bezirksausschuß getreten LBG. § 153 u. 155. Zur Wahrnehmung des Forst= schutzes sind alle dem Landwirtschafts= minister oder anderen Ressortministern unterstellten Königl. Forstbeamten ver= pflichtet, insbesondere auch Forstassesso= ren und Forstreferendare, sobald diese sich in Ausübung des Dienstes befinden. Dazu gehören auch die Offiziere des Reitenden Feldjägerkorps Vf. ML. 28. Sept. 86 (MB. 213), 23. März 96 (DJ. XXVIII. 172) RGer. 21./23. Dez. 85 (St. XIII. 115) und die im Be= reiche der Kgl. Hofkammer angestellten Forstbeamten RGer. 9. Okt. 85 (St. XII. 419). — Für Reservejäger Klasse A ist wie für Königl. Beamte die Genehmigung des Bezirksausschusses nicht erforderlich, wenn ihnen vom Staate die Ausübung des Forstschutzes im Königl. Forstdienste übertragen ist Vf. ML. 28. Feb. 93 (DJ. XXV. 135). — Die hiernach beeidigten Personen bleiben auch nach Erlangung einer höheren Dienststellung, als der eines Forstschutzbeamten oder Oberförsters, von der Errichtung der Jagdscheinabgabe frei Vf. ML. 5. Feb. 96 (MB. 34). Die An= stellung im Forstdienst braucht vertrags= mäßig nicht stets auf weitere drei Jahre verlängert zu werden, um dem FDG. § 23² zu genügen. Der Absicht des Ge= setzgebers entspricht es, bei Erteilung un= entgeltlicher Jagdscheine nicht nur an staatliche, sondern auch an bewährte Pri= vatforstbeamte möglichst weit zu gehen Vf. MJ. u. ML. 20. Juli 99 (MB. 118). — Die Befugnis zur Führung eines un= entgeltlichen Jagdscheins erlischt, sobald die Voraussetzungen zu dessen Erteilung z. B. durch Pensionierung, Dienstent= lassung usw. fortfallen Anl. A Nr. 25 III. Wenn ein entlassener Privatforstbeamte in einer neuen Stellung gemäß § 23 Nr. 2 FDG. angestellt wird, bedarf es einer neuen Vereidigung nicht. Bei Vor= ausbestellung eines unentgeltlichen Jagd= scheines ist aber zu prüfen, ob die Vor= aussetzungen des § 23 Nr. 2 des FDG. auch bei der neuen Stelle zutreffen.

sich in der für den Staatsforstdienst vorgeschriebenen Ausbildung[97]) befinden. Der unentgeltlich erteilte Jagdschein genügt nicht, um die Jagd auf eigenem oder gepachtetem Grund und Boden oder auf solchen Grundstücken auszuüben, auf welchen von dem Jagdscheininhaber außerhalb seines Dienstbezirkes die Jagd gepachtet worden ist[98]).

Die Unentgeltlichkeit ist auf dem Jagdscheine zu vermerken.

§ 34. Der Jagdschein muß versagt werden[99]):

1. Personen, von denen eine unvorsichtige Führung des Schießgewehrs[100]) oder eine Gefährdung der öffentlichen Sicherheit zu besorgen ist[101]);

---

[97]) Dazu gehören: Die Anwärter für den Staatsforstverwaltungsdienst (Forstbeflissene und Forstreferendare bis zur forstlichen Staatsprüfung) Bestimmung über Ausbildung usw. 25. Jan. 03, die Anwärter für die unteren Stellen des Forstdienstes (Forst= und Jagdlehrlinge, gelernte Jäger im aktiven Militärdienste bis zur Jägerprüfung, die aktiven Jäger der Klasse A, einschließlich der zeitweise zur Ausübung des Staatsforstschutzdienstes abkommandierten Jäger, Reservejäger und Forstversorgungsberechtigte bis zur Ablegung der Försterprüfung) Vf. ML. 19. Okt. 95 (MB. 253) Vf. ML. 15. Jan. 96 (DJ. XXVIII. 170), nicht aber Forstversorgungsberechtigte, welche sich nach Ablegung der Försterprüfung in einer nicht forstlichen oder jagdlichen Privatstellung befinden Vf. ML. 4. Juli 00 (I B^d. 5005).

[98]) Auch außerhalb des Dienstbezirks genügt der unentgeltliche Jagdschein überall; ausgeschlossen davon sind nur Jagdbezirke, deren Grund und Boden sich im Eigentume oder in der Pacht des Inhabers befinden oder die er zur Jagd für sich selbst angepachtet hat Landt.Verh. 95 HH. StB. 365 Vf. ML. 5. Feb. 96 (MB. 34). — Zum Dienstbezirke gehören nicht die den Königl. Oberförstereien angeschlossenen Gemeinde=, Anstalts= und Genossenschaftsforsten, auch nicht die vom Revierverwalter zur Jagd angepachteten, fremden Grundstücke, bei welchen die Nutzungen aus der hohen oder mittleren Jagd zur Staatskasse fließen Vf. ML. 15. Okt. 95 (MB. 236). — Für Gemeindeforstbeamte ist nach dem Anstellungsvertrage zu prüfen, ob der Dienstbezirk sich auch auf die innerhalb des Gemeindebezirks gelegenen Feldmarken erstreckt Vf. ML. 6. Juni 99 (I. B. 1898 III. 3678). — Bei Ausstellung eines

unentgeltl. Jagdscheines ist der Umfang seines von dem Empfänger beabsichtigten Gebrauches nicht zu ermitteln; Feststellung etwaiger mißgebräuchlicher Anwendung ist Sache der Kontrolle Vf. ML. 17. Okt. 95 (MB. 253).

[99]) Die Versagung ist in der Verfügung tatsächlich und rechtlich zu begründen OB. 2. Juni 81 (VII. 255). Der Antragsteller hat nicht den Beweis zu führen, daß gegen ihn ein rechtliches Hindernis nicht vorliege OB. 30. März 03 (Schultz I. 243). Rechtsmittel: § 37.

[100]) Eine förmliche Prüfung hierüber durch Sachverständige ist nicht erforderlich Vf. ML. 3. Mai 73 (MB. 185).

[101]) Das sind nicht bloß unerfahrene oder leichtsinnige, sondern namentlich solche Personen, von denen eine Kränkung der Rechte anderer auf dem Gebiete des Lebens, der Gesundheit oder des Eigentums zu besorgen ist OB. 18. Sept. 84 (XI. 293) und 3. Feb. 02 (Preuß. VBl. XXIII. 761). — Zu einer solchen Besorgnis bietet das gewinnsüchtige geschäftliche Verhalten eines Waffenhändlers, der Wilddieben Jagdgewehre zum Ankauf anpreist, keinen Anlaß OB. 9. Juni 04 (Schultz II. 185). — Die Voraussetzung für Anwendung des § 34 u. 36 (§ 6 u. 8 des Jagdschein=G. 31. Juli 95) ist vorhanden, wenn auch nur aus einer einzelnen Handlung des Antragstellers der Schluß gezogen werden muß, daß es diesem an der für den Gebrauch des Schießgewehres erforderlichen Vorsicht fehlt OB. 17. Jan. 07 (Schultz IV. 241). — Auch wegen geistiger Beschränktheit (Schwerhörigkeit, Zungenschwerfälligkeit) des Nachsuchenden ist der Jagdschein zu versagen OB. 6. Mai 01 (PrVBl. XXII. 568).

2. Personen, welche sich nicht im Besitze der bürgerlichen Ehrenrechte be=
finden[102]) oder welche unter polizeilicher Aufsicht stehen[103]);

3. Personen, welche in den letzten 10 Jahren[104])

     a) wegen Diebstahls, Unterschlagung oder Hehlerei wiederholt, oder

     b) wegen Zuwiderhandlung gegen die §§ 117 bis 119 und 294 des
        Reichsstrafgesetzbuchs[105]) mit mindestens 3 Monaten Gefängnis
        bestraft sind.

§ 35. Der Jagdschein kann versagt werden[106]):

1. Personen, welche in den letzten 5 Jahren

     a) wegen Diebstahls, Unterschlagung oder Hehlerei einmal, oder

     b) wegen Zuwiderhandlung gegen die §§ 117 bis 119 des Reichs=
        strafgesetzbuchs mit weniger als 3 Monaten Gefängnis bestraft
        sind;

2. Personen, welche in den letzten 5 Jahren wegen eines Forstdiebstahls[107]),
wegen eines Jagdvergehens, wegen einer Zuwiderhandlung gegen den
§ 113 des Reichsstrafgesetzbuchs, wegen der Übertretung einer jagd=
polizeilichen Vorschrift[108]) oder wegen unbefugten Schießens (§ 367
Nr. 8 und § 368 Nr. 7 des Reichsstrafgesetzbuchs)[105]) bestraft sind.

§ 36. Wenn Tatsachen, welche die Versagung des Jagdscheins recht=
fertigen, erst nach Erteilung des Jagdscheins eintreten oder zur Kenntnis der
Behörde gelangen, so muß in den Fällen des § 34 und kann in den Fällen

---

[102]) StGB. § 32—37.

[103]) StGB. § 38 u. 39. Die Poli=
zeiaufsicht dauert höchstens fünf Jahre.

[104]) Die Handlungsweise des den Jagd=
schein Nachsuchenden bleibt maßgebend
für die Beurteilung, ob er seinem Cha=
rakter nach zu den unter § 34 Nr. 1
(§ 6 Nr. 1 des Jagdschein=G. 31. Juli
95) fallenden Personen zu zählen sei
oder nicht, auch wenn die im G. be=
zeichneten Fristen — § 34 Nr. 3, § 35
(§ 6 Nr. 3, § 7 des Jagdschein=G. 31.
Juli 95) — seit der Bestrafung bereits
abgelaufen sind OB. 12. Jan. 05 (Schultz
II. 186).

[105]) III. 2 d. W.

[106]) Die Ausübung der der Jagd=
polizeibehörde übertragenen Befugnis ist
lediglich dem pflichtmäßigen Ermessen
dieser Behörde überlassen. Dieses pflicht=
mäßige Ermessen unterliegt nicht der
Nachprüfung im Wege der Rechtskontrolle,
wenn im übrigen die Voraussetzungen
für die Anwendbarkeit der gesetzlichen
Vorschrift gegeben sind OB. 9. Nov. 05

(Schultz III. 82). — Die tatsächliche
Voraussetzung für die Verpflichtung der
Versagung und Entziehung ist in der
Tatsache der Bestrafung gegeben OB.
22. Feb. 06 (Schultz III. 225). Die
Versagung kann sich immer nur auf ein
Jahr erstrecken OB. 1. Dez. 79 (VI.
203). — Auf eine Bestrafung, ungeachtet
welcher der Jagdschein erteilt worden ist,
obwohl er hätte versagt werden dürfen,
kann später nicht als Versagungsgrund
zurückgegriffen werden OB. 3. März 00
(XXXVII. 306).

[107]) FDG. 15. April 78 (GS. 222).

[108]) Dazu gehört jedes Zuwiderhandeln
gegen eine in Beziehung auf die Jagd
und deren Ausübung gegebene Vorschrift
OB. 9. Mai 77 (II. 221), z. B. auch
gegen eine Beschränkung der Jagdaus=
übung an Sonn= und Festtagen (III. 2
Anl. B d. W.) OB. 25. Sept. 79 (V.
186), sowie eine Verletzung der Polizei=
vorschriften über Wildlegitimation und
Wildtransport Vf. ML. 28. Mai 98
(I B. 3957).

des § 35 der Jagdschein von der für die Erteilung zuständigen Behörde für ungültig erklärt und dem Empfänger wieder abgenommen werden[109]).

Eine Rückvergütung der Jagdscheinabgabe oder eines Teilbetrags findet nicht statt.

§ 37. Gegen Verfügungen, durch welche der Jagdschein versagt oder entzogen wird, finden diejenigen Rechtsmittel statt, welche in den §§ 127 bis 129 des Gesetzes über die allgemeine Landesverwaltung vom 30. Juli 1883 (Gesetzsamml. S. 195) gegen polizeiliche Verfügungen gegeben sind[110]).

§ 38. Wer die Jagd innerhalb der abgesteckten Festungsrayons (§ 8, 24 des Reichsrayongesetzes vom 31. Dezember 1871, Reichs=Gesetzbl. S. 459)[111]) ausüben will, muß vorher seinen Jagdschein von der Festungsbehörde mit einem Einsichtsvermerke versehen lassen.

Vierter Abschnitt.
Schonvorschriften[112]).

§ 39. Mit der Jagd zu verschonen sind:
1. männliches Elchwild vom 1. Oktober bis 31. August;
2. weibliches Elchwild[113]) und Elchkälber das ganze Jahr hindurch;
3. männliches Rot= und Damwild vom 1. März bis 31. Juli;
4. weibliches Rotwild, weibliches Damwild sowie Kälber von Rot= und Damwild vom 1. Februar bis 15. Oktober;
5. Rehböcke[114]) vom 1. Januar bis 15. Mai;
6. weibliches Rehwild und Rehkälber[114]) vom 1. Januar bis 31. Oktober;
7. Dachse[114]) vom 1. Januar bis 31. August;
8. Biber[114]) vom 1. Dezember bis 30. September;
9. Hasen vom 16. Januar bis 30. September;
10. Auerhähne vom 1. Juni bis 30. November;
11. Auerhennen vom 1. Februar bis 30. November;
12. Birk=, Hasel= und Fasanenhähne vom 1. Juni bis 15. September[114]);
13. Birk=, Hasel= und Fasanenhennen vom 1. Februar bis 15. September[114]);

---

[109]) Zur Entziehung eines Jagdscheines ist nur diejenige Jagdpolizeibehörde zuständig, die den Jagdschein ausgestellt hat OV. 22. Jan. 06 (Schultz III. 224).

[110]) Dasselbe gilt für Fälle, in denen die Erteilung an die Bedingung der Bürgschaftsleistung oder Zahlung einer höheren Abgabe geknüpft oder die Erteilung eines unentgeltlichen Jagdscheines abgelehnt wird OV. 26. Jan. 98 (XXXIII. 333), Vf. ML. 12. Mai 96 (I. B 2681).

[111]) Die § 8 u. 24 enthalten lediglich hier nicht in Betracht kommende Vorschriften über Absteckungen usw. von Festungsrayons. — Das Reichs=Rayon=G. ist nicht vom 31., sondern vom 21. Dez. 71 (Berichtigung: GS. 95 S. 568).

[112]) Anl. A Nr. 27.

[113]) Abweichung gestattet § 40 Abs. 1 und 3.

[114]) Abweichung § 40 Abs. 2—4 und Anl. A Nr. 28. Für Schneehühner und wilde Tauben sind ebenso, wie für wilde Gänse (Nr. 18), keine Schonzeiten bestimmt.

14. Rebhühner, Wachteln und schottische Moorhühner vom 1. Dezember[114]) bis 31. August;

15. wilde Enten[114]) vom 1. März bis 30. Juni;

16. Schnepfen vom 16. April bis 30. Juni;

17. Trappen vom 1. April bis 31. August;

18. wilde Schwäne, Kraniche, Brachvögel, Wachtelkönige und alle anderen jagdbaren Sumpf= und Wasservögel, mit Ausnahme der wilden Gänse, vom 1. Mai bis 30. Juni;

19. Drosseln (Krammetsvögel) vom 1. Januar bis 20. September[114]).

Die im Vorstehenden als Anfangs= und Endtermine der Schonzeiten be=zeichneten Tage gehören zur Schonzeit.

Beim Elch=, Rot=, Dam= und Rehwild gilt das Jungwild als Kalb bis einschließlich zum letzten Tage des auf die Geburt folgenden Februars[115]).

Vorstehende Vorschriften über Schonzeiten finden auf das Fangen oder Erlegen von Wild in eingefriedigten Wildgärten[116]) keine Anwendung.

§ 40[117]). Aus Rücksichten der Landeskultur oder der Jagdpflege kann der Minister für Landwirtschaft, Domänen und Forsten den Abschuß weiblichen Elchwildes für die Zeit vom 16. bis 30. September gestattten.

Aus denselben Gründen können durch Beschluß des Bezirksausschusses:

a) der Anfang und der Schluß der Schonzeiten für die im § 39 unter 12 bis 14 genannten Wildarten und der Schluß der Schonzeit für Rehböcke anderweit, jedoch nicht über 14 Tage vor oder nach den dort bestimmten Zeitpunkten, festgesetzt,

b) das Ende der Schonzeit für Drosseln (Krammetsvögel) bis 30. Sep=tember einschließlich hinausgeschoben,

c) die Schonzeiten für Dachse und wilde Enten eingeschränkt oder gänzlich aufgehoben sowie für Rehkälber und Biber verlängert oder auf das ganze Jahr ausgedehnt

werden.

Die hiernach zulässige Abänderung oder Aufhebung der Schonzeiten darf für den ganzen Umfang oder nur für einzelne Teile des Regierungsbezirkes, die Abänderung für die einzelnen Teile desselben Regierungsbezirkes in ver=schiedener Weise erfolgen.

---

[115]) Die Schonzeit für ein männliches Rot= oder Damwildkalb beginnt hier=nach schon am 1. Feb.

[116]) Gleichbedeutend mit „Gehege“ und weitergehend als „Tiergärten“ (BGB. § 960: I. 2 d. W.) Landt.Verh. 04 HH. Drucks. 44 (KB.) S. 4 über Wildschon=G. 14. Juli 04 u. I. 2 Anm. 3 d. W. — Nach Anl. A Nr. 6 Abs. 1, Schlußsatz, sind zu Wildgärten nicht jedes eingefriedigte Stück Land (§ 4 Nr. 1), auf dem sich Wild aufhält, zu rechnen, sondern nur solche Gehege, die der Wild=hege zu dienen bestimmt sind.

[117]) Anl. A Nr. 28. Hier wird (unter Nr. 4) noch besonders darauf aufmerk=sam gemacht, daß es der Absicht der Vorschrift im § 40 Abs. 2c nicht ent=sprechen würde, die Schonzeit für Reh=kälber ohne Unterschied für ganze Re=gierungsbezirke auf das ganze Jahr aus=zudehnen.

Der Beschluß zu a kann nur für die Dauer eines Jahres erfolgen.

§ 41[118]). Das Aufstellen von Schlingen, in denen sich jagdbare Tiere oder Kaninchen fangen können, ist verboten[119]).

Unter dieses Verbot fällt nicht die Ausübung des Dohnenstiegs mittels hoch=hängender Dohnen[120]). Die Art der Ausübung des Dohnenstiegs kann durch den Regierungspräsidenten im Wege der Polizeiverordnung geregelt werden[121]).

§ 42[122]). Kiebitz= und Möweneier dürfen nur bis 30. April einschließlich gesammelt werden.

Durch Beschluß des Bezirksausschusses kann dieser Termin bis zum 10. April einschließlich zurückverlegt oder für Möweneier bis zum 15. Juni einschließlich verlängert werden.

Das Sammeln der Kiebitz= und Möweneier darf von anderen Personen als dem Jagdberechtigten nur in dessen Begleitung oder mit dessen schriftlich erteilter Erlaubnis, welche der Sammelnde bei sich zu führen hat, vor=genommen werden[123]).

Eier oder Junge von anderem jagdbaren Federwild[124]) auszunehmen, ist auch der Jagdberechtigte nicht befugt, mit Ausnahme derjenigen Eier, welche ausgebrütet werden sollen.

Zum Ausnehmen von Eiern, welche zu wissenschaftlichen oder zu Lehr=zwecken benutzt werden sollen, bedarf es der Genehmigung der Jagdpolizeibehörde.

§ 43. Vom Beginne des fünfzehnten Tages der für eine Wildart fest=gesetzten Schonzeit bis zu deren Ablauf ist es verboten, derartiges Wild[125]) in ganzen Stücken oder zerlegt, aber nicht zum Genusse fertig zubereitet, in demjenigen Bezirke, für welchen die Schonzeit gilt, zu versenden, zum Verkaufe herumzutragen oder auszustellen oder feilzubieten, zu verkaufen, anzukaufen, oder den Verkauf von solchem Wild zu vermitteln[126]).

---

[118]) Anl. A Nr. 29.

[119]) Das Verbot gilt, abgesehen von der Ausnahme im Abs. 2, allgemein, auch für eingefriedigte Wildgärten und für den Jagd= sowie für den Fischerei=berechtigten (Anm. 174). Die Anwen=dung von Schlingen bei unbefugter Jagd=ausübung (StGB. § 292: III. 2 d. W.) wirkt strafverschärfend (§ 293 das.).

[120]) Laufdohnen sind ausgeschlossen.

[121]) Derartige PolV. sind in Anl. B verzeichnet.

[122]) Anl. A Nr. 30.

[123]) Vergl. hierzu die Übergangsbe=stimmung § 83.

[124]) Das durch RG. 22. März 88 § 1 Abs. 3 (II. 2, Anl. D d. W.) gestattete Sammeln usw. der Eier von Strand=vögeln und Seeschwalben ist, nachdem diese Vögel jagdbar geworden, nicht mehr zulässig (RG. § 8 b). — Dies trifft auch für die Eier von Adlern zu. Na=mentlich darf der Fischereiberechtigte die Eier des jagdbar erklärten Fischadlers nicht ausnehmen, obwohl er befugt ist, diesen Vogel ohne Anwendung von Schußwaffen zu töten usw. (Anm. 174 d. W.; Landt.Verh. 04 AH. Druckf. 336 KB. S. 1, 2 zu Wildschon=G. 14. Juli 04). — Zuwiderhandlungen gegen § 42 strafbar nach StGB. § 368 Nr. 11 (III. 2 d. W.), Landt.Verh. 04, HH. Druckf. 23, Begr. zu § 5 S. 15 zu Wildschon=G.

[125]) Diese Bestimmung gilt auch für lebendes Wild, sofern nicht die Aus=nahme des Abs. 3 vorliegt Kamm.Ger. 18. Mai 05 (Schultz II. 184).

[126]) Das Versenden bedeutet nicht dasselbe wie Absenden, vielmehr richtet sich das Verbot gegen denjenigen, der

Vorstehenden Beschränkungen unterliegt nicht der Vertrieb einzelner Arten von Wild aus Kühlhäusern, wenn er unter Kontrolle nach Maßgabe der von den zuständigen Ministern zu erlassenden Bestimmungen stattfindet. Die Kosten der Kontrolle fallen den Inhabern der Kühlhäuser zur Last und können in Form einer Gebühr nach Tarifen erhoben werden[127]).

Ferner dürfen Ausnahmen, wenn es sich um die Versendung, den Verkauf, den Ankauf und die Verkaufsvermittlung von lebendem Wilde zum Zwecke der Blutauffrischung oder Einführung einer Wildart handelt, durch den für den Empfangsort zuständigen Regierungspräsidenten gestattet werden.

Die Bestimmungen des ersten Absatzes finden auf Kiebitz- und Möwen- eier entsprechende Anwendung.

§ 44[128]). Vom Beginne des fünfzehnten Tages der für das weibliche Elch-, Rot-, Dam- und Rehwild festgesetzten Schonzeiten bis zu deren Ablauf ist es verboten, unzerlegtes Elch-, Rot-, Dam- und Rehwild, bei welchem das Geschlecht nicht mehr mit Sicherheit zu erkennen ist, zu versenden, zum Verkaufe herumzutragen oder auszustellen oder feilzubieten, zu verkaufen, an- zukaufen oder den Verkauf von solchem Wilde zu vermitteln.

§ 45[128]). Die Vorschriften der §§ 43 und 44 finden auf Wild keine Anwendung, welches im Strafverfahren in Beschlag genommen oder ein- gezogen[129]) oder welches mit Genehmigung oder auf Anordnung der zu-

---

es bewirkt, daß der Versendungszustand im Schonbezirk eintritt Kamm.Ger. 20. Dez. 06 (Schultz IV. 120). — Das Ver- bot bezieht sich auch auf das Versenden zum Zwecke des Verschenkens Kamm.Ger. 27. Sept. 06 (Schultz IV. 244). — Es kommt nicht darauf an, daß der Absen- dungsort außerhalb des Geltungsbe- reiches des G. gelegen ist. Maßgebend ist, daß der Transport des Wildes inner- halb des preuß. Gebietes stattgefunden hat Kamm.Ger. 19. März 06 (Schultz III. 229). — Als Ankäufer von Wild im Sinne dieses Paragraphen muß auch derjenige gelten, in dessen Verfügungs- gewalt während der Schonzeit Wild auf Grund eines früher abgeschlossenen Liefe- rungsvertrages gelangt Kamm.Ger. 30. März 05 (Schultz II. 181). — Der An- und Verkauf von Wild, das zum Ge- nusse zubereitet ist, in Speisehäusern usw., sowie der Vertrieb des zu Konserven verarbeiteten Wildes wird von dem Ver- bote nicht betroffen Landt.Verh. 04 HH. Drucks. 23 Begr. zu Wildschon-G. 14. Juli 04 S. 15, 16. — Infolge des mit Frankreich getroffenen Abkommens 28. Nov. u. 31. Dez. 01 ist der Verkauf und

die Durchfuhr von Wachteln, einerlei, ob sie lebend oder tot sind, aus dem Aus- lande herstammen oder für das Ausland bestimmt sind, für die Dauer der Schon- zeit in Bayern, Württemberg, Sachsen, Elsaß-Lothringen und Prov. Schlesien verboten. Für letztere bestimmt PolV. 31. März 01 (AB. für Breslau 143, für Liegnitz 88 und für Oppeln 109):

„Nach Ablauf von 14 Tagen nach eingetretener Schonzeit bis zu deren Schluß ist die Versendung von Wach- teln im lebenden oder todtem Zustande innerhalb der Provinz mit Strafe bis zu 150 M. oder mit Haft zu bestrafen“.

[127]) Anl. A Nr. 31 enthält die für den Betrieb von Wild aus Kühlhäusern geltenden Bestimmungen, zu denen nach § 8 das. die Landespolizeibehörden noch weiter erforderliche Ausführungsbestim- mungen für ihre Verwaltungsbezirke treffen können.

[128]) Anl. A Nr. 32.

[129]) Die Einziehung darf durch ge- richtliches Urteil nur dann erfolgen, wenn gleichzeitig auf Geldstrafe erkannt wird. Eine Einziehung ohne solche Strafe ist

ständigen Behörde oder in Fällen erlegt ist, in denen besondere gesetzliche Vorschriften es gestatten [130]).

Wer jedoch solches Wild in ganzen Stücken oder zerlegt versendet, zum Verkaufe herumträgt oder ausstellt oder feilbietet, verkauft, oder den Verkauf von solchem Wilde vermittelt, muß mit einer befristeten Bescheinigung der Ortspolizeibehörde oder des von ihr mit Genehmigung des Landrats zur Ausstellung einer solchen ermächtigten Gemeinde= (Guts=) Vorstehers ver= sehen sein [131]).

Der Käufer muß sich die Bescheinigung vorzeigen lassen [132]).

§ 46 [128]). Die Versendung von Wild darf nur unter Beifügung eines Ursprungsscheins erfolgen.

Die näheren Vorschriften werden von dem Oberpräsidenten oder dem Regierungspräsidenten im Wege der Polizeiverordnung erlassen [133]); hierbei können von dem Erfordernisse des Ursprungsscheins bezüglich einzelner kleinerer Wildarten Ausnahmen gestattet werden.

§ 47. Die Vorschriften der §§ 43 bis 46 finden auch auf Wild, welches in eingefriedigten Wildgärten [116]) erlegt oder gefangen ist, Anwendung.

§ 48 [134]). Der Bezirksausschuß ist befugt, für den Umfang des ganzen Regierungsbezirkes oder einzelne Teile des letzteren diejenigen nicht jagdbaren Vögel zu bezeichnen, auf welche die Ausnahmebestimmung des § 5 Abs. 1 des Reichsgesetzes, betreffend den Schutz von Vögeln, vom 22. März 1888 (Reichs=Gesetzbl. S. 111) dauernd oder vorübergehend Anwendung finden darf.

---

unzulässig Kamm.Ger. 8. Okt. 06 (Schultz IV. 246). — Die Vollstreckung der Kon= fiskation darf erst nach der Urteilsfällung erfolgen. Vorläufige Verwaltungshand= lungen, z. B. sofortige Verwertung des beschlagnahmten Wildes, um es vor Ver= derbnis zu sichern, sind davon nicht ab= hängig. In zweifelhaften Fällen wird der öffentliche Verkauf der Überweisung an eine wohltätige Anstalt vorzuziehen sein Vf. MJ. 29. Sept. 70 (MB. 271). — Das während der Schonzeit in fis= kalischen Jagdrevieren zur Nutzung ge= langende Wild, einschließlich des Fall= wildes, hat der Oberförster, wenn er es nicht gegen taxmäßige Bezahlung für sich behalten will, unentgeltlich an die von der Regierung im voraus dazu be= zeichnete wohltätige Anstalt abzuliefern Vf. FM. 15. Juli 70 (MB. 243), Ge= schäftsanw. für Oberförster 4. Juni 70 (MB. 71 S. 69) § 69 ff.

[130]) In den Fällen der § 61—68.

[131]) Die Befristung soll der widerrecht= lichen Verwendung vorbeugen Landt.= Verh. 04 HH. Drucks. 44 KB. S. 7 zu Wildschon=G. 14. Juli 04. — Auch eine einheitliche Fristbestimmung ist eine Be= fristung im Sinne des G. Der Zweck der Vorschrift geht dahin, einen Miß= brauch der Bescheinigung nach Ablauf des festzusetzenden Endtermines für den Verkauf zu verhüten. Dieser Zweck wird erreicht, wenn sich aus dem Inhalte des Scheins die festgesetzte Frist zweifelsfrei ergibt Kamm.Ger. 12. Feb. 06 (Schultz III. 229).

[132]) Zuwiderhandlung strafbar nach § 78.

[133]) Ein Verzeichnis solcher PolV. enthält Anl. C. Nr. II. 2 d. W. — PolV. über die Wildlegitimationskontrolle, die vor dem Wildschon=G. 14. Juli 04 rechts= gültig erlassen waren, sind durch dieses G. nicht aufgehoben. Dies gilt auch für Strafverbote gegen den Transport von Wild ohne Ursprungsschein Kamm.Ger. 22. Juni 05 (Schultz III. 227).

[134]) Anl. A Nr. 33 u. Reichsvogel= schutz=G. 22. März 88 (Anlage D).

§ 49. Der Beschluß des Bezirksausschusses ist in den Fällen der §§ 40, 42 und 48 endgültig.

§ 50[135]). Bei Einführung oder Einwanderung bisher nicht einheimischer Wildarten kann durch Königliche Verordnung Bestimmung getroffen werden über ihre Jagdbarkeit, die Festsetzung von Schonzeiten für sie und die Androhung von Strafen bei Verletzung der festgesetzten Schonzeiten.

Fünfter Abschnitt[136]).

Wildschadenersatz.

§ 51. Für den nach § 835 B. G. B. zu ersetzenden, durch Schwarz-, Rot-, Dam- oder Rehwild oder durch Fasanen angerichteten Schaden[137]) gelten folgende Bestimmungen:

§ 52[138]). Ersatzpflichtig sind in einem gemeinschaftlichen Jagdbezirke die Grundbesitzer des Jagdbezirkes nach Verhältnis der Größe der beteiligten Fläche[139]). Dieselben werden durch den Jagdvorsteher vertreten.

Hat bei Verpachtung der Jagd in gemeinschaftlichen Jagdbezirken der Jagdvorsteher die vollständige Wiedererstattung der zu zahlenden Wildschadenbeträge durch den Jagdpächter nicht ausbedungen, so müssen solche Jagdpachtverträge nach ortsüblicher Bekanntmachung zwei Wochen öffentlich ausgelegt werden (§ 23)[65]). Sie bedürfen zu ihrer Gültigkeit der Genehmigung des Kreisausschusses, in Stadtkreisen des Bezirksausschusses, wenn seitens auch

---

[135]) Anl. A Nr. 34.

[136]) Anl. A Nr. 35. Die hierauf bezüglichen Bestimmungen des BGB. u. des EG. z. BGB.: Anlage E. Die nachfolgenden Bestimmungen des § 51 bis 60 finden auf die vorm. kurhess. Landesteile keine Anwendung: § 81.

[137]) Nach reichsgesetzlicher Regelung (BGB. § 835 u. EG. Art. 71 Nr. 4) ist mit einer allgemein begründeten Pflicht zur Herstellung von Schutzvorrichtungen behufs Verhütung von Wildschaden bei Anlagen, die nicht unter die Gärten usw. fallen, überhaupt nicht und bei Gärten usw. so lange nicht zu rechnen, als ein entsprechendes Landesgesetz nicht ergangen ist. — Ein auf die unterlassene Herstellung von Schutzvorrichtungen gegründetes Verschulden (§ 254) des Ersatzberechtigten liegt vor, wenn die Geltendmachung des Ersatzanspruches trotz unterlassener Schutzvorrichtungen nach den besonderen Umständen wider Treu und Glauben verstoßen würde, namentlich wenn die Unterlassung von Schutzvorrichtungen auf die Absicht, Schadenersatz zu erzielen, zurückzuführen ist, wie im Wildschaden-G. § 4 vorgesehen war. — Auch ohne solche Absicht kann unter Umständen ein Verschulden angenommen werden, wenn besonders wertvolle Hölzer da gezogen werden, wo sie dem Wildschaden ausgesetzt sind, oder auch wenn der Ersatzberechtigte die von dem Ersatzverpflichteten angebotene Herstellung von Schutzvorrichtungen ablehnt OV. 17. Nov. 02 (PrVBl. XXIV. 311) u. 1. Dez. 04 (Schultz II. 190). — Der Einwand, die Unterlassung der Schutzvorrichtung in einem Falle, in dem es an einer landesgesetzlichen Vorschrift gemäß Art. 71 Nr. 4 fehlt, enthalte ein Mitverschulden des Beschädigten, findet gemäß BGB. § 254 Abs. 2 auch dann Anwendung, wenn sich das Verschulden des Beschädigten darauf beschränkt, daß er unterlassen hat, den Schaden abzuwenden oder zu mindern, z. B. wenn ein vorhandener schadhaft gewordener Zaun nicht in Stand gesetzt worden ist RGer. 24. Okt. 02 (E. LII. 349) u. 24. März 05 (Schultz II. 192).

[138]) Anl. A Nr. 36.

[139]) Entspricht BGB. § 835 Abs. 3.

nur eines Nutzungsberechtigten während der Auslegungsfrist[58]) Einspruch er=
hoben wird[73]).

§ 53[140]). Für Wildschaden ist bei Grundflächen, die einem Eigen=
jagdbezirk angeschlossen sind (§ 4 Abf. 1 Ziffer 2 Abf. 1, § 7 Abf. 5,
§§ 8, 9), der Inhaber des letzteren als Pächter ersatzpflichtig.

Ersatzpflichtig ist im Falle des § 10 der Inhaber des umschließenden
Eigenjagdbezirkes auch dann, wenn er den angebotenen Anschluß abgelehnt
hat und ein selbständiger Jagdbezirk gebildet ist[141]). Auf das Verfahren
finden die Vorschriften über Wildschadenersatz Anwendung.

§ 54. Sofern Bodenerzeugnisse, deren voller Wert sich erst zur Zeit
der Ernte bemessen läßt, vor diesem Zeitpunkte beschädigt werden (§ 51), so
ist der Schaden in demjenigen Umfange zu erstatten, in welchem er sich zur
Zeit der Ernte darstellt[142]).

§ 55. Der Beschädigte, welcher auf Grund der §§ 51 bis 53 Ersatz
für Wildschaden fordern will, hat diesen Anspruch bei der für das geschädigte
Grundstück zuständigen Ortspolizeibehörde binnen drei Tagen, nachdem er von
der Beschädigung Kenntnis erhalten hat, schriftlich oder zu Protokoll anzu=
melden. Bei Versäumung dieser Anmeldung findet ein Ersatzanspruch
nicht statt[143]).

§ 56[144]). Nach rechtzeitig[145]) erfolgter Anmeldung hat die Ortspolizei=
behörde zur Ermittlung und Schätzung des behaupteten Schadens und zur

---

[140]) Anl. A Nr. 37.

[141]) Diese Bestimmung entspricht dem BGB. § 835 Abf. 2.

[142]) Neben BGB. gültig EG. Art. 70 (Anlage E). Bei Waldbeständen ist als ersatzpflichtiger Schaden der Unterschied auszugleichen, der zwischen der Ver= mögenslage des Beschädigten zur Zeit der Beschädigung und derjenigen Ver= mögenslage stattfindet, in welcher er sich bei Nichteintritt des Wildschadens befinden würde. Der Schaden ist nicht nach dem Werte der Bäume zur Zeit der Beschädigung, sondern nach dem bei Eintritt der normalen Umtriebszeit erzielbaren Werte zu bestimmen, jedoch hat der Beschädigte nur Anspruch auf einen Geldbetrag, der unter Hinzurech= nung der bis zum Eintritt der normalen Abtriebszeit zu erhebenden Zinsen dem Ertrage gleichkommt, welchen der Be= schädigte aus dem Waldbestande ohne dessen Beschädigung bei Eintritt der normalen Abtriebszeit zu erzielen ver= möchte OB. 3. Dez. 96 (XXXI. 245). — In gleicher Weise sind Schäden an Fichten festzustellen, deren Anpflanzung zum Zwecke der Verwendung als Zier= oder Weihnachtsbäume erfolgt ist OB. 17. Nov. 02 (PrBBl. XXIV. 311).

[143]) Fristbemessung Anm. 58. — Die Frist ist gewahrt, wenn das die An= meldung enthaltende Schriftstück inner= halb der Frist tatsächlich in die Gewalt der Ortspolizeibehörde gelangt, z. B.: am letzten Tage der Frist in dem Orte der Behörde mit der Post eingetroffen, von der Behörde aber nicht abgeholt ist OB. 6. Jan. 00 (XXXVI. 360).

[144]) Die Verfahrensvorschriften § 56 bis 60 sind öffentlich=rechtlich, vom BGB. daher nicht betroffen.

[145]) Die Beweispflicht für die Recht= zeitigkeit der Anmeldung liegt nicht dem Beschädigten ob; der Ersatzpflichtige hat vielmehr die Fristversäumung nachzu= weisen, wenn er ihretwegen den Ersatz= anspruch ablehnt. Die Ausdehnung des Ersatzanspruches auf den in der Zeit zwischen der Anmeldung und der Orts= besichtigung zugefügten Schaden ist statt= haft OB. 3. Dez. 96 (XXXI. 245) u. 25. März 07 (Schultz IV. 252).

Herbeiführung einer gütlichen Einigung unverzüglich einen Termin an Ort und Stelle anzuberaumen und zu demselben die Beteiligten[146]) unter der Verwarnung zu laden, daß im Falle des Nichterscheinens mit der Ermittlung und Schätzung des Schadens dennoch vorgegangen wird. Der Jagdpächter ist zu diesem Termine zu laden[147]).

§ 57. Jedem Beteiligten[146]) steht das Recht zu, in dem Termine zu beantragen, daß die Schätzung der Schadens erst in einem zweiten, kurz vor der Ernte abzuhaltenden Termin erfolge[148]). Diesem Antrage muß statt=gegeben werden.

§ 58. Auf Grund des Ergebnisses der Vorverhandlungen hat die Ortspolizeibehörde einen Vorbescheid[149]) über den Schadenersatzanspruch und die entstandenen Kosten[150]) zu erlassen und den Beteiligten in schriftlicher Ausfertigung zuzustellen.

Die Zustellung erfolgt nach Maßgabe der für Zustellungen des Kreis=ausschusses geltenden Bestimmungen[151]).

§ 59. Gegen den Vorbescheid findet innerhalb zwei Wochen[152]) die Klage[153]) bei dem Kreisausschuß, in Stadtkreisen bei dem Bezirks=ausschusse[154]), statt.

---

[146]) D. i. der Beschädigte, der Jagd=vorsteher (§ 52 Abs. 1), der Inhaber des beteiligten Eigenjagdbezirkes (§ 53).

[147]) Die Ladung des nicht zu den Beteiligten gehörenden Jagdpächters — OB. 9. Okt. 02 (Schultz I. 240) — ist aus Zweckmäßigkeitsgründen angeordnet. Das Verwaltungsverfahren findet auf ihn keine Anwendung. Über seine etwaige Verpflichtung zum Wildschadenersatz ist von den ordentlichen Gerichten auf Grund des Jagdpachtvertrages zu entscheiden OB. 29. Sept. 04 (Schultz III. 86),

[148]) Der Jagdpächter in dem gemein=schaftlichen Jagdbezirke ist zu dem An=trage gesetzlich nicht berechtigt.

[149]) Der Vorbescheid ist keine poliz. Vf., sondern ein Akt der Verwaltungs=rechtsprechung. Die Klage ist gegen den zu richten, auf dessen Antrag ein Vor=bescheid erlassen ist OB. 9. April 94 (DJ. XXVII. 325) u. 14. Feb. 07 (Schultz IV. 250). Beschwerde gegen ihn mithin nicht zulässig. — Die das Einschreiten wegen Fristversäumung (§ 55 letzter Satz) ablehnende Erklärung der Ortspolizeibehörde gilt als Vorbescheid und unterliegt der Anfechtung im Ver=waltungsstreitverfahren (§ 59) Vf. ML. 12. Mai 93, OB. 6. Jan. 00 (XXXVI. 360). — Ein Vorbescheid, der dem (nicht

zu den Beteiligten gehörenden) Jagd=pächter den Ersatz von Wildschaden und Kosten auferlegt, ist als eine nach LVG. § 127 ff. anfechtbare poliz. Vf. anzusehen. Die Klage (§ 59) ist gegen diese nicht statthaft OB. 9. Okt. 02 (Schultz I. 240).

[150]) § 60.

[151]) Geschäftsreg. 28. Feb. 84 (MB. 41) § 17 und Reg. für den Geschäfts=gang bei dem OVG. 22. Feb. 92 (MB. 133).

[152]) LVG. § 52 u. Anm. 55.

[153]) LVG. § 63, 65, 66. Die Klage auf Schadenersatz ist von einem Be=teiligten (Anm. 146) gegen den Ersatz=pflichtigen, nicht gegen die Ortspolizei=behörde zu richten. — Nur der Jagd=vorsteher, nicht auch ein einzelner Grundbesitzer des gemeinschaftlichen Jagdbezirks oder die Gemeinde selbst, ist zur Klage berechtigt OB. 6. Jan. 00 (XXXVI. 360).

[154]) LVG. § 57 Nr. 1:

„Zuständig ist in Angelegen=heiten, welche sich auf Grund=stücke beziehen, die Behörde der belegenen Sache." —

Die Klage darf nicht an die Ortspolizei=behörde zurückgewiesen werden, das Ver=

Die Entscheidungen des Kreisausschusses und des Bezirksausschusses sind vorläufig vollstreckbar[155]).

Wird innerhalb der zwei Wochen die Klage nicht erhoben, so wird der Vorbescheid endgültig und vollstreckbar.

§ 60. Als Kosten des Verfahrens kommen nur bare Auslagen, insbesondere Reisekosten und Gebühren der Sachverständigen, Botenlöhne und Portokosten in Ansatz. Die Kosten des Vorverfahrens werden als Teil der Kosten des Verwaltungsstreitverfahrens behandelt[156]).

Sechster Abschnitt.

Wildschadenverhütung [157]).

§ 61[158]). Wenn die in der Nähe von Forsten belegenen Grundstücke, welche Teile eines gemeinschaftlichen Jagdbezirkes bilden, oder solche Waldenklaven, auf welchen die Jagdausübung dem Eigentümer des sie umschließenden Waldes überlassen ist (§ 7 Abs. 5, §§ 8 und 10), erheblichen Wildschäden durch das aus der Forst übertretende Wild ausgesetzt sind, so ist die Jagdpolizeibehörde befugt, auf Antrag der geschädigten Grundbesitzer nach vorhergegangener Prüfung des Bedürfnisses und für die Dauer desselben den Jagdpächter selbst während der Schonzeit zum Abschusse des Wildes aufzufordern. Schützt der Jagdpächter, dieser Aufforderung ungeachtet, die beschädigten Grundstücke nicht genügend, so kann die Jagdpolizeibehörde den Grundbesitzern selbst die Genehmigung erteilen, das auf diese Grundstücke übertretende Wild auf jede erlaubte Weise zu fangen, namentlich auch mit Anwendung des Schießgewehrs zu töten.

Das nämliche gilt rücksichtlich der Besitzer solcher Grundstücke, auf welchen sich die Kaninchen bis zu einer der Feld- und Gartenkultur schädlichen Menge vermehren, in betreff dieser Tiergattung[159]). Wird gegen die Verfügung der

---

waltungsgericht hat vielmehr die als erforderlich erachteten Ermittelungen selbst anzustellen OVG. 6. Jan. 00 (XXXVI. 360). — In dem Verwaltungsstreitverfahren über Wildschadenersatz darf der Kläger den Beweis des behaupteten Schadens durch jedes nach Maßgabe des LVG. 30. Juli 83 zulässige Beweismittel führen. Nach den Vorschriften dieses G. ist die Vernehmung eines Sachverständigen nicht schon deshalb unzulässig, weil derselbe seine bisherigen Ermittelungen nicht unter Beobachtung der Vorschriften des Wildschaden-G. 11. Juli 91 § 7, Jagd-O. § 56, angestellt hat OVG. 19. Sept. 04 (Schultz II. 189).

[155]) LVG. § 60. Die Vollstreckung erfolgt im Verwaltungszwangsverfahren V. 15. Nov. 99 (GS. 545) u. AusfAnw. 28. Nov. 99 (MB. 00 S. 44).

[156]) Die Kosten des Vor- und des Verwaltungsstreitverfahrens sind vom unterliegenden Teile zu tragen OVG. 31. Mai 94 (XXVI. 272).

[157]) Anl. A Nr. 38. Die Vorschriften dieses Abschnittes: § 61—66 gelten nicht für die vorm. kurhess. Landesteile: § 81.

[158]) Anl. A Nr. 39.

[159]) Die aus der Aufhebung der Jagdbarkeit (Wildschaden-G. 11. Juli 91 GS. 307 § 15) erfolgte Freigabe des Tierfanges der wilden Kaninchen hat allein nicht die Wirkung, daß damit die den Umfang der Befugnis der Aufsichtsbehörden zu erzwingbaren Anordnungen gegenüber dem Jagdpächter regelnden Gesetze ihre Gül-

Jagdpolizeibehörde die Beschwerde eingelegt, so bleibt erstere bis zur eingehenden höheren Entscheidung einstweilen gültig.

Das von den Grundbesitzern infolge einer solchen Genehmigung der Jagdpolizeibehörde erlegte oder gefangene Wild muß aber gegen Bezahlung des in der Gegend üblichen Schußgeldes[160]) dem Jagdpächter überlassen und die desfallsige Anzeige binnen 24 Stunden erstattet werden.

§ 62[161]). Ist während des Kalenderjahres wiederholt durch Rot=, Elch= oder Damwild verursachter Wildschaden durch die Ortspolizeibehörde festgestellt worden[162]), so muß auf Antrag des Ersatzpflichtigen oder der Jagdberechtigten[163]) die Jagdpolizeibehörde sowohl für den betroffenen, als auch nach Bedürfnis für benachbarte Jagdbezirke die Schonzeit der schädigenden Wildgattung für einen bestimmten Zeitraum aufheben und die Jagdberechtigten zum Abschuß auffordern und anhalten[164]).

---

tigkeit verloren haben OB. 25. Jan. 04 (Schultz I. 237).

[160]) Die Höhe des „üblichen Schußgeldes" richtet sich nach örtlicher Bestimmung. Das in den Königlichen Forsten der einzelnen Regierungsbezirke geltende Schußgeld wird dafür als Anhalt dienen können. Vergl. Anm. 27.

[161]) Anl. A Nr. 40.

[162]) Die Feststellung braucht nicht notwendig in den für die Festsetzung von Wildschadenersatzansprüchen vorgesehenen Formen (§ 56—60) erfolgt zu sein; es genügt, daß die Tatsache des wiederholt durch Rotwild usw. verursachten Schadens polizeilich festgestellt ist, was auch in selbständigen Jagdbezirken geschehen kann OB. 6. März 93 (XXIV. 294). Dieser Auslegung des G. widerspricht Holtgreven auf S. 56 u. 163 seines Kommentars zu dem Wildschaden=G. 11. Juli 91 (II. 4 Anm. 11 d. W.) mit dem Hinweis auf den Zusammenhang des § 12 mit § 6—9 des Wildschaden=G. 11. Juli 91, Jagd=O. § 62 mit § 55—59, die sich nur auf gemeinschaftliche Jagdbezirke und Enklaven beziehen und ohne deren Anwendung es keine Ersatzpflichtigen zur Stellung des Antrages (§ 12 bezw. § 62) gibt, sowie darauf, daß die ortspoliz. Feststellung von Wildschäden in selbständigen Jagdbezirken im G. nicht angeordnet ist, mithin auch von der Aufsichtsbehörde nicht veranlaßt werden kann. Ebenso urteilt Dickel (Monatshefte des Allgem. Deutsch. Jagdschutz=Ver. 1898 Heft 21 u. 22).

[163]) Dazu gehören der Jagdpächter des vom Wildschaden betroffenen Jagdbezirks und die Jagdberechtigten benachbarter Jagdbezirke.

[164]) Die Aufhebung der Schonzeit in einem Eigenjagdbezirke kann nach Holtgreven und Dickel (Anm. 162) nur eintreten, wenn die Schonzeit in einem benachbarten gemeinschaftlichen Jagdbezirke oder auf einer Enklave, auf Grund ortspoliz. Feststellung wiederholten Wildschadens durch Rotwild usw. in einem dieser Bezirke und auf Antrag des Ersatzpflichtigen, durch die Aufsichtsbehörde aufgehoben wird und der Jagdberechtigte des Eigenjagdbezirks die Ausdehnung dieser Maßregel auf seinen Bezirk beantragt. Die Schonzeit muß für einen kalendermäßig, also nach Tagen, Wochen, Monaten usw. bestimmten Zeitraum aufgehoben werden, nicht aber für einen Zeitraum, dessen Ende von dem Eintritte einer von vornherein zeitlich unbestimmten Tatsache, nämlich von dem Abschusse einer festgesetzten Stückzahl des Wildes abhängig ist OB. 8. Okt. 06 (Schultz IV. 113). — In betreff der von der Aufsichtsbehörde getroffenen Anordnungen und deren Durchführung sind LVG. § 132 ff. maßgebend. Im Fall des Verschuldens bei Nichterfüllung des Abschusses tritt Verpflichtung zum Schadenersatz ein gemäß BGB.:

§ 823. Wer vorsätzlich oder fahrlässig das Leben, den Körper, die Gesundheit, die Freiheit, das Eigenthum oder ein sonstiges Recht eines

§ 63[161]). Genügen diese Maßregeln (§ 62) nicht, so hat die Jagd=
polizeibehörde den Grundbesitzern und sonstigen Nutzungsberechtigten selbst
nach Maßgabe des § 61 die Genehmigung zu erteilen, das auf ihre Grund=
stücke übertretende Elch=, Rot= und Damwild auf jede erlaubte Weise[165]) zu
fangen, namentlich auch mit Anwendung des Schießgewehrs zu erlegen.

§ 64[161]). Schwarzwild darf nur in solchen Einfriedigungen gehegt
werden, aus denen es nicht ausbrechen kann. Der Jagdberechtigte, aus
dessen Gehege Schwarzwild austritt, haftet für den durch das ausgetretene
Schwarzwild verursachten Schaden[166]).

Außer dem Jagdberechtigten darf jeder Grundbesitzer oder Nutzungs=
berechtigte innerhalb seiner Grundstücke Schwarzwild auf jede erlaubte Art[165])
fangen, töten und behalten[167]).

Die Jagdpolizeibehörde kann die Benutzung von Schießwaffen für eine
bestimmte Zeit gestatten.

Die Jagdpolizeibehörde hat außerdem zur Vertilgung uneingefriedigten
Schwarzwildes alles Erforderliche anzuordnen, sei es durch Polizeijagden, sei
es durch andere geeignete Maßregeln oder Auflagen an die Jagdberechtigten
des Bezirkes und der Nachbarforsten.

§ 65[161]). Durch Klappern, aufgestellte Schreckbilder sowie durch Zäune
kann ein jeder das Wild von seinen Besitzungen abhalten, auch wenn er auf
diesen zur Ausübung des Jagdrechts nicht befugt ist. Zur Abwehr des Rot=,
Dam= und Schwarzwildes kann er sich auch kleiner oder gemeiner Haushunde
bedienen[168]).

Anderen widerrechtlich verletzt, ist dem Anderen zum Ersatze des daraus ent=
stehenden Schadens verpflichtet.

Die gleiche Verpflichtung trifft den=jenigen, welcher gegen ein den Schutz eines Anderen bezweckendes Gesetz ver=stößt. Ist nach dem Inhalte des Ge=setzes ein Verstoß gegen dieses auch ohne Verschulden möglich, so tritt die Ersatzpflicht nur im Falle des Ver=schuldens ein.

[165]) D. h. in jeder, auch dem Jagd=berechtigten erlaubten Weise, wofür St=GB. (III. 2 d. W.) und LR. II. 16 § 58 u. 59 (I. 3 d. W.) besonders in Betracht kommen.

[166]) Neben BGB. gültig EG. Art. 71 Nr. 2 (Anl. E). — Auf das in Ein=friedigungen gehegte Schwarzwild findet BGB. § 960 (I. 2 d. W.) Anwendung. — Für Schaden durch aus dem Gehege aus=getretenes Schwarzwild haftet der Jagd=berechtigte gemäß BGB.:

§ 833. Wird durch ein Thier ein Mensch getödtet oder der Körper oder die Gesundheit eines Menschen verletzt oder eine Sache beschädigt, so ist der=jenige, welcher das Thier hält, ver=pflichtet, dem Verletzten den daraus entstehenden Schaden zu ersetzen.

Die Vorschriften des Wildschaden=G. (§ 6—11) jetzt der Jagd=O. (§ 55—60) finden auf Schäden, die durch in Gehegen gehaltenes Wild verursacht werden, keine Anwendung. Die Schadenersatz=klage ist im ordentlichen Gerichtsverfah=ren zu entscheiden.

[167]) Dazu bedarf es eines Jagdscheines Anm. 89.

[168]) Solche Hunde mit einem Knüppel zu versehen LR. II. 16 § 64 (Nr. I. 3 d. W.) ist hier nicht vorgeschrieben.

§ 66[161]). Die Jagdpolizeibehörde kann die Besitzer[169]) von Obst-[170]), Gemüse-, Blumen- und Baumschulanlagen ermächtigen, Vögel[171]) und Wild[172]), welche in den genannten Anlagen Schaden anrichten, zu jeder Zeit mittels Schußwaffen zu erlegen. Der Jagdberechtigte kann verlangen, daß ihm die erlegten Tiere, soweit sie seinem Jagdrecht unterliegen, gegen das übliche Schußgeld überlassen werden.

Die Ermächtigung darf Personen, welchen der Jagdschein versagt werden muß[173]), nicht erteilt werden und ist widerruflich.

§ 67[174]). Die Jagdpolizeibehörde kann die Eigentümer und Pächter solcher zur Fischerei dienender Seen und Teiche, die nicht zu einem Eigenjagdbezirke gehören (§ 13 Abs. 1), selbst wenn die Jagd auf ihnen ruht, ermächtigen, jagdbare und nichtjagdbare Tiere, welche der Fischerei Schaden zufügen, zu jeder Zeit auf jede erlaubte Weise zu fangen, namentlich auch mit Anwendung von Schußwaffen zu erlegen[175]). Mit Zustimmung der Jagdpolizeibehörde kann diese Ermächtigung auf bestimmt zu bezeichnende Beauftragte des Eigentümers oder Pächters übertragen werden. Der Jagdberechtigte kann verlangen, daß ihm die erlegten Tiere, soweit sie seinem Jagdrecht unterliegen, gegen das übliche Schußgeld[160]) überlassen werden.

Die Ermächtigung darf Personen, welchen der Jagdschein versagt werden muß[173]), nicht erteilt werden und ist widerruflich. In ihr sind die Tierarteu, zu deren Erlegung die Befugnis erteilt wird, bestimmt zu bezeichnen.

Die weitergehenden Bestimmungen der Fischereigesetze werden hierdurch nicht berührt.

§ 68[176]). Gegen die Anordnung oder Versagung obiger Maßregeln (§§ 66 und 67) seitens der Jagdpolizeibehörde ist nur die Beschwerde an den Bezirksausschuß und gegen dessen Entscheidung die Beschwerde zulässig, welche an den Minister des Innern und den Minister für Landwirtschaft, Domänen und Forsten geht.

---

[169]) Es ist zulässig, dem Besitzer (Nutzungsberechtigten) die Abschußermächtigung mit der Maßgabe zu erteilen, den Abschuß durch seinen persönlich geeigneten Vertreter ausüben zu lassen Vf. ML. u. MJ. 24. Juni 99.

[170]) D. h. ein mit Obstbäumen bepflanztes Grundstück, welches sich schon äußerlich als eine in sich abgeschlossene Anlage darstellt und deshalb in der Regel auch eingefriedigt sein wird Vf. ML. u. MJ. 6. April 98. — Eine jeden Wildwechsel ausschließende Umwehrung ist jedoch nicht zu verlangen Vf. ML. u. MJ. 24. Juli 99. — Hierzu gehören auch kleinere Weinanlagen, jedoch nicht

Weinberge (Landt.Verh. Sess. 90/91, HH. Druckf. 94 [KB.] S. 7).

[171]) D. h. nicht bloß jagdbares Federwild, sondern auch solche nützlichen Vögel, welche den Schutz des Vogelschutz-G. (Anl. D) genießen Vf. ML. 10. Feb. 93. Hierüber sind jedoch die Vorschriften des Vogelschutz-G. § 2—5 u. 8 zu beachten.

[172]) D. h. jagdbare Tiere, nicht aber z. B. wilde Kaninchen Vf. ML. u. MJ. 6. April 98.

[173]) § 34.

[174]) Anl. A Nr. 41.

[175]) Jagdschein nicht erforderlich; vergl. § 30 Nr. 3.

[176]) Anl. A Nr. 42.

Siebenter Abschnitt[177]).

Behörden.

§ 69. Jagdpolizeibehörde ist der Landrat, in Stadtkreisen die Ortspolizeibehörde[178]).

Gegen Beschlüsse der Jagdpolizeibehörde, durch welche Anordnungen wegen Abminderung des Wildstandes getroffen oder Anträge auf Anordnung oder Gestattung solcher Abminderung abgelehnt werden, findet innerhalb zwei Wochen die Beschwerde an den Bezirksausschuß statt; der Beschluß des Bezirksausschusses ist endgültig.

§ 70[179]). Die Aufsicht über die Verwaltung der Angelegenheiten der gemeinschaftlichen Jagdbezirke wird, soweit in diesem Gesetze nicht etwas anderes bestimmt ist, in Landkreisen von dem Landrat, in höherer und letzter Instanz von dem Regierungspräsidenten, in Stadtkreisen von dem Regierungspräsidenten, in höherer und letzter Instanz von dem Oberpräsidenten geübt.

Beschwerden bei den Aufsichtsbehörden sind in allen Instanzen innerhalb zwei Wochen anzubringen[180]).

§ 71. Streitigkeiten der Beteiligten[181]) über ihre in den öffentlichen Rechten begründeten Berechtigungen und Verpflichtungen hinsichtlich der Ausübung der

---

[177]) Anl. A Nr. 43. Von den die Jagdpolizei betr. Bestimmungen des ZustG. 1. Aug. 83 sind hiernach: § 103 ersetzt durch § 69 d. G., § 108 ersetzt durch § 82 d. G., § 104, 105 Ziffer 2 u. 3 u. § 106 durch § 86 aufgehoben. Die noch in Kraft gebliebenen Vorschriften § 105 Ziffer 1 u. § 107 lauten wie folgt:

§ 105. Streitigkeiten der Betheiligten über ihre in dem öffentlichen Rechte begründeten Berechtigungen und Verpflichtungen hinsichtlich der Ausübung der Jagd, insbesondere über

1. Beschränkungen in der Ausübung des Jagdrechts auf eigenem Grund und Boden,

unterliegen der Entscheidung im Verwaltungsstreitverfahren.

Zuständig im Verwaltungsstreitverfahren ist in erster Instanz der Kreisausschuß, in Stadtkreisen der Bezirksausschuß.

§ 107. Der Bezirksausschuß beschließt über die Verlängerung, Verkürzung oder Aufhebung der gesetzlichen Schonzeit, soweit darüber nach bestehendem Rechte im Verwaltungswege Bestimmung getroffen werden kann. Der Beschluß ist endgültig.

(Vergl. Jagd-O. § 40, 42 u. 48.)

[178]) Gegen Verfügungen der Jagdpolizeibehörde finden die allgemeinen Rechtsmittel (LBG. § 127—130) statt.

[179]) Anl. A Nr. 44.

[180]) Die auf Grund des Aufsichtsrechts an den Jagdvorsteher gerichtete Anordnung wegen Neuverpachtung der Jagd ist keine polizeiliche Verfügung, sondern lediglich Maßnahme der Aufsichtsbehörde OB. 12. Dez. 06 (Schultz IV. 238). — Vergl. auch § 24 Abs. 3.

[181]) Zu den Beteiligten (Anm. 146 u. 147) gehören auch die Eigentümer der Eigenjagdbezirken angeschlossenen Grundstücke (§ 53 Abs. 1 u. Anl. A Nr. 6 Abs. 2 drittletzter Satz), nicht aber die Jagdpolizeibehörde OB. 23. Mai 98 (XVIII. 295), auch nicht der Jagdpächter, dessen Befugnisse sich lediglich auf den privatrechtlichen Grund des Pachtvertrages stützen OB. 13. Feb. 90 (XIX. 307).

Jagd unterliegen, soweit dieses Gesetz nicht etwas anderes bestimmt, der Entscheidung im Verwaltungsstreitverfahren.

Zuständig im Verwaltungsstreitverfahren ist in erster Instanz der Kreis= ausschuß, in Stadtkreisen der Bezirksausschuß.

Achter Abschnitt[182]).
Strafvorschriften.

§ 72. Mit Geldstrafe bis zu 20 Mark wird bestraft[183]):

1. wer bei Ausübung der Jagd seinen Jagdschein oder die nach § 30 Nr. 3 an dessen Stelle tretende Bescheinigung nicht bei sich führt[184]);

2. wer die Jagd innerhalb der abgesteckten Festungsrayons ausübt, ohne einen von der Festungsbehörde mit dem Einsichtsvermerke versehenen Jagdschein bei sich zu führen (§ 38).

§ 73. Mit Geldstrafe von 15 bis 100 Mark wird bestraft:

wer ohne den vorgeschriebenen Jagdschein zu besitzen, die Jagd ausübt oder wer von einem gemäß § 36 für ungültig erklärten Jagdscheine Gebrauch macht[185]).

Ist der Täter in den letzten 5 Jahren wegen der gleichen Übertretung vorbestraft, so können neben der Geldstrafe die Jagdgeräte sowie die Hunde, welche er bei der Zuwiderhandlung bei sich geführt hat, eingezogen werden, ohne Unterschied, ob der Schuldige Eigentümer ist oder nicht[186]).

---

[182]) Anl. A Nr. 45.

[183]) Mindestbetrag 1 M. StGB. § 27, ev. Haftstrafe StGB. § 28, wobei 1 bis 15 M. einem Tage Haft gleich zu achten sind das. § 29. — Verjährungsfrist für § 72 u. 73 der Jagd=O. 3 Monate StGB. § 67.

[184]) Die unbefugte Jagdausübung ohne Jagdschein stellt sich als eine strafbare Handlung dar, welche mehrere Straf= gesetze verletzt Kamm.Ger. St. 1. Feb. 06 (Schultz III. 222). — Verweigerung der Vorzeigung des Jagdscheines einem zu= ständigen Beamten (III. 2 Anm. 9 d. W.) gegenüber gilt dem Nichtbeisichführen zum Zwecke der Legitimation gleich RGer. 19. Juni 94 (St. XXV. 430). — Das G. verlangt das Beisichführen nur von dem, welcher die Jagd ausübt. Auch Königl. Forstbeamten haben im eigenen Bezirk dem revidierenden Gendarmen ihre Jagdscheine vorzuzeigen, sobald sie die Jagd ausüben Kamm.Ger. St. 29. Mai 02 (Schultz I. 65). — Die Weigerung der Vorzeigung des Jagdscheines ge= schieht auf eigene Gefahr des die Jagd Ausübenden, auch wenn er Zweifel über

die Zuständigkeit des Jagdpolizeibeamten hegt Kamm.Ger. St. 24. März 04 (Schultz I. 246) u. 11. Feb. 07 (Schultz IV. 243). — Eine schriftliche Ermächtigung zum Revidieren der Jagdscheine braucht der Beamte nicht bei sich zu führen Kamm.= Ger. St. 14. März 04 (Schultz I. 245).

[185]) Der Jäger, der seinen für un= gültig erklärten Jagdschein bei der Jagd= ausübung lediglich bei sich führt, kann deswegen nicht bestraft werden. Die Strafbarkeit tritt erst dann ein, wenn er von dem Scheine Gebrauch macht, d. h. wenn er ihn zur Einsicht vorlegt Kamm.Ger. St. 26. Juni 05 (Johow XXX. C. 20).

[186]) Anl. A Nr. 25. VII. — Vor der Rechtskraft des auf Einziehung lauten= den Urteils geht das Eigentum nicht auf den Fiskus über RGer. 7. Jan. 87 (St. XV. 164). — Gewehre und Jagdgerät= schaften sind bei Zuwiderhandlungen in fiskalischen Jagdrevieren dem Ober= förster, in anderen Fällen dem Landrate zu übersenden unter gleichzeitiger Benach= richtigung des Regierungspräsidenten. — Die Gewehre sind alsdann aus freier

§ 74. Die Fristen im § 34 Ziffer 3, § 35 Ziffer 1 und 2, § 73 Abs. 2 beginnen mit dem Ablaufe desjenigen Tages, an welchem die Strafe verbüßt, verjährt oder erlassen ist.

§ 75. Wer zwar mit einem Jagdscheine versehen, aber ohne Begleitung[187] des Jagdberechtigten oder ohne dessen schriftlich erteilte Erlaubnis[188] bei sich zu führen, die Jagd auf fremdem Jagdbezirk ausübt, wird mit einer Strafe von sechs bis fünfzehn Mark belegt.

§ 76. Mit den nachstehenden Geldstrafen wird bestraft, wer während der Schonzeit erlegt[189] oder einfängt[190]:

1. ein Stück Elchwild . . . . 150 Mark,

2. ein Stück Rotwild . . . . 150 „

Hand gegen eine Taxe an sichere Leute zu verkaufen oder als Belohnung an verdiente Forstschutzbeamte (auch an Gemeinde- und Privatbeamte) abzugeben, oder bei völliger Wertlosigkeit vernichten und als altes Eisen verwerten zu lassen. — In gleicher Weise ist über andere Jagdgeräte zu verfügen. Hasenschlingen sind zu vernichten Vf. MJ. 26. Juni 54 (MB. 146), MJ. u. FM. 28. Nov. u. 20. Dez. 60 (MB. 61 S. 50), 4. Mai 65 (MB. 156), Ausdehnung der Bestimmungen auf die neuen Provinzen 19. Mai 68 (MB. 168) Vf. JM. 21. April 83 (JMB. 128). — Hunde sind nicht abzuliefern, sondern von den mit der Urteilsvollstreckung befaßten gerichtlichen Behörden zu verkaufen Vf. FM. u. JM. 6. Sept. 76 (MB. 77 S. 123). — Zum Verkauf oder zur Abgabe an Beamte gelangende Gewehre sind ev. nachträglich noch nach RG. 19. Mai 91 (RGB. 109) über Prüfung der Handfeuerwaffen zu behandeln Vf. MJ. u. MJ. 24. Aug. 93.

[187] „Begleitung" setzt ein räumliches Beisammensein und eine äußerlich erkennbare Zusammengehörigkeit zwischen dem Begleiter und dem Begleiteten, die gewollt sein müssen, voraus Kamm.Ger. 28. April 04 (Schultz II. 81). — Als „ohne Begleitung" kann auch eine in großer räumlicher Entfernung von dem Jagdberechtigten erfolgende Jagdausübung angesehen werden Kamm.Ger. 1. Dez. 90 (Johow XI. 284). Auch ein mit Generalvollmacht versehener Gutsverwalter macht sich strafbar, wenn er auf diesem Gute ohne Begleitung des jagdberechtigten Eigentümers und Vollmachtgebers und ohne dessen schriftliche Erlaubnis bei sich zu führen, die Jagd ausübt Kamm.Ger. 22. Sept. 90 (Johow XI. 282).

[188] Die zulässigerweise (Anm. 63) ausgestellten Erlaubnisscheine müssen von allen Pächtern erteilt sein RGer. 13. Jan. 91 (XXVII. 274). — Wer vom Jagdberechtigten die schriftliche Erlaubnis, mit anderen die Jagd auszuüben, erlangt hat, erhält dadurch nicht das Recht, die Jagderlaubnis auf andere zu übertragen. Seine Jagdgenossen bedürfen eines vom Jagdberechtigten für sie ausgestellten Erlaubnisscheines Kamm.Ger. 7. Mai 06 (Johow XXXII. C. 28). — Die Übertretung einer PolV., durch welche die Ausstellung von Jagderlaubnisscheinen gegen Entgelt (Anm. 63) bei Strafe verboten wird, ist kein Dauerdelikt. Die Verjährung beginnt mit der Ausstellung des Erlaubnisscheines Kamm.Ger. St. 25. Mai 05 (Johow XXXX. C. 74).

[189] Das Erlegen umfaßt, abweichend von dem Töten im Wildschon-G. 26. Feb. 70 (GS. 120) § 5, den Fall, in dem das Wild sich dem Jäger nicht mehr entziehen kann, ohne getötet zu sein. — Das Verbot ist ein unbedingtes; angeschossenes oder kümmerndes Wild darf nicht erlegt oder eingefangen werden Landt.Verh. 04, über Wildschon-G. 14. Juli 04 AH. KB. S. 16. — Auch fahrlässiges Handeln ist strafbar Kamm.Ger. 23. April 85 (Johow St. V. 326). — Das Töten weidwunden Wildes ist kein Erlegen im Sinne des G. und deshalb straflos Kamm.Ger. 21. März 07 (Schultz IV. 248).

[190] Ist das Wild in Schlingen gefangen, so tritt Bestrafung nach § 77 Nr. 2 ein.

3. ein Stück Damwild . . . . 100 Mark,
4. einen Biber . . . . 100 „
5. ein Stück Rehwild . . . . 60 „
6. ein Stück Auerwild, eine Trappe, einen Schwan . . . 30 „
7. einen Dachs, einen Hasen, ein Stück Birk= oder Haselwild,
    eine Schnepfe oder einen Fasan . . . . 10 „
8. ein Rebhuhn, ein schottisches Moorhuhn, eine Wachtel,
    eine wilde Ente, einen Kranich, einen Brachvogel, einen
    Wachtelkönig oder einen sonstigen jagdbaren Sumpf= oder
    Wasservogel . . . . 5 „
9. eine Drossel (Krammetsvogel) . . . . 2 „

Sind mildernde Umstände vorhanden, so kann die Geldstrafe in den Fällen 1 bis 4 auf 15 Mark, 5 und 6 auf 5 Mark, in den Fällen 7 bis 9 bis auf 1 Mark für jedes Stück ermäßigt werden.

§ 77. Mit Geldstrafe bis zu 150 Mark wird bestraft, wer:
1. innerhalb der Schonzeit auf die durch diese geschützten Tiere die Jagd ausübt, ohne sie zu erlegen oder einzufangen[191]);
2. den Vorschriften des § 41 zuwider Schlingen stellt, in denen jagdbare Tiere oder Kaninchen sich fangen können.

Ist in den Schlingen Wild gefangen worden, für welches eine Schonzeit vorgeschrieben ist, so darf eine niedrigere Strafe, als wie sie nach §§ 50 und 76 angedroht ist, nicht verhängt werden. Das Gleiche findet Anwendung auf Wild, für welches die Schonzeiten deshalb nicht gelten, weil es sich in ein= gefriedigten Wildgärten[116]) befindet.

Bei einer Zuwiderhandlung gegen den § 41 ist neben der Geldstrafe die Einziehung der Schlingen auszusprechen, ohne Unterschied, ob sie dem Schul= digen gehören oder nicht[192]).

§ 78. Mit Geldstrafe bis zu 150 Mark wird bestraft:
wer den Vorschriften der §§ 43, 44 und 45 zuwider Wild oder Kiebitz= oder Möweneier versendet, zum Verkaufe herumträgt oder ausstellt oder feilbietet, verkauft, ankauft oder den Verkauf von solchem Wilde (Eiern) vermittelt.

Hat der Täter gewerbs= oder gewohnheitsmäßig gehandelt[193]), so ist eine Geldstrafe von nicht unter 30 Mark zu verhängen.

---

[191]) Voraussetzung für die Anwendung dieser Strafvorschrift ist die Absicht, die Jagd auszuüben. Die Abgabe blinder Schüsse bei dem Abführen von Jagd= hunden erfüllt mithin nicht den Tat= bestand dieser Strafvorschrift (Ausf.Anw. zum Wildschon=G. 14. Juli 04 Nr. 9). — Anwendung der Strafvorschrift gegen Hundeabrichter und bei Prüfungssuchen Beteiligte ist nicht angängig AH. KB. S. 17 (wie Anm. 189).

[192]) Schlingen sind nach erfolgter Ein= ziehung zu vernichten Anm. 186.

[193]) Die Anwendung dieser Strafbe= stimmung hat zur Voraussetzung, daß die Tat (Verkauf usw. von Wild in der Schonzeit) selbst gewerbsmäßig d. h. auf Erwerb gerichtet und mit der Absicht

Neben der Geldstrafe ist das den Gegenstand der Zuwiderhandlung bildende Wild (die Kiebitz= und Möweneier), einzuziehen ohne Unterschied, ob der Schuldige Eigentümer ist oder nicht; von der Einziehung kann abgesehen werden, wenn der Ankauf nur zum eigenen Verbrauche geschehen ist[194]).

§ 79. An die Stelle einer nach Maßgabe der vorstehenden Bestimmungen zu verhängenden, nicht beitreibbaren Geldstrafe tritt Haftstrafe nach Maßgabe der §§ 28 und 29 des Reichsstrafgesetzbuchs.

§ 80. Für die Geldstrafe und die Kosten, zu denen Personen verurteilt werden, welche unter der Gewalt, der Aufsicht oder im Dienste eines anderen stehen und zu dessen Hausgenossenschaft gehören, ist letzterer im Falle des Unvermögens der Verurteilten für haftbar zu erklären, und zwar unabhängig von der etwaigen Strafe, zu welcher er selbst auf Grund dieses Gesetzes oder des § 361 zu 9 des Strafgesetzbuchs[195]) verurteilt wird. Wird festgestellt, daß die Tat nicht mit seinem Wissen verübt ist oder daß er sie nicht ver= hindern konnte, so wird die Haftbarkeit nicht ausgesprochen.

Hat der Täter noch nicht das zwölfte Lebensjahr vollendet, so wird der= jenige, welcher in Gemäßheit der vorstehenden Bestimmungen haftet, zur Zahlung der Geldstrafe und der Kosten als unmittelbar haftbar verurteilt. Dasselbe gilt, wenn der Täter zwar das zwölfte, aber noch nicht das achtzehnte Lebens= jahr vollendet hatte und wegen Mangels der zur Erkenntnis der Strafbarkeit seiner Tat erforderlichen Einsicht freizusprechen ist, oder wenn derselbe wegen eines seine freie Willensbestimmung ausschließenden Zustandes straffrei bleibt.

---

auf Wiederholung verbunden ist Kamm.=Ger. St. 28. April 05 (Schultz II. 182). — Gewerbsmäßigkeit ist deshalb im Sinne jener Strafbestimmung auch nicht schon dann als gegeben anzusehen, wenn der Täter die verbotene Handlung in Aus= übung eines Gewerbes verübt hat Kamm.=Ger. 21. Feb. 07 (Schultz IV. 249).

[194]) Geldstrafe und Erlös, die früher der Armenkasse zuflossen — Wildschon=G. 26. Feb. 70 § 7 — gebühren jetzt bei polizeilicher Strafverfügung dem zur Tragung der sächlichen Polizeikosten Verpflichteten G. 23. April 83 (GS. 65), Vf. ML. und MJ. 21. April 89, andern= falls dem Staate. — Behandlung des beschlagnahmten und eingezogenen Wil= des Anm. 129. — Die zur Herbei= führung einer einheitlichen Handhabung des Wildschon=G. 26. Feb. 70 erlassene, vorstehend angezogene Verf. 21. April 89, durch die bestimmt wird:

1. Die Befugniß zum Erlaß polizei= licher Strafverfügungen wegen Uebertretungen dieses Gesetzes ist für die Folge in den Stadtkreisen von der Ortspolizeibehörde, in den Landkreisen von dem Landrate aus= zuüben.

2. Durch die Bestimmung im Absatz 2 § 5 des Gesetzes 26. Feb. 70 hat die Befugniß der Polizeibehörden zum Erlaß vorläufiger Straffest= setzungen keineswegs beschränkt wer= den sollen. Die Polizeibehörden sind deshalb zur Verfolgung von Uebertretungen des mehr gedachten Gesetzes einerseits auch dann für zuständig zu erachten, wenn nach ihrer Ueberzeugung für den Thäter mildernde Umstände vorliegen, an= dererseits aber hat die Zuständigkeit auch bei Wiederholungen in Bezug auf die Ziffern 1, 2 u. 3 Absatz 1 des § 5 cit. einzutreten, wenn solche mit einer 30 M. nicht übersteigen= den Strafe (Gesetz vom 23. April 83, GS. 65) als genügend geahndet erscheinen

ist auch für die Handhabung des Wild= schon=G. 14. Juli 04 u. der Jagd=O. noch maßgebend.

[195]) III. 2 d. W.

Gegen die in Gemäßheit der vorstehenden Bestimmungen als haftbar Erklärten tritt an die Stelle der Geldstrafe eine Freiheitsstrafe nicht ein.

Neunter Abschnitt.
Übergangs- und Schlußbestimmungen.

§ 81. An Stelle der §§ 51 bis 66 gelten im ehemaligen Kurfürstentume Hessen die Vorschriften des kurhessischen Wildschadengesetzes vom 26. Januar 1854 (Kurhessische Gesetzsamml. S. 9) und die §§ 26, 28, 34 bis 37, 40 des kurhessischen Jagdgesetzes vom 7. September 1865 (Kurhessische Gesetzsamml. S. 571)[196]).

§ 82. Der Bezirksausschuß beschließt über die Erneuerung der auf den schleswigschen Westseeinseln bestehenden Konzessionen zur Errichtung von Vogelkojen sowie über die Erteilung neuer Konzessionen (§ 6 des Gesetzes vom 1. März 1873, Gesetzsamml. S. 27)[197]).

§ 83. In denjenigen Landesteilen, in denen das Recht, Kiebitz und Möweneier einzusammeln, anderen Personen als den Jagdberechtigten vor dem Inkrafttreten des Wildschongesetzes vom 14. Juli 1904 (Gesetzsamml. S. 159) zustand, bleibt dieses Recht bis zum Ablaufe der Jagdpachtverträge, die bei dem Inkrafttreten des letzteren Gesetzes bestanden haben, unberührt[198]).

§ 84[199]). Die vor dem 1. Mai 1907 abgeschlossenen Verträge über die Verpachtung eines Jagdbezirkes bleiben bis zu ihrem Ablauf in Kraft. Im Regierungsbezirke Cassel sollen die nach dem 1. Mai 1907 bis zum Inkrafttreten dieses Gesetzes[200]) abgeschlossenen Verträge nicht über den 1. April 1914 hinaus Gültigkeit haben.

Während der Dauer dieser Pachtverträge können die in dem betreffenden Gemeinde- (Guts-) Bezirke belegenen, nach den bisher geltenden Vorschriften zu Recht gebildeten Eigenjagdbezirke auch dann bestehen bleiben, wenn sie nicht einen land oder forstwirtschaftlich benutzten Flächenraum von wenigstens

---

[196]) Die Vorschriften des kurhessischen Wildschaden-G. 26. Jan. 54 und der aufgeführten Paragraphen des kurhessischen Jagd-G. 7. Sept. 65: Anlage F.

[197]) § 6. Die zum Schutze der auf den Schleswigschen Westseeinseln landesherrlich konzessionierten Vogelkojen zu treffenden Maßregeln, die Erneuerung der bestehenden und die Ertheilung neuer Konzessionen bleiben der Verordnung des Bezirksausschusses vorbehalten.

Die Vogelkojen dienen zum Einfangen der im Herbst in großen Mengen von fernen Inseln und Küsten herüberkommenden wilden Enten und sind für jene Gegend von großer Bedeutung (Landt.Verh. 72 u. 73 AH. Drucks. 51 Begr. zu § 6 des G. 1. März 73).

[198]) Diese Übergangsbestimmung bezieht sich auf § 42 Abs. 3 u. Anl. A Nr. 30. — Sie betrifft das Geltungsgebiet der Jagd-O. nur insofern, als es im ehemal. Kurfürstent. Hessen, wo der Jagdpächter nach G. 7. Sept. 65 § 23 Abs. 1 bisher befugt war, die Jagd durch andere ohne Erlaubnisschein ausüben zu lassen, nunmehr zum Sammeln jener Eier auch der schriftlich erteilten Erlaubnis des Jagdberechtigten bedarf.

[199]) Anl. A Nr. 46.

[200]) 11. Aug. 07.

75 Hektar einnehmen. Während der gleichen Zeit kann aus Grundflächen, die zwar den Erfordernissen des § 4 Ziffer 2 genügen, nicht aber einen nach den bisher geltenden Vorschriften zur Bildung eines Eigenjagdbezirkes erforderlichen Flächenraum umfassen, ein Eigenjagdbezirk nicht gebildet werden.

Liegen solche Grundflächen in verschiedenen Gemeinde= (Guts=) Bezirken, für die mehrere Pachtverträge in Betracht kommen, so gilt als Zeitpunkt, bis zu dem die bisherigen Eigenjagdbezirke fortbestehen oder von dem ab Eigenjagdbezirke gebildet werden können (Abs. 2), der Ablauf des zuerst beendeten Pachtvertrags.

§ 85. Die vor dem Inkrafttreten dieses Gesetzes [201]) ausgestellten Jagdscheine behalten ihre Gültigkeit für die Zeit, auf welche sie ausgestellt sind.

§ 86. Die nachstehend aufgeführten Gesetze werden, soweit sie nicht bereits anderweit aufgehoben sind, für den Geltungsbereich dieses Gesetzes hierdurch aufgehoben:

1. das Gesetz, betreffend die Aufhebung des Jagdrechts auf fremdem Grund und Boden und die Ausübung der Jagd, vom 31. Oktober 1848 (Gesetzsamml. S. 343);
2. das Jagdpolizeigesetz vom 7. März 1850 (Gesetzsamml. S. 165);
3. das Wildschadengesetz vom 11. Juli 1891 (Gesetzsamml. S. 307).
4. das Jagdscheingesetz vom 31. Juli 1895 (Gesetzsamml. S. 304);
5. das Gesetz, betreffend die Ergänzung einiger jagdrechtlicher Bestimmungen, vom 28. April 1897 (Gesetzsamml. S. 117);
6. das Gesetz, betreffend Ergänzung der gesetzlichen Vorschriften über die Ausübung der Jagd auf eigenem Grundbesitze, vom 7. August 1899 (Gesetzsamml. S. 151);
7. das Wildschongesetz vom 14. Juli 1904 (Gesetzsamml. S. 159);
8. das Jagdverwaltungsgesetz vom 4. Juli 1905 (Gesetzsamml. S. 271);
9. die Verordnung, betreffend das Jagdrecht und die Jagdpolizei im ehemaligen Herzogtume Nassau, vom 30. März 1867 (Gesetzsamml. S. 426);
10. die §§ 1 bis 5, 7 und 8 des Gesetzes, betreffend die Aufhebung des Jagdrechts auf fremdem Grund und Boden in den vormals Kurfürstlich Hessischen und Großherzoglich Hessischen Landesteilen und in der Provinz Schleswig=Holstein, vom 1. März 1873 (Gesetzsamml. S. 27) [202]);
11. das Gesetz, betreffend das Jagdrecht und die Jagdpolizei im Herzogtume Lauenburg, vom 17. Juli 1872 (Offizielles Wochenblatt für das Herzogtum Lauenburg S. 215);

---

[201]) Anl. A Nr. 47.

[202]) Wegen § 6 siehe § 82 der Jagd-O. u. Anm. 197.

12. das kurhessische Gesetz, betreffend die Aufhebung der Jagdgerechtsame und die Verhütung des Wildschadens, vom 1. Juli 1848 (Kurhessische Gesetzsamml. S. 47);

13. die §§ 1 bis 4, 8 bis 25, 27, 29, § 30 Ziffer 1 bis 5, §§ 31, 33, 38, 39 des kurhessischen Gesetzes, das Jagdrecht und dessen Ausübung betreffend, vom 7. September 1865 (Kurhessische Gesetzsamml. S. 571); die §§ 5 bis 7 desselben Gesetzes, soweit sie nicht durch das vorliegende Gesetz aufrecht erhalten werden[203]);

14. das Frankfurter Gesetz, die Ausübung der Jagd betreffend, vom 20. August 1850 (Gesetz- und Statutensamml. der freien Stadt Frankfurt, 10. Bd. S. 323);

15. die Artikel 1 bis 16 des Großherzoglich Hessischen Gesetzes, die Ausübung der Jagd und der Fischerei in den Provinzen Starkenburg und Oberhessen betreffend, vom 26. Juli 1848 (Regierungsblatt S. 209)[204]);

16. das Großherzoglich Hessische Gesetz, die Jagdberechtigungen in den Provinzen Starkenburg und Oberhessen betreffend, vom 2. August 1858 (Regierungsblatt S. 257);

17. das Großherzoglich Hessische Jagdstrafgesetz vom 19. Juli 1858 (Regierungsblatt S. 345);

18. die Artikel 1 bis 18 des hessen-homburgischen Gesetzes, die Jagd und Fischerei im Amte Homburg betreffend, vom 8. Oktober 1849 nebst Verordnung, die Verpachtung der Gemeindejagden im Amte Homburg betreffend, vom 8. Oktober 1849 (Regierungsblatt vom 14. Oktober 1849 Nr. 8);

19. das bayerische Gesetz, die Ausübung der Jagd betreffend, vom 30. März 1850 (Bayerisches Gesetzblatt S. 117);

20. die §§ 1 bis 16, 18 bis 21 der bayerischen Verordnung, polizeiliche Vorschriften über Ausübung und Behandlung der Jagden betreffend, vom 5. Oktober 1863 (Bayerisches Regierungsblatt S. 1657)[205]);

21. die §§ 104, 105 Abs. 1 Ziffer 2 und 3, 106 des Gesetzes über die Zuständigkeit der Verwaltungs- und Verwaltungsgerichts-Behörden vom 1. August 1883 (Gesetzsamml. S. 237)[206]).

---

[203]) Wegen der aufrecht erhaltenen § 5—7 siehe § 15 u. Anm. 49, § 26 u. 28, 34—37 u. 40 siehe § 81 u. Anm. 196, § 30 Ziffer 6 u. 32 III. 3 q d. W.

[204]) Der nicht aufgehobene Art. 17 handelt von der Fischerei und kommt hier nicht in Betracht.

[205]) Wegen des aufrecht erhaltenen § 17 siehe III. 3 t d. W.

[206]) Wegen der noch aufrecht erhaltenen § 103, 105 Ziffer 1, 107 u. 108 siehe Anm. 177.

Anlagen zur Jagdordnung vom 15. Juli 1907.

Anlage A (zu Anmerkung 1).

Anweisung des Ministers für Landwirtschaft, Domänen und Forsten usw. zur Ausführung der Jagdordnung vom 15. Juli 1907.

Vom 29. Juli 1907 (Minist. Bl. für Landwirtschaft usw. 279).

Die Jagdordnung enthält ein für den ganzen Umfang der Monarchie mit Ausschluß der Provinz Hannover, der Hohenzollernschen Lande und der Insel Helgoland einheitliches Jagdrecht. Sie gibt im wesentlichen das Recht wieder, welches im Geltungsbereich des Gesetzes vom 31. Oktober 1848 (Gesetz=Samml. S. 343) bisher gegolten hat, und stellt somit eine Kodifikation dieses Rechts dar. Fast wörtlich übernommen sind die im § 86 unter Ziffer 3, 4, 6—8 und 21 be=zeichneten Gesetze, während dieses bei den unter Ziffer 1 und 2 aufgeführten Ge=setzen nur insoweit der Fall ist, als sie nicht mit Rücksicht auf die jüngeren Gesetze als aufgehoben oder veraltet anzusehen waren. Gänzlich neu oder wesentlich ver=ändert sind in der Jagdordnung nur die Vorschriften, betreffend die Ausübung des Jagdrechts, nämlich die §§ 3—15, 17—19, 25—37, 53, 67, 84. Von den sonstigen Vorschriften des geltenden Rechts hat nur § 32 eine materielle Änderung erfahren; die sonst vorgenommenen Änderungen sind formaler Natur und zu dem Zweck vorgenommen, die Unstimmigkeiten zwischen den einzelnen bisher geltenden Jagdgesetzen zu beseitigen oder eine gleiche Ausdrucksweise, insbesondere in der Be=nennung der Behörden, herbeizuführen. Dieses so gestaltete Recht ist auch, soweit es nicht dort schon gegolten hat, auf die Provinzen Schleswig=Holstein und Hessen=Nassau ausgedehnt, mit der Ausnahme, daß für erstere Provinz im § 82 eine Spezialbestimmung hinsichtlich der Vogelkojen aufrecht erhalten ist und daß nach § 81 im ehemaligen Kurfürstentum Hessen die dort geltenden Wildschadenbe=stimmungen in Kraft bleiben.

Die Jagdordnung ist für ihren Geltungsbereich die fast ausschließliche Quelle des Jagdrechts. Abgesehen davon, daß nach der ausdrücklichen Bestimmung des § 86 die dort aufgeführten Gesetzesvorschriften aufgehoben werden, kommen neben der Jagdordnung nämlich nur noch die einschlägigen Bestimmungen des B.G.B., insbesondere über den Wildschaden und das geltende Recht über die Befugnis zum Töten von Hunden und Katzen in Jagdrevieren, in Betracht.

Mit der förmlichen Aufhebung der im § 86 benannten Gesetze kommen auch die zu ihnen erlassenen Ausführungsanweisungen für den Geltungsbereich der Jagdordnung in Wegfall. Ihr Inhalt ist, soweit er mit Bezug auf die kodifizierten Vorschriften materiell noch von Bedeutung ist, in die nachfolgende Ausführungs=anweisung übernommen worden, so daß auch dieser in Zukunft ausschließliche Be=deutung zukommt. Der leichteren Übersicht halber wird bei jedem Paragraphen der Jagdordnung bemerkt, welchem der früheren Gesetze er entnommen ist.

Erster Abschnitt.

1. Der erste Abschnitt begrenzt den Umfang des Jagdrechts sowohl nach der objektiven Seite (welche Tiere dem Jagdrecht unterliegen, § 1), wie nach der sub=jektiven Seite (wer jagdberechtigt ist, § 2 und 3).

2. **Zu § 1.** § 1 entspricht wörtlich dem § 1 des Wildschongesetzes vom 14. Juli 1904 und bestimmt in Verbindung mit letzterer Gesetzesvorschrift einheitlich für den ganzen Staat (ausschließlich Hohenzollern), welche Tiere jagdbar sind.

3. **Zu § 2.** § 2 gibt die Bestimmungen der §§ 1—4 des Gesetzes vom 31. Oktober 1848 wieder, soweit sie jetzt noch von Bedeutung sind, unter Fortlassung derjenigen Vorschriften, welche nur noch rechtsgeschichtlichen Wert haben (Aufhebung des Jagdrechts auf fremdem Grund und Boden und des Rechts der Jagdfolge, § 1 und § 4 Abs. 2), oder welche heute selbstverständlich sind (§ 3 Abs. 1 Satz 2) oder endlich, welche in der Jagdordnung selbst eine anderweite Regelung gefunden haben (§ 3 Abs. 2 und § 4 Abs. 1 des Gesetzes vom 31. Oktober 1848).

4. **Zu § 3.** § 3 regelt die Ausübung des jedem Eigentümer zustehenden Jagdrechts dahin, daß diese nur auf Jagdbezirken erfolgen darf und auf Grundflächen, welche mit solchen vereinigt sind. Die Vereinigung wird bei Eigenjagdbezirken „Anschluß" und bei gemeinschaftlichen Jagdbezirken „Zulegung" genannt, mit dem aus § 12 sich ergebenden sachlichen Unterschied.

Zweiter Abschnitt.

5. Dieser Abschnitt regelt sowohl die Bildung der Jagdbezirke wie die Verwaltung gemeinschaftlicher Jagdbezirke und enthält in ersterer Hinsicht neue, von dem bisher geltenden Recht wesentlich abweichende Bestimmungen, während er bezüglich des letzteren Gegenstandes die Vorschriften des Gesetzes, betreffend die Verwaltung gemeinschaftlicher Jagdbezirke vom 4. Juli 1905 wiedergibt.

6. **Zu § 4,** Abs. 1—3. Die Bestimmungen über die Bildung der Eigenjagdbezirke weichen vielfach von den Vorschriften des § 2 des Jagdpolizeigesetzes ab, so hinsichtlich der Arten der Eigenjagdbezirke, der Einschränkung der Flugwildjagd auf Eigenjagdbezirken unter 75 ha Umfang, des Verbots, aus gewissen schmalen Landstreifen besondere Eigenjagdbezirke zu bilden oder sie zur Herstellung des Zusammenhangs für Flächen, die sonst getrennt liegen würden, zu benutzen, sowie endlich der Regelung des Jagdrechts auf Wegen. Hierbei ist bei wichtigen Fragen der Jagdpolizeibehörde die Entscheidung überlassen (Abs. 3), die häufig schwierig sein und eine pflichtgemäße Prüfung aller in Betracht kommenden Verhältnisse erfordern wird; es wird zu berücksichtigen sein, daß der Zweck der Bestimmungen darin besteht, die Bildung von Jagdbezirken zu verhindern, die zum ordnungsmäßigen Betrieb der Jagd ungeeignet sind, ohne daß andererseits hierbei weiter gegangen werden darf, als es dieser Zweck unbedingt erfordert. Bei der in Abs. 2 getroffenen Einschränkung der Jagd auf Flugwild auf solchen eingefriedigten Grundflächen, die nicht 75 ha im Zusammenhang umfassen, ist von folgenden Gesichtspunkten ausgegangen: die Zulassung derartiger kleiner Eigenjagdbezirke ist nur für solche Wildarten zu rechtfertigen, die durch die Einfriedigung derartig abgesperrt werden, daß ein Herüberwechseln von Wild von und nach dem eingefriedigten Jagdbezirke nicht erfolgen kann, daß also der Abschuß von Wild in letzterem auf den Wildbestand in den benachbarten Jagdbezirken ohne Einfluß bleibt. Dieses trifft bei Flugwild nicht zu; im allgemeinen wird es daher nicht gerechtfertigt sein, den Inhabern derartiger Jagdbezirke die Jagd auf dieses Wild zu gestatten. Ausnahmen sind nur dann gerechtfertigt, wenn Flugwild in den eingefriedigten Grundflächen selbst sich ständig aufhält (z. B. wenn dort eine Fasanerie angelegt ist), wenn auf ihnen durch Flugwild aus den benachbarten Jagdbezirken Wildschaden angerichtet wird, oder wenn es sich um durchziehendes Wild handelt, welches auch in den benachbarten Jagdbezirken sich nicht dauernd aufhält (z. B. Schnepfen, Krammetsvögel usw.). Auf jeden Fall muß verhindert werden, daß solche eingefriedigten Jagdbezirke als Wildfallen benutzt werden, um das Flugwild aus benachbarten Jagdbezirken durch Futter anzulocken und es dann abzuschießen. Bei Erteilung der Genehmigung wird auch zu berücksichtigen sein, daß nach § 39

letzter Absatz die Schonzeiten nicht für Wild in eingefriedigten Wildgärten gelten. Wenn es sich also um Wildgärten handelt, zu denen übrigens nicht jedes eingefriedigte Stück Land, auf dem sich Wild aufhält, sondern nur solche Gehege zu rechnen sind, die der Wildhege zu dienen bestimmt sind, wird regelmäßig zu erwägen sein, ob nicht die Genehmigung auf die Schießzeiten zu beschränken ist.

Eine neue Regelung hat im Absatz 1 Ziffer 2 die Ausübung der Jagd auf Wegen usw., die in oder an Eigenjagdbezirken liegen, erfahren. Es handelt sich hierbei nur um solche Wege usw., die nicht im Eigentum des Inhabers des Eigenjagdbezirks stehen, da sie anderenfalls zum Eigenjagdbezirk an sich schon gehören würden, wie im Satz 4 der Ziffer 2 bezüglich der Grenzwege, um Zweifel auszuschließen, noch besonders hervorgehoben ist. Diese Wege usw. gehören kraft Gesetzes zum Eigenjagdbezirke, falls der Inhaber des Eigenjagdbezirkes nicht auf die Zugehörigkeit verzichtet, jedoch kann der Eigentümer des Weges usw. eine Pachtentschädigung verlangen. Der Satz: „Diese Flächen werden dem angrenzenden Eigenjagdbezirke angeschlossen" bedeutet nicht, daß es zum Anschluß eines besonderen Aktes bedarf; er soll zum Ausdruck bringen, daß die sonst im Gesetz an den Anschluß von Flächen an Eigenjagdbezirke geknüpften Folgen auch hier zutreffen (§ 12 Abs. 2: der Anschluß erfolgt pachtweise; § 26: Zulässigkeit des Verwaltungsstreitverfahrens bei Streit über die Höhe des Pachtgeldes; § 53: Wildschadenersatz). Eine weitere Folge des gesetzlichen Anschlusses besteht darin, daß nicht der Jagdvorsteher wie sonst zur Vertretung der Grundstücke bei der Festsetzung der Pachtentschädigung befugt ist, sondern daß der Inhaber des Eigenjagdbezirkes unmittelbar mit dem Eigentümer der Wege in Verbindung zu treten hat. Falls eine Einigung über die Pachtentschädigung nicht erzielt wird, entscheidet nach § 19 der Kreisausschuß, gegen dessen Entscheidung nach § 26 das Verwaltungsstreitverfahren stattfindet. Wünscht der Inhaber des Eigenjagdbezirks den Anschluß der Wege usw. nicht, so gehören diese kraft Gesetzes zum gemeinschaftlichen Jagdbezirk des Gemeinde=(Guts=)Bezirks (§ 7) oder es ist mit ihnen nach Maßgabe der §§ 8—10 zu verfahren.

Abs. 4 findet nur Anwendung auf solche Flächen, die teils in der Provinz Hannover, teils im Geltungsbereich der Jagdordnung liegen und entspricht dem Gesetz vom 7. August 1899 (Gesetzsamml. S. 151).

7. **Zu § 5.** Die in Abs. 1 vorgesehene Bildung des Eigenjagdbezirks durch den Eigentümer verlangt keine nach außen erkennbare Handlung des Eigentümers, insbesondere nicht eine dem Jagdvorsteher oder der Jagdpolizeibehörde gegenüber abzugebende Erklärung, sondern erfolgt allein durch den Entschluß, den Jagdbezirk zu bilden. Dagegen ist für das Verfahren nach Abs. 2 Voraussetzung, daß eine Erklärung gegenüber dem Jagdvorsteher ausdrücklich abgegeben wird. Durch den Relativsatz im Abs. 1 wird dem Inhaber des Eigenjagdbezirks die Befugnis beigelegt, in dem von ihm gebildeten Jagdbezirk nunmehr die Jagd auszuüben, mit der stillschweigenden Voraussetzung, daß dieses innerhalb der gesetzlich gezogenen Schranken geschieht; insofern entsprechen diese Worte dem zweiten Satz im Abs. 1 des § 3 des Gesetzes vom 31. Oktober 1848[1]).

8. **Zu § 6.** Abs. 3 entspricht dem § 19 des Kurhessischen Jagdgesetzes vom 7. September 1865. Eine bestimmte Form für die Vornahme der Verpachtung ist nicht vorgeschrieben.

9. **Zu § 7.** Abs. 1 bestimmt, daß alle nicht zu einem Eigenjagdbezirk gehörigen Grundflächen eines Gemeinde=(Guts=)Bezirks den gemeinschaftlichen Jagdbezirk bilden, wenn sie wenigstens 75 ha im Zusammenhang umfassen, und zwar

---

[1]) Dieser Satz lautet: „Er darf sie (die Jagd) in jeder erlaubten Art, das Wild zu jagen und zu fangen, ausüben".

kraft Geſetzes, ſo daß eine beſondere Bildung des Jagdbezirks durch den Jagd=
vorſteher nicht erforderlich iſt. Zu dieſem unmittelbar durch das Geſetz gebildeten
Jagdbezirk gehören, wenn die Feldmark aus mehreren voneinander getrennt
liegenden Teilen beſteht, alle diejenigen Teile, die für ſich im Zuſammenhang
wenigſtens 75 ha umfaſſen. Daß die Grundflächen des gemeinſchaftlichen Jagd=
bezirks land= oder forſtwirtſchaftlich benutzbar ſein müſſen, wie diejenigen, die allein
zur Bildung eines Eigenjagdbezirks tauglich ſind, iſt nicht vorgeſchrieben, es werden
daher bei Berechnung der Mindeſtgröße auch alle übrigen Flächen mitgezählt,
wie Wege, alle Waſſerſtücke, Eiſenbahnen, Bauſtellen, Hofräume, Gärten, öffentliche
Plätze, Friedhöfe uſw., ſelbſt wenn ſie für die Ausübung der Jagd nicht in Be=
tracht kommen. Als Grundflächen, die nicht zu einem Eigenjagdbezirk gehören,
ſind auch diejenigen anzuſehen, die an ſich zur Bildung eines Eigenjagdbezirks
geeignet, aber nicht hierzu verwandt ſind, entweder weil der Eigentümer auf
ſie verzichtet (§ 5 Abſ. 2) oder weil er den Anſchluß ablehnt (Wege § 4 Abſ. 1
Ziffer 2).

Abſ. 2 behandelt die Zerlegung eines gemeinſchaftlichen Gemeinde=Jagd=
bezirks in mehrere ſelbſtändige Jagdbezirke, die vom Geſetz mit beſonderen
Sicherungen umgeben iſt. Einmal iſt die Genehmiguug des Kreis=(Bezirks)=
Ausſchuſſes vorgeſchrieben, ſodann iſt eine Mindeſtgröße von 250 ha für jeden
einzelnen Jagdbezirk feſtgeſetzt, die nur ausnahmsweiſe, wenn ein beſonderes
Intereſſe der Jagdgenoſſenſchaft es verlangt, bis auf 75 ha herabgeſetzt werden
darf. Das Erfordernis der Mindeſtgröße von 250 ha iſt nicht dahin zu ver=
ſtehen, daß der Kreisausſchuß in jedem Fall, wenn dieſe vorhanden iſt, die Ge=
nehmigung erteilen muß, ſondern auch in dieſem Fall hängt es von ſeinem
pflichtmäßigen Ermeſſen ab, ob er der Teilung zuſtimmen will oder nicht.

Abſ. 5 behandelt diejenigen, von Wald umſchloſſenen Grundflächen der
Gemeindefeldmark, welche mit dem aus der Gemeindefeldmark gebildeten gemein=
ſchaftlichen Jagdbezirk im Zuſammenhang ſtehen, während § 10 in Verbindung
mit § 8 Abſ. 2 ſich auf ſolche, von Wald umſchloſſenen Flächen bezieht, die von
der Feldmark durch andere Gemeinde=(Guts=)Feldmarken oder Eigenjagdbezirke
abgeſchnitten werden, alſo Trennſtücke der Gemeinde bilden. Der Wald=
beſitzer kann unter den im Geſetz vorgeſehenen Bedingungen die Anpachtung der=
jenigen Grundflächen verlangen, welche zu mindeſtens 90 % vom Walde begrenzt
werden, während höchſtens 10 % der Grenzlinie nicht den Wald berühren. Inner=
halb dieſer Grenzen kann er ſich die anzupachtenden Grundflächen beliebig heraus=
ſchneiden, ohne Rückſicht darauf, ob die ſo geſchaffenen Grenzen dieſer Flächen
mit den Kataſtergrenzen der einzeln beteiligten Grundſtücke zuſammenfallen ²).

10. **Zu § 8—10.** § 8 behandelt im Zuſammenhang mit § 9 und 10 ſo=
wohl diejenigen Trennſtücke der Feldmarken, die im Zuſammenhang nicht 75 ha
umfaſſen, als auch ganze Feldmarken, die dieſen Umfang nicht erreichen. Es iſt
im § 8 beſtimmt, daß dieſe Flächen, wenn es irgend tunlich iſt, zur Bildung
von Jagdbezirken, die wenigſtens 75 ha umfaſſen, verwandt werden. Zu dieſem
Zweck werden drei Möglichkeiten vorgeſehen:

1. Zulegung zu einem augrenzenden gemeinſchaftlichen Jagdbezirk,
2. Anſchluß an einen angrenzenden Eigenjagdbezirk,
3. Bildung eines wenigſtens 75 ha umfaſſenden gemeinſchaftlichen Jagd=
   bezirks mit angrenzenden Grundflächen eines anderen Gemeinde=(Guts=)

---

²) Auch nach bisherigem Recht (Jagd=
pol.G. 7. März 50 § 7) brauchte die
Grenzlinie der Enklave nicht mit einer
Grundſtücksgrenze zuſammen zu fallen
OV. 11. Oft. 99 (XXXVI. 348).

Bezirks, sei es, daß es sich bei letzterem auch um Flächen handelt, die für sich allein nicht zur Bildung eines gemeinschaftlichen Jagdbezirks geeignet sind, sei es, daß von den zur Bildung eines gemeinschaftlichen Jagdbezirks geeigneten Flächen des angrenzenden Gemeinde= (Guts=) Bezirks Teile abgetrennt werden. Zu dieser Regelung ist übrigens die Genehmigung des Kreis=Ausschusses nicht erforderlich, da § 7, Abs. 3 diese Genehmigung nur für den Fall verlangt, daß von zwei oder mehreren Feldmarken, von denen jede nach § 7, Abs. 1 kraft Gesetzes einen gemeinschaftlichen Jagdbezirk bildet, Teile abgelöst werden sollen.

Die Regelung nach 2 und 3 ist fakultativ; zu 3 nach dem Wortlaut des Gesetzes, zu 2, weil der Eigenjagdbesitzer nicht zum Anschluß gezwungen werden kann. Wenn daher nicht nach Maßgabe von 2 und 3 verfahren wird, muß die Zulegung, wenn ein oder mehrere gemeinschaftliche Jagdbezirke angrenzen, an einen von diesen erfolgen. Kommt eine Einigung zwischen den verschiedenen Jagdvorstehern nicht zustande, so beschließt an ihrer Stelle nach § 18 der Kreisausschuß.

§ 9 trifft Bestimmung für den Fall, daß die zu 2 und 3 besprochene Regelung nicht zustande kommt und zugleich ein gemeinschaftlicher Jagdbezirk, an den der Zwangsanschluß erfolgen könnte, nicht angrenzt; hier ist die Zulegung zu einem getrennt liegenden Jagdbezirk oder die Bildung eines selbständigen, nicht 75 ha im Zusammenhang großen Jagdbezirks zugelassen.

§ 10 endlich gestattet in Erweiterung der Bestimmungen des § 9 die Bildung eines besonderen nicht 75 ha umfassenden Jagdbezirks auch dann, wenn ein im Zusammenhang über 750 ha großer Wald die betreffenden Grundflächen umschließt, dessen Inhaber die Anpachtung ablehnt und die sonst in § 8 und 9 vorgesehenen Möglichkeiten nicht im Wege der Vereinbarung mit den Vertretern der gemeinschaftlichen Jagdbezirke oder den Inhabern der Eigenjagdbezirke durchgeführt werden (das sind: Zulegung zu einem angrenzenden oder getrennt liegenden gemeinschaftlichen Jagdbezirk, Anschluß an einen angrenzenden oder getrennt liegenden Eigenjagdbezirk, Bildung eines wenigstens 75 ha umfassenden gemeinschaftlichen Jagdbezirks mit Teilen einer anderen Gemeinde).

Die Besonderheit dieser Bestimmung besteht darin, daß auch dann, wenn ein gemeinschaftlicher Jagdbezirk angrenzt, dieser nicht gegen seinen Willen gemäß § 18 gezwungen werden soll, die Flächen sich zulegen zu lassen, sondern daß, wenn der Jagdvorsteher die Zulegung nicht wünscht und die sonstigen Möglichkeiten erschöpft sind, der besondere Jagdbezirk zugelassen ist. Der Grund für diese Ausnahme= bestimmung besteht darin, daß der angrenzende gemeinschaftliche Jagdbezirk nicht gezwungen werden soll, Grundflächen, auf denen vielleicht ein erheblicher Wildschaden zu gewärtigen ist, zu übernehmen.

11. **Zu § 12.** Der Unterschied in der Bestimmung des Abs. 1 und des Abs. 2 Satz 1 besteht darin, daß im Fall des Abs. 1 die zugelegten Grundflächen vollwertige Bestandteile des gemeinschaftlichen Jagdbezirks und ihre Eigentümer Jagdgenossen des letzteren mit den gleichen Rechten und Pflichten der sonstigen Jagdgenossen werden, während beim Anschluß an einen Eigenjagdbezirk es sich nur um ein Pachtverhältnis handelt.

12. **Zu § 15.** Die Bestimmung des Kurhessischen Jagdgesetzes vom 7. September 1865, nach der

a) bei Neubildung und

b) bei Aufhebung

eines Eigenjagdbezirks zu a der Inhaber des Eigenjagdbezirks und zu b die Gemeinde (Jagdgenossenschaft) erst dann in die Jagdausübung eintreten darf, wenn von ihnen

die etwa zu a von der Gemeinde (Jagdgenossenschaft), zu b vom Eigenjagd=
berechtigten gezahlten Ablösungskapitalien zurückerstattet sind, ist aufrechterhalten
mit der Maßgabe, daß an Stelle von 100 Kasseler Morgen 75 ha treten. Diese
Bestimmung ist von besonderer Bedeutung, weil für das ehemalige Kurhessen die
Größe der Eigenjagdbezirke von 100 Kasseler Morgen auf 75 ha erhöht ist; wenn
also in Zukunft die Gemeinde (Jagdgenossenschaft) bei Eigenjagdbezirken, die letzterem
Erfordernis nicht entsprechen, die Jagd ausüben will, muß sie zunächst die etwa
gezahlten Ablösungskapitalien zurückerstatten. Das Umgekehrte gilt, wenn ein
Eigentümer von seinem Rechte, einen Eigenjagdbezirk nach § 4 Abs. 1 Ziff. 1 durch
Einfriedigung zu bilden, Gebrauch macht.

Die weitere Bestimmung des § 5 Kurh. Gesetz vom 7. September 1865, daß
erst nach Ablauf der bestehenden Jagdpachtverträge von dem Recht, in die Jagd=
ausübung einzutreten, Gebrauch gemacht werden kann, ist in die Jagdordnung
nicht übernommen; der Zeitpunkt, zu dem die Jagd ausgeübt werden darf,
bestimmt sich vielmehr auch für das ehemalige Kurhessen fortan nach § 14. Für
die Übergangszeit nach Inkrafttreten der Jagdordnung kommt übrigens noch § 84
in Betracht.

13. **Zu § 16** (§ 1 Gesetz betreffend die Verwaltung gemeinschaftlicher Jagd=
bezirke vom 4. Juli 1905).

Abs. 1. Im Abs. 1 wird der leitende Grundsatz ausgesprochen, daß es sich
bei der Verwaltung der Angelegenheiten eines gemeinschaftlichen Jagdbezirks um
Interessenangelegenheiten handelt. Was unter dem gemeinschaftlichen Jagdbezirk
zu verstehen ist, richtet sich nach den vorhergehenden Bestimmungen.

Abs. 2 und 3. Die Verwaltung der Angelegenheiten der Jagdgenossenschaft
und ihre Vertretung erfolgt allein durch eine Einzelperson, den Vorsteher der
Gemeinde (Bürgermeister in den Städten sowie in den Landgemeinden der Provinz
Hessen=Nassau, Gemeindevorsteher in den sonstigen Landgemeinden, Gutsvorsteher
in den Gutsbezirken, in der Rheinprovinz durch den Bürgermeister in den der
Städteordnung vom 15. Mai 1856 [G. S. S. 406] unterworfenen Gemeinden, im
übrigen durch den Gemeindevorsteher), und zwar kraft des ihm durch dieses
Gesetz erteilten Auftrags. Die nach dem Jagdpolizeigesetz vom 7. März 1850 und
dem ihm nachgebildeten Lauenburgischen Gesetz vom 17. Juli 1872 vorgeschriebene
Verwaltung oder Mitwirkung in einzelnen Fällen durch den Magistrat in den
Städten, die Schöffen in den Landgemeinden, den Amtmann in Westfalen, den
Bürgermeister in den nicht der Städteordnung vom 15. Mai 1856 unterworfenen
Gemeinden der Rheinprovinz, ferner der Verwaltung durch den Gemeinderat nach
der Verordnung für das ehemalige Herzogtum Nassau vom 30. März 1867 und
durch die Gemeindeorgane in den übrigen Teilen der Provinz Hessen=Nassau, ist
in Fortfall gekommen.

Die nach dem Jagdpolizeigesetz und der Nass. Verordn. vom 30. März 1867
freiere Stellung der Gemeindebehörde als Verwalterin der Angelegenheiten des
gemeinschaftlichen Jagdbezirks ist nach den folgenden Richtungen eingeschränkt:

1. Für die wichtigeren Beschlüsse des Jagdvorstehers ist die Genehmigung der
   Verwaltungsbeschlußbehörden vorgeschrieben.
2. Das Gesetz stellt bestimmte Grundsätze auf, die von den Jagdvorstehern
   bei der Verwaltung der Jagdangelegenheiten zu beachten sind.
3. Den Jagdgenossen ist durch Einräumung eines formellen Beschwerderechts
   gegen gewisse Beschlüsse des Jagdvorstehers ein weitgehender Einfluß auf
   die Verwaltung gesichert.
4. Es ist eine besondere Jagdaufsichtsbehörde geschaffen worden, an welche
   ein allgemeines Beschwerderecht binnen gewisser Frist gegeben ist.

Jagdaufsichtsbehörde ist der zuständige Landrat (Regierungspräsident). Liegt der Jagdbezirk in verschiedenen Land=(Stadt=)Kreisen, so wird die Zuständigkeit durch die nächst höhere, gemeinsam vorgesetzte Behörde bestimmt.

Obwohl der Wortlaut des § 16 mit dem des § 1 des Gesetzes vom 4. Juli 1905 wörtlich übereinstimmt, ist die Bedeutung des Satzes 2 im Abs. 2 doch jetzt eine etwas andere. Nach dem früheren Recht bildeten alle Grundstücke eines Gemeinde=bezirks, die nicht zu einem Eigenjagdbezirk gehörten, den gemeinschaftlichen Jagd=bezirk. Als Jagdvorsteher wirkte der im Satz 2 des Abs. 2 bezeichnete Beamte. Nach der Jagdordnung gehören gewisse Grundflächen (§ 8—10) nicht kraft Gesetzes zu einem gemeinschaftlichen Jagdbezirk, sondern müssen erst einem Jagdbezirk an=gegliedert werden (s. auch § 7 Abs. 5); ihre Vertretung liegt zunächst, bis die Vereinigung durchgeführt ist, oder, wenn ein Anschluß an einen Eigenjagdbezirk erfolgt, auch später noch in einem gewissen Umfange (§ 25 Abs. 5) dem Jagd=vorsteher nach § 17 Abs. 1 und 2 ob. Auch diese Obliegenheiten hat der Vorsteher der Gemeinde, in der die Grundflächen liegen, als Jagdvorsteher wahrzunehmen, so daß er also wie nach dem früheren Recht alle Grundflächen der Gemeinde=(Guts=)Feldmark, die nicht zu einem Eigenjagdbezirk gehören, zu vertreten hat mit Ausnahme von 2 Fällen:

1. Wenn Grundflächen nach § 8 und 9 einem anderen gemeinschaftlichen Jagdbezirk zugelegt werden, so werden sie Teile von diesem, so daß sie von dessen Jagdvorsteher mitverwaltet werden.

2. Wenn gemeinschaftliche Jagdbezirke aus Teilen mehrerer Gemeinden ge=bildet sind (§ 7 Abs. 3; §§ 8, 9, 10) bestimmt die Jagdaufsichtsbehörde den zuständigen Jagdvorsteher (§ 16, Abs. 3).

Abs. 5. Magistratspersonen sind die Mitglieder des Magistrats, wo ein kollegialischer Gemeindevorstand nicht besteht, die Beigeordneten.

14. **Zu § 17.** § 17 gibt den Inhalt des § 2 des Gesetzes vom 4. Juli 1905, jedoch mit wesentlichen Erweiterungen und Veränderungen wieder. Zur Grund=lage für die Beschlüsse der Jagdvorsteher sind nicht mehr, wie im letzteren Gesetz, die bei dessen Erlaß bestehenden Gesetze gemacht, sondern die Jagdordnung selbst. Die Jagdvorsteher haben nicht nur über die Bildung der Jagdbezirke zu beschließen, sondern auch über die Höhe der Pachtentschädigung (Abs. 2). Endlich ist das Verfahren insofern abgeändert, als das Genehmigungsverfahren nur in beschränktem Umfange beibehalten (§ 7 Abs. 2 und 3) und an dessen Stelle oder neben ihm das Einspruchsverfahren, wie es das Gesetz vom 4. Juli 1905 schon für die Ver=pachtung der gemeinschaftlichen Jagdbezirke im § 4 und 6 vorgesehen hatte, für alle in Betracht kommenden Beschlüsse der Jagdvorsteher eingeführt ist. Kollisionen zwischen beiden Verfahren sollen durch die Bestimmung des Abs. 5 vermieden werden.

Zur Bildung eines gemeinschaftlichen Jagdbezirks aus Teilen mehrerer Ge=meinden (§ 7 Abs. 3) bedarf es der Zustimmung der sämtlichen beteiligten Jagd=vorsteher. Für die Genehmigung des Beschlusses dieser Jagdvorsteher ist nur erforderlich die Zustimmung eines Kreis=(Bezirks=)Ausschusses, dessen Zuständigkeit erforderlichenfalls nach § 58 des Gesetzes über die allgemeine Landesverwaltung vom 30. Juli 1883 festzustellen ist.

15. **Zu § 20** (§ 3 Gesetz vom 4. Juli 1905).

Die Bestimmungen entsprechen im allgemeinen dem schon durch das Jagd=polizeigesetz geschaffenen Recht. Sie bedeuten eine wesentliche Neuerung nur für die ehemals kurhessischen Gebietsteile, wo die Jagd allein durch Verpachtung, und zwar durch öffentlich=meistbietende, genutzt werden durfte.

Der aus dem Abs. 2 des § 3 des Gesetzes vom 4. Juli 1905 fortgelassene letzte Satz findet sich im § 27 Abs. 2.

16. **Zu § 21** (§ 4 Gesetz vom 4. Juli 1905).

Abs. 1 und 2. Die Art der Verpachtung (freihändig, öffentlich, meistbietend in einem vorher beschränkten Kreis von Bietern) ist zwar dem Ermessen des Jagd=vorstehers anheimgestellt, jedoch soll für sie das Interesse der Jagdgenossenschaft maßgebend sein. Im allgemeinen wird dieses Interesse am besten durch die öffentlich=meistbietende Verpachtung gewahrt werden, da diese am wirksamsten die Willkür des Jagdvorstehers ausschließt und den höchsten Ertrag sichert. Jedoch erschöpft vor allem das letztere Moment nicht immer das Interesse der Jagdgenossenschaft und der einzelnen Jagdgenossen, da neben der Erzielung eines angemessenen Pacht=zinses die Schonung der Feldfrüchte und die pflegliche Ausübung der Jagd zur Erhaltung der Nachhaltigkeit der Jagdnutzung in Betracht kommen und den Aus=schlag für die freihändige Verpachtung oder die Verpachtung mit beschränkter Konkurrenz geben können.

Abs. 3 bis 5. Da die Jagdgenossen sowohl gegen die Art der Verpachtung und die Pachtbedingungen, wie gegen den Pachtvertrag selbst Einspruch erheben dürfen, wird das Verfahren in manchen Fällen längere Zeit in Anspruch nehmen. Die Aufsichtsbehörde wird deshalb darauf hinzuwirken haben, daß die Vor=bereitungen zur Verpachtung so rechtzeitig betrieben werden, daß zwischen Ablauf des alten Pachtvertrages und Beginn des neuen Vertrages keine pachtfreie Zeit eintritt. Auch wird es zur Vereinfachung und Beschleunigung beitragen, wenn die Aufsichtsbehörde im Einvernehmen mit der Beschlußbehörde Normalpachtverträge entwirft, deren Inhalt den örtlichen Verhältnissen entspricht, und die der Ver=pachtung zugrunde gelegt werden, soweit nicht die Verhältnisse des einzelnen Falles eine Abweichung gestatten.

Der Jagdvorsteher wird sich rechtzeitig über die Art der Verpachtung und die Pachtbedingungen schlüssig zu machen haben; er hat sodann in ortsüblicher Weise eine Bekanntmachung zu erlassen, aus der die von ihm beabsichtigte Art der Ver=pachtung und Ort und Zeit der Auslegung der Pachtbedingungen zu ersehen sind.

Wenn die Jagdverpachtung öffentlich=meistbietend erfolgen soll, kann die orts=übliche Bekanntmachung des Termins der Verpachtung (Abs. 5) zugleich mit der ersten öffentlichen Bekanntmachung der Art der Verpachtung (Abs. 3) verbunden werden. Falls dieser Termin wegen des etwa eingeleiteten Einspruchsverfahrens nicht eingehalten werden kann, würde eine neue öffentliche Bekanntmachung er=forderlich sein.

Die Bekanntmachung des Versteigerungstermins in einem Blatt hat den Zweck, Bieter auf den Termin aufmerksam zu machen. Die Jagdaufsichtsbehörde wird daher ein solches Blatt auszuwählen haben, welches größere Verbreitung in den Kreisen von Jägern hat. Es ist nicht erforderlich, daß in jedem einzelnen Falle das Blatt bestimmt wird, sondern es genügt, wenn für den Kreis ein für allemal bis auf weiteres ein Blatt bezeichnet wird. Es ist dem Jagdvorsteher unbenommen, auch noch in anderen als dem von der Aufsichtsbehörde bestimmten Blatte den Termin bekannt zu machen.

17. **Zu § 22** (§ 5 Gesetz vom 4. Juli 1905).

§ 22 enthält Vorschriften, welche bei der Verpachtung beachtet werden müssen, wenn der Vertrag nicht nichtig sein soll. Ob die etwaige, in den Ziffern 2 und 4 vorgesehene Genehmigung der Beschlußbehörden gleich nach Auslegung der Pacht=bedingungen (§ 21) oder erst nach Auslegung des abgeschlossenen Vertrages und Ablauf der Einspruchsfrist (§ 23) einzuholen ist, wird von der Beschaffenheit des einzelnen Falles abhängen.

Die gemäß Ziffer 1 schriftlich abzufassenden Jagdpachtverträge sind dem Stempel von $^1/_{10}$ v. H. des bedungenen Pachtzinses nach der Tarifstelle 48a des

Stempelsteuergesetzes vom 31. Juli 1895 unterworfen, wenn der nach der Dauer eines Jahres zu berechnende Pachtzins mehr als 300 M. beträgt. Die Jagd=vorsteher sind hiernach verpflichtet, die stempelpflichtigen Verträge in das durch die Bekanntmachung betreffend die Ausführung des Stempelsteuergesetzes, vom 13. Februar 1896 in der Fassung des Nachtrages I vorgeschriebene Pachtverzeichnis (vgl. Zentralblatt der Abgaben= usw. Gesetzgebung und Verwaltung für 1900, Beilage zum 19. Stück S. 482—485) einzutragen und das Verzeichnis bei dem=jenigen Hauptamt oder Steueramt bezw. Nebenzollamt, in dessen Geschäftsbezirk die verpachteten Grundstücke belegen sind, oder bei einem benachbarten Stempel=verteiler spätestens im Januar jeden Jahres zu versteuern. Statt die Versteuerung durch die Steuerbehörden vornehmen zu lassen, steht es den Jagdvorstehern als Behörden nach Absatz 4 der Stempeltarifstelle 48a auch frei, die Versteuerung der von ihnen zu führenden Verzeichnisse selbst zu bewirken.

Im Interesse der gleichmäßigen Beachtung dieser Bestimmungen wird es sich empfehlen, hierauf besonders aufmerksam zu machen, auch die Normalpachtverträge (s. u. 16 zu § 21 Abs. 3—5) mit einem Zusatz über die Stempelpflichtigkeit der Verträge und die Art ihrer Versteuerung versehen zu lassen.

Unter der Weiterverpachtung aus Ziffer 3 ist nicht die Verlängerung des ab=geschlossenen Vertrages mit demselben Pächter, sondern die Übertragung eines Pachtvertrages während seiner Dauer auf einen anderen Pächter zu verstehen (§§ 549, 581 Absatz 2 B. G. B.).

Die Bestimmung der Ziffer 5 soll unerwünschte Ausländer an der Pachtung von Jagden hindern. Die weitergehenden Befugnisse der Behörden gegenüber Ausländern werden durch diese Vorschrift nicht berührt. Die seit Erlaß des Gesetzes vom 4. Juli 1905 gemachten Erfahrungen zeigen, daß immer noch aus den Jagd=verpachtungen an Ausländer Mißstände mancherlei Art, und zwar sowohl auf jagdlichen wie auf anderen Gebieten entstanden sind. Es ist daher dringend notwendig, bei Erteilung der Genehmigung nach § 22 Ziffer 5 besondere Vorsicht walten zu lassen und in jedem Falle eingehend zu prüfen, ob die Persönlichkeit des Ausländers die erforderliche Gewähr gibt.

18. **Zu § 23** (§ 6 des Gesetzes vom 4. Juli 1905).

Der nach Absatz 2 zulässige Einspruch soll sich nur gegen diejenigen Teile des Pachtvertrages richten dürfen, die noch nicht in dem Verfahren des § 21 und 22 festgestellt sind, damit nicht über dieselbe Angelegenheit ein doppeltes Verfahren stattfindet. Gegen die Art der Verpachtung und die Pachtbedingungen ist daher ein Einspruch nicht mehr zulässig, soweit sie dem ersten Verfahren zugrunde gelegen haben, sei es, daß sie gegenüber der Bekanntgabe des Jagdvorstehers unverändert geblieben oder daß sie im Einspruchsverfahren abgeändert worden sind. Soweit bei der schließlichen Verpachtung von ihnen abgewichen ist, würde der Einspruch aus § 23 Absatz 2 nicht ausgeschlossen sein. Im allgemeinen wird sich der hier zugelassene Einspruch nur richten können gegen die Höhe des Pachtzinses und die Person des Jagdpächters[3]).

19. **Zu § 24** (§ 7 des Gesetzes vom 4. Juli 1905).

Die Entscheidung über die Nichtigkeit der Jagdpachtverträge ist in den an=gegebenen Fällen zur Wahrung der Einheitlichkeit der Rechtsprechung den Ver=waltungsgerichten überwiesen, weil diese Gerichte mit den inhaltlich gleichartigen

---

[3]) Ist bei der Verpachtung die voll=ständige Wiedererstattung der zu zahlen=den Wildschadenbeträge durch den Jagd=pächter nicht ausbedungen, so muß die Auslegung auch dieses Umstandes wegen gleichzeitig erfolgen, da auch gegen ihn Einspruch zulässig ist (§ 52 Abs. 2).

Entscheidungen befaßt sind, wenn die Jagdpolizeibehörde es für angezeigt erachtet, die Ausübung der Jagd auf Grund eines nichtigen Vertrages im polizeilichen Interesse zu verbieten. Diese Befugnis der Jagdpolizeibehörde zum Einschreiten gegen nichtige Verträge wird durch die neugeschaffene ähnliche Befugnis der Jagd=aufsichtsbehörde nicht berührt; inhaltlich unterscheidet sich letztere Befugnis von der ersteren dadurch, daß sie unter Beachtung der gesetzlichen Voraussetzungen lediglich von dem pflichtmäßigen Ermessen der Jagdaufsichtsbehörde abhängig ist und nicht an dieselben Voraussetzungen geknüpft ist, wie solche für ein polizeiliches Einschreiten bestehen.

Das Recht der Jagdaufsichtsbehörde, für die Dauer eines Verwaltungsstreit=verfahrens wegen der Nutzung der Jagd die erforderlichen Anordnungen zu treffen, wenn dem Pächter die Ausübung der Jagd untersagt ist, entspricht dem praktischen Bedürfnis, daß die Jagdgenossen während eines solchen, oft langwierigen Ver=fahrens nicht der Erträgnisse der Jagdnutzung verlustig gehen. Welche Anordnungen zu treffen sind, hängt von dem Ermessen der Behörde ab. (Zwischenverpachtung bis zur endgültigen Entscheidung, Abschießen durch Jäger, um Erträge zu erzielen und Wildschaden zu verhindern usw.)

20. **Zu § 25.** § 25 enthält den § 8 des Gesetzes vom 4. Juli 1905, neu ist der Abs. 5.

Auf die Pachtgelder und sonstigen Einnahmen der Jagdnutzung haben die=jenigen Personen Anspruch, welche bei ihrem Fälligwerden Jagdgenossen, d. h. Eigentümer oder Nießbraucher der Grundstücke des gemeinschaftlichen Jagd=bezirks sind.

Die Verteilung der Pachtgelder an die Anteilsberechtigten erfolgt durch den Jagdvorsteher in der bisher ortsüblichen Weise.

Ob die Jagdeinkünfte, wenn sie herkömmlich für gemeinnützige Zwecke ver=wendet worden sind, fernerhin diesem Zwecke gewidmet werden sollen oder ob sie fortan unter die Jagdgenossen zu verteilen sind, bestimmt der Jagdvorsteher. Daß die bisher zu gemeinnützigen Zwecken verwendeten Erträge nun immer denselben Zwecken erhalten bleiben, ist nicht erforderlich. Es kommt nur darauf an, daß der Zweck ein gemeinnütziger ist, wenn er auch auf einem anderen als dem bis=herigen Verwendungsgebiet liegt. Auch Gemeindezwecke gehören hierher. Von Bedeutung ist diese Bestimmung hauptsächlich für diejenigen Teile der Provinz Hessen=Nassau, auf die die Vorschriften des Gesetzes vom 4. Juli 1905 nunmehr ausgedehnt worden sind und wo bisher kraft gesetzlicher Bestimmung oder her=kömmlich die Jagderträge in die Gemeindekasse geflossen und zu Gemeindezwecken verwandt worden sind. Es steht nichts entgegen, daß es hierbei verbleibt, aller=dings mit der Einschränkung, daß jeder Grundeigentümer befugt ist, die Aus=zahlung seines Anteils zu verlangen.

Der Abs. 5 bestimmt, daß der Vorsteher der Gemeinde als Jagdvorsteher auch dann die Rechnungsgeschäfte führen soll, wenn Grundflächen des Gemeinde= (Guts=) bezirks einem Eigenjagdbezirk angeschlossen sind und nicht zum gemeinschaftlichen Jagdbezirk gehören.

Die Vorschrift des Abs. 6 gilt übrigens auch für die Fälle des Abs. 5, da die im letzteren besprochenen Grundflächen früher in der Regel zum gemeinschaft=lichen Jagdbezirk der Gemeinde gehörten und ebenso behandelt wurden wie deren übrige Flächen.

Wenn der gemeinschaftliche Jagdbezirk aus mehreren Gemeinden oder Teilen mehrerer Gemeinden besteht, sind die Kassengeschäfte von derjenigen Gemeindekasse zu führen, die dem zum Jagdvorsteher bestellten Gemeindevorsteher (§ 16 Abs. 3) untersteht.

21. **Zu § 26.** § 26 enthält die Bestimmungen des § 9 des Gesetzes vom 4. Juli 1905, jedoch mit den Erweiterungen, die durch die neu hinzugekommenen Vorschriften der Jagdordnung (§ 17 Abf. 4 und 5; § 18; § 19; § 52 Abf. 2) veranlaßt sind.

Die Vorschrift, daß der Beschluß in gewissen Fällen endgültig sein soll, jedoch von dem Jagdvorsteher angefochten werden darf, bedeutet eine Ausnahme von der Regel, daß die Beschlüsse der Beschlußbehörden entweder mit einem Rechtsmittel von seiten aller Beteiligten anfechtbar oder aber — in Ausnahmefällen — endgültig sind. Diese Ausnahme hat den Zweck, den Jagdgenossen, denen die unmittelbare Verwaltung der Jagdangelegenheiten nicht übertragen worden ist, durch die Person ihres gesetzlichen Vertreters, des Jagdvorstehers, ein weiteres Einwirkungsrecht auf diese Verwaltung einzuräumen. Es entspricht dem Zwecke dieser Bestimmung, daß der Jagdvorsteher nur in dringenden Fällen von dem Rechtsmittel Gebrauch macht.

22. **Zu § 27.** Abf. 1 gibt den § 13 des Jagdpolizeigesetzes vom 7. März 1850 wieder. Abf. 2 enthält den zweiten Satz des Abf. 2 § 3 des Gesetzes vom 4. Juli 1905, während sein übriger Inhalt neu ist.

23. **Zu § 28.** § 28 entspricht dem § 5 des Gesetzes vom 31. Oktober 1848 mit geringer Abweichung, soweit er noch gilt. Für die Verwandlung der Geldstrafe in Freiheitsstrafe (Abf. 2) kommt jetzt das RStGB. in Betracht (vgl. auch § 79 der Jagdordnung); im Abf. 3 ist statt „Stadtvorstand" gesetzt: „Gemeinde-(Guts-) vorstand", weil Festungswerke jetzt auch in Landgemeinden oder Gutsbezirken vorkommen.

24. <h3 style="text-align:center">Dritter Abschnitt.</h3>

Der dritte Abschnitt (§§ 29—38) gibt den Inhalt der §§ 1—10 des Jagdscheingesetzes vom 31. Juli 1905 unverändert wieder, mit der im § 32 der Jagdordnung vorgenommenen Änderung des § 4 des Jagdscheingesetzes über die Höhe der Ausländerjagdscheine, sowie mit der formalen Änderung im § 30 Ziffer 3, wo entsprechend der Fassung des sechsten Abschnitts die Erteilung der Ermächtigung zur Ausübung der Jagd nur der Jagdpolizeibehörde, nicht mehr der Aufsichtsbehörde vorbehalten ist. Die §§ 11—13 finden sich unverändert als §§ 72 bis 74, § 14 als § 80 in erweiterter Form im achten Abschnitt, während § 15 als § 85 im neunten Abschnitt steht.

25. **Zu § 29** (§ 1 des Jagdscheingesetzes vom 31. Juli 1895).

<h3 style="text-align:center">I. Ausfertigung der Jagdscheine.</h3>

Zur Ausstellung der Jagdscheine sind die folgenden fünf verschiedenen Formulare nach Maßgabe der beiliegenden Muster zu benutzen[4]):
a) für den Jahresjagdschein gelbe Farbe,
b) für den Tagesjagdschein rote Farbe,
c) für den Jahresjagdschein für Ausländer gelbe Grundfarbe mit schräg aufgedrucktem grünen Kreuz, Angabe des Bürgen mit Name und Wohnort und dem seitlichen Aufdrucke: „Für Ausländer",
d) für den Tagesjagdschein für Ausländer rote Grundfarbe mit schräg aufgedrucktem grünen Kreuz und gleichfalls mit Angabe des Bürgen und dem Aufdrucke: „Für Ausländer",
e) für den unentgeltlich zu erteilenden Jagdschein weiße Farbe (wie bisher) mit dem Aufdrucke „unentgeltlich gemäß § 33 der Jagdordnung vom 15. Juli 1907".

---

[4]) Die Formulare sind nicht abgedruckt.

Die Rückseite hat das in der Anlage II mitgeteilte Muster zu enthalten[5]). Die Wahl des Materials (zB. fester Pappdeckel oder Leinwand) bleibt den ausstellenden Behörden überlassen. Auch empfiehlt es sich, um Unglücksfällen vorzubeugen, auf einem Anhange zum Jagdscheinformulare die für das Verhalten der Schützen auf Treibjagden zu beobachtenden Hauptregeln zum Abdrucke zu bringen, wie dieses schon in einzelnen Regierungsbezirken (z. B. Trier) geschieht.

Jeder Jagdschein muß neben der Bezeichnung und Unterschrift der ausstellenden Behörde, welche auch durch Aufdruck mit einem Faksimilestempel geleistet werden kann, deren Amtssiegel, die Nummer, unter welcher der Jagdschein in der Jahreskontrolliste eingetragen ist, und die Angabe der dafür errichteten Abgabe enthalten.

Ausfertigungsgebühren dürfen für den ausgestellten Jagdschein nach § 32 Abs. 2 nicht erhoben werden; die Anschaffungskosten sind von denjenigen Kommunalkassen zu decken, in welche nach § 32 Abs. 4 die Abgaben fließen, die Kosten für die unentgeltlich zu erteilenden Jagdscheine aus dem Dispositionsfonds

---

[5]) Das in der nicht abgedruckten Anlage II mitgeteilte Muster ist gleichlautend mit dem nachstehenden Verzeichnisse der Jagd- und Schonzeiten.

Weiß = Jagdzeit Schwarz = Schonzeit	Januar	Februar	März	April	Mai	Juni	Juli	August	September	Oktober	November	Dezember
Männliches Elchwild	▨	▨	▨	▨	▨	▨	▨	▨		▨	▨	▨
Weibliches Elchwild und Elchkälber	▨	▨	▨	▨	▨	▨	▨	▨	▨	▨	▨	▨
Männliches Rot- und Damwild			▨	▨	▨	▨	▨	▨				
Weibliches Rot- u. Damwild, Wildkälber		▨	▨	▨	▨	▨	▨	▨	▨	▨ 16		
Rehböcke	▨	▨	▨	▨	▨ 16							
Weibliches Rehwild, Rehkälber	▨	▨	▨	▨	▨	▨	▨	▨	▨	▨		
Dachse	▨	▨	▨	▨	▨	▨	▨	▨				
Biber	▨	▨	▨	▨	▨	▨	▨	▨				▨
Hasen	15 ▨	▨	▨	▨	▨	▨	▨	▨	▨			
Auerhähne					▨	▨	▨	▨	▨	▨	▨	▨
Auerhennen	▨	▨	▨	▨	▨	▨	▨	▨	▨	▨		
Birk-, Hasel-, Fasanen-Hähne					▨	▨	▨	▨	▨ 16			
Birk-, Hasel-, Fasanen-Hennen		▨	▨	▨	▨	▨	▨	▨	▨ 16			
Rebhühner, Wachteln, schott. Moorhühner	▨	▨	▨	▨	▨	▨	▨	▨				▨
Wilde Enten			▨	▨	▨	▨	▨					
Schnepfen				15 ▨	▨	▨	▨					
Trappen				▨	▨	▨	▨	▨				
Wilde Schwäne, Kraniche, Brachvögel, Wachtelkönige u. alle anderen jagdbaren Sumpf- u. Wasservögel, ausgenommen wilde Gänse				▨	▨	▨	▨	▨				
Drosseln (Krammetsvögel)	▨	▨	▨	▨	▨	▨	▨	▨	▨ 21			

der Regierungen für polizeiliche Zwecke (Vgl. M.-E. vom 14. März 1850 M.-Bl. S. 107), sofern nicht auch diese freiwillig aus den Kommunalkassen bestritten werden.

Doppelausfertigungen (Duplikate) sind gegen Entrichtung von 1 Mk. nach § 32 Abs. 3 zulässig, und zwar sowohl für abhanden gekommene, verbrannte, verlorene Exemplare, wie für noch vorhandene; sie sind jedoch mit dem ausdrücklichen und deutlichen Vermerke „Doppelausfertigung" zu versehen.

Bei Erneuerung eines Jagdscheines ist tunlichst der abgelaufene, früher bezogene einzuziehen und zu vernichten. War der frühere Jagdschein in doppelter Ausfertigung ausgestellt, so sind, soweit angängig, beide Exemplare einzuziehen und zu vernichten.

Der Tag der Lösung des Jagdscheins braucht nicht mit dem Tage der Ausfertigung zusammenzufallen. Es steht also nichts im Wege, daß ein Jagdschein schon einige Tage, ehe seine Gültigkeitsdauer beginnen soll, ausgestellt und dem Nachsuchenden zugefertigt wird.

Wird die Zusendung der ausgefertigten Jagdscheine durch die Post gewünscht, so hat sie bei unentgeltlichen Jagdscheinen für Staatsforstbeamte portofrei zu erfolgen; bei allen übrigen trägt die Portokosten der Empfangsberechtigte.

II. Kontrollisten.

Über sämtliche, im Laufe eines Rechnungsjahres ausgestellten Jagdscheine ist von den Landräten, (Ortspolizeibehörden) eine Kontrolliste nach Maßgabe des in der Anlage III beigegebenen Musters (Anm. 3a) zu führen.

In diese Liste sind sämtliche Jagdscheine nach der Reihenfolge der Ausstellungen unter laufender Nummer für das Rechnungsjahr vom 1. April bis 31. März einzutragen.

Die im Laufe eines Monats ausgegebenen Jagdscheine sind, namentlich in den Landkreisen, allmonatlich in dem Kreisblatte oder dem für die amtlichen Publikationen bestimmten Organe zu veröffentlichen.

Nach Schluß eines jeden Rechnungsjahres sind die einzelnen Kolonnen 7—13 aufzurechnen und das so gewonnene Resultat in einer Übersicht an die Regierungspräsidenten einzureichen, welche das Gesamtergebnis für ihren Regierungsbezirk, ebenso wie der Polizeipräsident von Berlin für seinen Bezirk, bis spätestens zum 1. Mai jeden Jahres dem Minister für Landwirtschaft, Domänen und Forsten vorzulegen haben.

III. Unentgeltliche Jagdscheine.

Unentgeltliche Jagdscheine sind gemäß § 33 nur an die auf Grund des § 23 des Forstdiebstahlgesetzes vom 15. April 1878 beeidigten, sowie an diejenigen Personen zu verabfolgen, welche sich in der für den Staatsforstdienst vorgeschriebenen Ausbildung befinden. Vor der Ausstellung hat sich die Jagdpolizeibehörde zu vergewissern, ob eine dieser Voraussetzungen vorliegt. Zu den Personen, die Anspruch auf einen unentgeltlichen Jagdschein haben, gehören auch die Angehörigen der Klasse A eines Jägerbataillons. Selbstverständlich erlischt die Befugnis zur Führung eines unentgeltlichen Jagdscheines, sobald diese Voraussetzungen aufhören. Für die Königlichen Oberförster und die ihnen untergebenen Forstschutzbeamten empfiehlt es sich, die Beschaffung der unentgeltlichen Jagdscheine in der Weise zu bewirken, daß der Oberförster für die Beamten seines Reviers gemeinsam die Ausfertigung der unentgeltlichen Jagdscheine bei der zuständigen Behörde beantragt, und diese sie dem Oberförster zustellt.

Es wird zweckmäßig sein, dies Verfahren in analoger Weise auch für die Gemeinde= und Privatforstverwaltungen einzuführen, dergestalt, daß die betreffende Gemeindebehörde oder der Privatforstbesitzer für seine sämtlichen zu berück= sichtigenden Beamten gemeinsam die Ausstellung der unentgeltlichen Jagdscheine beantragt.

IV. Ausländer=Jagdscheine.

Ausländern, d. h. Personen, welche nicht einem deutschen Bundesstaate oder den Reichslanden Elsaß=Lothringen angehören, kann dann, wenn sie in Preußen einen Wohnsitz oder einen Grundbesitz mit einem Grundsteuerreinertrag von 150 Mk. haben, ein Jagdschein zu denselben Sätzen verabfolgt werden, wie den Inländern; in diesem Falle ist dazu auch nicht das für Ausländer vorgeschriebene, sondern das gewöhnliche Formular zu verwenden.

Haben sie dagegen keinen Wohnsitz oder Grundbesitz in Preußen, so können sie nach § 32 einen Jahres= oder Tagesjagdschein nur zu dem erhöhten Satze von 100 Mk. oder 20 Mk. erhalten. Außerdem darf ihnen dann, wenn sie in Preußen keinen Wohnsitz haben, selbst wenn sie daselbst Grundeigentum besitzen, ein Jagdschein nur gegen die Stellung eines Bürgen, der gemäß § 29 Abs. 2 haftbar ist, erteilt werden. Die Jagdpolizeibehörden haben hierbei die Zuver= lässigkeit und Sicherheit des Bürgen ganz besonders sorgfältig zu prüfen, und wenn sie ihnen nicht ausgiebig genug erwiesen ist, die Verabfolgung des Jagd= scheines zu verweigern. Ob der Name des Bürgen auf dem Jagdschein mit an= zugeben ist, bleibt im einzelnen Falle dem Ermessen der ausstellenden Behörde überlassen.

V. Zuständigkeit und Verfahren.

Hinsichtlich der Zuständigkeit für Erteilung der Jagdscheine ist nicht allein der Wohnsitz des Nachsuchenden maßgebend, sondern es genügt auch die Tatsache, daß er zur Ausübung der Jagd berechtigt ist. Dies wird z. B. überall da der Fall sein, wo jemand einen zur selbständigen Ausübung der Jagd berechtigenden Grundbesitz, oder, wo er eine Jagd gepachtet hat, oder wo er auch nur zur Aus= übung der Jagd durch einen Erlaubnisschein oder eine Einladung in Begleitung des Jagdinhabers ermächtigt ist. Vielfach wird dies also auch in Kreisen statt= finden, in denen der Betreffende keinen Wohnsitz hat. Danach kann es sich häufig ereignen, daß der Landrat (oder die im § 29 als zuständig bezeichnete Jagd= polizeibehörde) um Ausstellung eines Jagdscheines von Personen angegangen wird, die ihm, da sie nicht zu seinen Kreisinsassen gehören, gänzlich fremd sind.

In diesem Falle ist er um so mehr verpflichtet, zu prüfen und sich davon zu überzeugen, ob gegen den Antragsteller keinerlei Tatsachen vorliegen, welche nach §§ 34 und 35 die Versagung eines Jagdscheines bedingen oder rechtfertigen würden. Dies wird sich unschwer durch Erkundigungen bei der Jagd= oder Orts= polizeibehörde des Wohnorts des Betreffenden feststellen lassen, die sich insbesondere auch darauf zu erstrecken haben, ob ihm etwa im Kreise seines Wohnorts die Er= teilung eines Jagdscheines bereits versagt oder der erteilte Schein wieder entzogen worden ist, und ob er deshalb den Versuch gemacht hat, den Jagdschein in einem anderen Kreise zu erhalten. Im übrigen wird den für die Erteilung zuständigen Behörden selbst überlassen werden können, auf welche Weise sie sich die Überzeugung davon verschaffen wollen, ob gegen den einen Jagdschein Nachsuchenden keiner der gesetzlichen Versagungsgründe vorliegt.

Wünscht der den Jagdschein Nachsuchende im Interesse einer schnellen Er= langung der Karte den durch die Nachforschungen über seine Persönlichkeit be= dingten Zeitaufwand zu vermeiden, so ist es ihm unbenommen, dem Gesuche um

Ausstellung des Jagdscheines gleich ein Attest der Jagd= oder Ortspolizeibehörde seines Wohnortes beizufügen, welches sich über die Zulässigkeit seines Antrages ausspricht. Es wird jedoch darauf hingewiesen, daß ein solches Attest den Zeugnisstempel von 1,50 Mk. nach der Tarifstelle 77 des Stempelsteuergesetzes vom 31. Juli 1895 erfordert[6]).

Für die Entziehung des Jagdscheines (§ 36) ist nicht jede Jagdpolizeibehörde zuständig, die nach § 29 zur Erteilung befugt gewesen wäre, sondern nur diejenige, welche tatsächlich den zu entziehenden Jagdschein ausgestellt hat. In allen Fällen, in denen nicht die Jagdpolizeibehörde am Wohnsitz des Jagdscheininhabers den Jagdschein erteilt oder entzogen hat, ist die letztere sowohl von der Erteilung als auch von der Entziehung jedes Jahresjagdscheins in Kenntnis zu setzen.

VI. Kontrolle der Jagdausübung.

Bei der Verschiedenartigkeit der einzelnen Jagdscheinsorten und der Höhe der Abgabe ist eine sorgfältige Überwachung der Jagdausübung dahin geboten, ob die Jagenden, insbesondere die Ausländer, mit einem richtigen, für ihre Person ausgestellten Jagdschein versehen sind.

VII. Beschlagnahme der Jagdgeräte und Hunde.

Hinsichtlich der Ablieferung und Verwertung bezw. Vernichtung der beschlagnahmten Jagdgerätschaften und Hunde verbleibt es bei den bestehenden Vorschriften.

26. **Zu § 31.** Die im Gebiet der Jagdordnung ausgestellten Jagdscheine gelten auch in der Provinz Hannover und den Hohenzollernschen Landen und umgekehrt. Es ergibt sich das klar einmal aus dem Wortlaut des § 31 der Jagdordnung und aus dem nicht abgeänderten Wortlaut des § 3 des Jagdscheingesetzes vom 31. Juli 1895, sowie aus dem Umstande, daß mit der Herübernahme der Bestimmungen des Jagdscheingesetzes in die Jagdordnung der Gesetzgeber nicht beabsichtigt hat, das bestehende Recht materiell zu ändern. Die formelle Aufhebung des Jagdscheingesetzes für den Geltungsbereich der Jagdordnung hat nur den Zweck, das Nebeneinanderbestehen gleichlautender Gesetzesvorschriften zu verhindern; für die Führung, Ausstellung usw. der Jagdscheine gilt hier die Jagdordnung, dort das Jagdscheingesetz; die nach dem einen oder dem anderen Gesetz ausgestellten Jagdscheine gelten aber für den ganzen Umfang der Monarchie. Dieses bezieht sich auch auf die Ausländer=Jagdscheine, wenngleich für sie beide Gesetze verschieden hohe Abgaben vorschreiben.

Vierter Abschnitt.

27. Der vierte Abschnitt (§§ 39—50) gibt unverändert die §§ 2—12 und 14 des Wildschongesetzes vom 14. Juli 1904 wieder. § 1 letzteren Gesetzes ist § 1 der Jagdordnung, die §§ 13, 15, 16, 17, 18 sind unverändert als §§ 76, 77, 78, 79, 80 in den achten Abschnitt übernommen, während § 19, soweit er noch Bedeutung hat, sich als § 83 im neunten Abschnitt findet.

28. **Zu § 40** (§ 3 Wildschongesetz).

1. Die im Herbst vom Norden nach dem Süden durchziehenden Drosseln erscheinen in den einzelnen Gegenden zu verschiedenen Zeiten. Abs. 2 zu b soll die Möglichkeit geben, den Krammetsvogelfang dann erst beginnen zu lassen, wenn die heimischen Drosseln bereits fortgezogen sind.

---

[6]) Ein Unbedenklichkeitsattest ist zur Erlangung eines Jagdscheines nicht gesetzliches Erfordernis Besch. OB. 3. Juli 03 (Schultz I. 245).

2. Die gänzliche Aufhebung der Schonzeit für wilde Enten wird sich nur dann rechtfertigen lassen, wenn diese Vögel durch massenhaftes Auftreten der Fischerei ernstlich schädlich werden.

3. Der Beschluß Abs. 2 zu a hat nur Gültigkeit für die Dauer der jährlichen Jagdperiode; die Beschlüsse zu b und c können gefaßt werden für eine näher bestimmte Reihe von Jahren oder auf unbestimmte Zeit bis zu ihrer Wiederaufhebung.

4. Abs. 2 zu c gibt die Möglichkeit, die Schonzeit für Rehkälber zu verlängern oder auf das ganze Jahr auszudehnen. Wenn es nun auch richtig ist, hiervon in allen Fällen Gebrauch zu machen, in denen ohne Abänderung der Schonzeit ein übermäßiger Abschuß der Rehkälber zu erwarten ist, so hieße es doch die Absicht dieser Vorschrift verkennen, wenn ohne Unterschied für ganze Regierungsbezirke die Schonzeit auf das ganze Jahr ausgedehnt wird. Abs. 3 des § 40 gestattet ausdrücklich eine verschiedene Behandlung der einzelnen Teile des Regierungsbezirks. Da der ordnungsgemäß vorgenommene Abschuß von Rehkälbern ein vorzügliches Mittel ist, durch Beseitigung überzähliger und schwacher Stücke einen numerisch richtigen und kräftig entwickelten Bestand an Rehwild zu erzielen, würde es verfehlt sein, die Abschußmöglichkeit dann zu beseitigen, wenn eine weidmännische Handhabung des Abschusses gewährleistet ist. Es entspricht deshalb durchaus der Absicht des Gesetzes, auch dann, wenn im allgemeinen im Bezirk die Verhältnisse die Verlängerung oder Ausdehnung der Schonzeit auf das ganze Jahr notwendig machen, hiervon für einzelne Jagdbezirke, insbesondere größere Waldkomplexe, abzusehen und es bei der Bestimmung des § 39 zu 6 zu belassen.

29. **Zu § 41** (§ 4 Wildschongesetz).
Da die Drosseln (Krammetsvögel) zu den jagdbaren Tieren gehören, stellt die Ausübung des Dohnenstieges eine Jagdausübung dar. Wer diese Jagd ausübt, muß einen auf seinen Namen lautenden Jagdschein bei sich führen. Der Erlaß von Polizeiverordnungen soll der überflüssigen Tierquälerei bei Ausübung des Dohnenstieges vorbeugen (vgl. Runderlaß des Landwirtschaftsministers an die Regierungen vom 11. Februar 1891 I B 1250/III 2033).
Kaninchen gehören, da sie im § 1 nicht aufgeführt sind, nicht zu den jagdbaren Tieren.

30. **Zu § 42** (§ 5 Wildschongesetz). Kiebitze und Möwen gehören als Sumpf- und Wasservögel zu den jagdbaren Tieren. Das Sammeln der Eier dieser Vögel stellt eine Jagdausübung dar, zu der es aber nach § 30 der Lösung eines Jagdscheins nicht bedarf. § 83 hat den Zweck, in denjenigen Landesteilen, in denen die Kiebitze und Möwen bis zum Inkrafttreten des Wildschongesetzes vom 14. Juli 1904 nicht jagdbar waren, ihre Eier mithin von anderen Personen als den Jagdberechtigten gesammelt werden durften, diese Befugnis bis zum Ablauf der zur damaligen Zeit bestehenden Jagdpachtverträge zu erhalten. Erst beim Abschluß neuer Jagdpachtverträge steht auch hier das Recht, die Eier zu sammeln, den Jagdberechtigten allein zu.
Damit, daß die Kiebitze und Möwen allgemein zu jagdbaren Tieren erklärt worden sind, sollte diesen für die Landwirtschaft nützlichen Vogelarten ein Schutz gegen ihre Ausrottung gegeben werden. Dieses würde, besonders bezüglich der Kiebitze, vereitelt werden, wenn das Eiersammeln stets bis zum 30. April gestattet sein sollte, da in einigen Gegenden der Kiebitz, seltener die Möwe, so zeitig im Jahre anfängt Eier zu legen, daß bei der ausnahmslosen Freigabe des Eiersammelns bis zum 30. April auch die letzten Gelege in Gefahr kämen, fortgenommen

zu werden. In solchen Fällen ist es angezeigt, die Zeit des Eiersammelns einzuschränken.

Andererseits beginnt in manchen Gegenden, besonders im Osten, die Möwe erst im Anfang Mai mit dem Eierlegen, hier kann die Frist unbedenklich verlängert werden.

31. **Zu § 43 Abs. 2 (§ 6 Abs. 2 Wildschongesetz).** Für den Vertrieb von Wild aus Kühlhäusern gelten folgende Bestimmungen:

§ 1. Der Vertrieb von Wild aus Kühlhäusern wird in der Zeit vom Beginn des fünfzehnten Tages der für die betreffende Wildart festgesetzten Schonzeit bis zu deren Ablauf für folgende Wildarten, nämlich für Elch=, Rot=, Dam= und Rehwild sowie für Hasen, zugelassen.

§ 2. Das Wild, welches in der angegebenen Zeit aus den Kühlhäusern vertrieben werden soll, um versendet, zum Verkauf herumgetragen oder ausgestellt oder feilgeboten oder verkauft zu werden, ist seitens der Ortspolizeibehörde am rechten Gehör mit einer Ohrmarke zu versehen, die auf der einen Seite, dem Knopf, den Preußischen Wappenadler, umgeben von der Bezeichnung des Ortes, an dem die Ohrmarke ausgegeben und angebracht ist, z. B. „Berlin“, und dem Worte „Kühlhaus“, auf der anderen Seite, einer flachen Platte, eine fortlaufende Nummer zu enthalten hat. Der Adler ist erhaben zu prägen. Die Ohrmarke ist so einzurichten und zu befestigen, daß sie von dem Gehör nicht entfernt werden kann, ohne daß der Knopf zerstört wird.

§ 3. Der Beauftragte der Polizeibehörde hat die Ohrmarke selbst an dem Wild anzubringen. Die Polizeibehörde hat in einer Liste zu vermerken, welche Nummern sie für jedes Kühlhaus verwendet hat. Die Inhaber der Kühlhäuser müssen darüber Buch führen, wann und an welchen Abnehmer sie das betreffend Stück Wild aus den Kühlhäusern abgegeben haben und welche Nummer an diesem angegeben war. Bei Hasen kann mit Genehmigung der Landespolizeibehörde davon abgesehen werden, daß auf den Ohrmarken Nummern angebracht werden, nnd daß über die Abgabe des Wildes aus dem Kühlhaus Buch geführt wird.

§ 4. Das aus den Kühlhäusern in der im § 1 angegebenen Zeit vertriebene Wild darf nur mit der Ohrmarke versehen und nur im unzerlegten und unabgehäuteten Zustande, wenn auch ausgenommen, versendet, zum Verkauf herumgetragen oder ausgestellt oder feilgeboten, verkauft oder angekauft werden.

§ 5. Die Landräte, in Städten mit mehr als 10 000 Einwohnern die Ortspolizeibehörden, sind ermächtigt, für den Vertrieb von Wild in der im § 1 angegebenen Zeit aus solchen Kühlhäusern, deren Einrichtungen einen ordnungsmäßigen Betrieb gewährleisten, die nachfolgenden Erleichterungen, einzeln oder insgesamt, auf Widerruf zuzugestehen, wenn der Vertrieb der besonderen Kontrolle der Polizeibehörden unterstellt, namentlich den Beauftragten der Polizei jederzeit freier Zutritt zu den der Aufbewahrung des Wildes dienenden Räumen zugesichert wird:

1. Flugwild darf vertrieben werden, wenn es mit einer Plombe gekennzeichnet ist. Die Plombe ist durch die Nasenlöcher anzubringen. Es ist zulässig, mit derselben Plombe zugleich mehrere Stück Flugwild zu kennzeichnen.
2. Hasen können durch Anbringung einer Plombe an der Heese des rechten Hinterlaufs anstatt der Ohrmarke gekennzeichnet werden. Die so bezeichneten Hasen dürfen auch im abgehäuteten, im übrigen aber unzerlegten Zustande vertrieben werden.
3. Das mit der Ohrmarke versehene Elch=, Rot=, Dam= und Rehwild (§ 2) darf in zerlegtem Zustande vertrieben werden, wenn die einzelnen Teile, welche versendet zum Verkauf herumgetragen oder ausgestellt, feilgeboten,

verkauft oder angekauft werden sollen, mit einer Plombe gekennzeichnet sind, bevor sie das Kühlhaus verlassen.

4. Für Wild oder Wildteile, welche mit einer Plombe vertrieben werden, ist die Anbringung einer Nummer und die Buchführung über die erfolgte Abgabe (§ 3) nicht erforderlich; jedoch ist die Abgabe von Elch=, Rot=, Dam= und Rehwild im zerlegten Zustande in dem Buche bei der betreffenden Nummer zu vermerken.

§ 6.   Die amtlichen Plomben (§ 5) sind mittels einer Schlinge so zu befestigen, daß sie nicht entfernt werden können, ohne daß die Schlinge zerstört wird.

Die Plombe trägt auf der Vorderseite den preußischen Wappenadler, auf der Rückseite das Wort „Kühlhaus" und den Namen des Ortes, an dem sie angebracht ist, z. B. „Berlin", ferner an Orten, in denen für mehrere Kühlhäuser die vorstehenden Erleichterungen zugestanden worden sind, zur Bezeichnung des einzelnen Kühlhauses einen Buchstaben, welchen die Behörde bestimmt.

Die Anbringung der Plomben erfolgt durch Beauftragte der Ortspolizei oder in ihrer Gegenwart und unter ihrer Verantwortlichkeit durch Angestellte des Kühlhauses.   Die Plombenzange bleibt im Gewahrsam der Polizeibehörde.

§ 7.   Die durch die Ausführung vorstehender Bestimmungen entstehenden Kosten sind von den Inhabern der Kühlhäuser zu tragen.   Sie sind als Gebühren bei der Anbringung der Ohrmarken zu erheben, welche von den Landespolizeibehörden durch eine Gebührenordnung festzusetzen sind.   Die Gebühren sind so zu bemessen, daß sie die Kosten ihrer Erhebung einschließlich einer Entschädigung für die Mühewaltung der mit der Anbringung der Marken betrauten Polizeibeamten, der Anbringung und Beschaffung der Ohrmarken und der Listenführung über die ausgegebenen Nummern nicht übersteigen.

Für die Festsetzung der Gebührenordnung gilt bis auf weiteres unser, des Ministers des Innern und des Finanzministers Erlaß vom 23. Dezember 1904 M. d. J. IV. b. 2531, F. M. I. 20466.

§ 8.   Die Landespolizeibehörden haben die weiter noch erforderlichen Ausführungsbestimmungen für ihre Verwaltungsbezirke zu erlassen.

32. **Zu §§ 43—46** (§§ 6—9 des Wildschongesetzes).   Das Wildschongesetz vom 14. Juli 1904 hatte es sich zur Aufgabe gestellt, durch Verschärfung der Bestimmung über die Kontrolle des Verkehrs mit Wild den Wilddiebstahl zu erschweren.   Diese Aufgabe kann nur erfüllt werden, wenn die in den §§ 6—9 dieses Gesetzes — jetzt §§ 43—46 der Jagdordnung — gegebenen Handhaben voll ausgenutzt werden.   § 43[7]) stellt zunächst das in einzelnen Gerichtsentscheidungen angezweifelte Recht der Verwaltungsbehörden, im Wege der Polizeiverordnung den Verkehr mit Wild zu regeln, außer Frage und schreibt eine solche Regelung vor.   Solche Polizeiverordnungen sind nunmehr fast für sämtliche Provinzen erlassen worden; es wird zunächst abzuwarten sein, ob ihre Bestimmungen sich in der Praxis bewähren oder ob eine Änderung erforderlich ist.   Wenn letzterer Fall erledigt, ist davon auszugehen, daß im Interesse der Einheitlichkeit es bei Provinzialverordnungen für den gesamten Umfang der Provinzen verbleibt und daß nur da, wo innerhalb der Provinz so verschiedenartige Verhältnisse sich herausstellen sollten, daß ihre Berücksichtigung erforderlich ist, Regierungsbezirksverordnungen zu erlassen sind.   Zu prüfen ist insbesondere, ob der Ursprungsschein für alle Wildarten vorgeschrieben werden muß, oder ob Ausnahmen für einzelne kleinere Wildarten zugelassen werden können.   Besondere Aufmerksamkeit ist der Frage zuzuwenden, wie es verhindert werden kann, daß ein Mißbrauch der aus-

---

[7]) Richtig: § 46.

gestellten Bescheinigungen durch nochmalige Verwendung stattfindet. Als ein Miß=
stand ist es in einzelnen Gegenden empfunden worden, daß in den erlassenen
Polizeiverordnungen die Befugnis zur Ausstellung der durch § 46 vorgeschriebenen
Ursprungsscheine allgemein den Gemeindevorstehern zugestanden ist; es sind Fälle
vorgekommen, wo letztere den Jagdpächtern schon von ihnen unterschriebene aber
sonst unausgefüllte Blankoformulare in größerer Anzahl überlassen haben, und wo
hiermit erheblicher Mißbrauch getrieben worden ist. § 46 enthält allerdings keine
Bestimmung darüber, wer die Ursprungsscheine auszustellen hat. Aus Abs. 2 des
§ 45 ist aber zu folgern, daß es der Absicht des Gesetzes entspricht, wenn die Ge=
meinde=(Guts=)Vorsteher der Regel nach nur dann im einzelnen Fall mit dieser
Obliegenheit zu betrauen sind, wenn nach der Prüfung sich ihre Zuverlässigkeit ergibt.
Als ein wirksames Mittel, die Identität des mittels Ursprungsscheins versandten
Wildes festzustellen, hat sich bei dem größeren Wilde die Vorschrift erwiesen, daß
in dem Scheine das Gewicht des Stücks Wild angegeben wird.

Die Polizeiverordnungen müssen regeln die Versendung des Wildes, d. h. den
Verkehr von Ort zu Ort; sie können auch Bestimmungen treffen für den Handel
mit Wild, d. h. den Verkehr an einem und demselben Orte. Endlich bedarf es
der Erwägung, ob die Ausstellung der Bescheinigung nach § 45 Abs. 2 der Jagd=
ordnung in den Verordnungen näher zu regeln ist, anderenfalls empfiehlt es sich,
im Aufsichtswege für den Verwaltungsbezirk eine einheitliche Frist vorzuschreiben,
für welche diese Bescheinigung auszustellen ist und mit deren Ablauf sie ihre
Gültigkeit verliert.

Die Landräte sind darauf hinzuweisen, daß bei der Auswahl der Gemeinde=
(Guts=)Vorsteher, welche mit der Ausstellung der Bescheinigungen nach § 45 Abs. 2
oder auf Grund der gemäß § 46 erlassenen Polizeiverordnungen betraut werden,
mit der äußersten Vorsicht zu verfahren ist.

Nach Erlaß der Verordnungen ist von ihnen den Eisenbahn= und Oberpost=
direktionen Kenntnis zu geben (vgl. Zirkularverfügungen vom 9. August 1873 und
30. August 1873, Ministerial=Blatt für die innere Verwaltung S. 274).

33. **Zu § 48** (§ 11 Wildschongesetz). § 48 will die bisher fehlende landes=
gesetzliche Bestimmung, welche die Voraussetzung für die Erlaubnis aus § 5 des
Reichs=Vogelschutzgesetzes vom 22. März 1888 bildet, schaffen und wird vor allem
für Störche, die an sich unter den Schutz dieses Gesetzes fallen, in Frage kommen.
Es ist aber darauf zu halten, daß die neue Bestimmung nicht zur allgemeinen
Ausrottung des Storches ausgenutzt wird, sondern nur dann zur Anwendung
gelangt, wenn und so lange der Storch wirklich eine ernste Gefahr für das jagd=
bare Feder= und Haarwild bedeutet[8]).

34. **Zu § 50** (§ 14 Wildschongesetz). Hier kommt vor allem das Steppen=
huhn in Frage, wenn dieses wiederum nach Preußen einwandern sollte.

35. **Fünfter Abschnitt.**

Der fünfte Abschnitt ist dem Wildschadengesetz vom 11. Juli 1891 entnommen
und entspricht dessen §§ 1—11. Das materielle Recht über die Verpflichtung zum
Ersatz des Wildschadens findet sich jetzt im § 835 B. G. B.; deshalb wird im § 51
hierauf verwiesen. Die in den folgenden Paragraphen enthaltenen Bestimmungen
regeln nur das formelle Verfahren zur Verfolgung von Wildschadenersatzansprüchen.
§ 1 des Wildschadengesetzes ist durch § 51 ersetzt; § 4 des Wildschadengesetzes ist
ganz fortgelassen, mit Rücksicht darauf, daß sein Inhalt durch § 254 B. G. B. auf=

---

[8]) Es wird hiernach namentlich nicht erforderlich sein, den seltenen s c h w a r z e n Storch dem Schutze des RG. zu ent= ziehen.

gehoben ist, der übrigens die Jagdberechtigten in weiterem Umfang als der auf=
gehobene § 4 schützt, da dieser ein doloses Verhalten voraussetzte, während § 254
schon denjenigen Beschädigten schlechter stellt, der auch nur fahrlässig gehandelt hat.
Die §§ 54—60 entsprechen wörtlich den §§ 5—11 des Wildschadengesetzes⁹).

36. **Zu § 52.** § 52 gibt den § 2 des Wildschadengesetzes wieder mit der
Abänderung, daß die ersatzpflichtigen Grundbesitzer nicht durch die Gemeindebehörde,
sondern durch den Jagdvorsteher vertreten werden und daß die Frist zur Aus=
legung der Verträge (Abs. 2) in Übereinstimmung mit der Frist des § 23 auf zwei
Wochen festgesetzt ist.

37. **Zu § 53.** § 53 entspricht dem § 3 des Wildschadengesetzes, ist aber
entsprechend der anderen Behandlung der Enklaven anders gefaßt.

Sechster Abschnitt.

38. Der sechste Abschnitt gibt die §§ 21 und 23 des Jagdpolizeigesetzes, die §§ 12
bis 14, 16 und 17 des Wildschadengesetzes wieder und enthält im § 67 neues
Recht. Sofern die ersteren Gesetze vom „Landrat" oder der „Aufsichtsbehörde"
sprechen, sind diese Bezeichnungen durch das Wort „Jagdpolizeibehörde", die hiermit
gemeint war, ersetzt worden. § 15 des Wildschadengesetzes ist durch §§ 1 und 41
Abs. 1 ersetzt.

39. **Zu § 61.** § 61 entspricht dem § 23 des Jagdpolizeigesetzes, Die im
Abs. 1 zur näheren Bezeichnung der Waldenklaven in Klammern beigefügten
„§§ 8 und 10" gehören zusammen. § 10 behandelt zwar den Fall, daß die Jagd
auf Waldenklaven nicht vom Waldbesitzer übernommen ist; dieser § 10 ist aber
hier angezogen, weil sonst von derartigen Waldenklaven in der Jagdordnung nicht
gesprochen ist. Es sind gemeint Enklaven im Sinne des § 8 Abs. 2, die von
einem im § 10 besprochenen 750 ha großen Walde umschlossen sind.

40. **Zu §§ 62—66.** §§ 62—64 und 66 entsprechen den §§ 12—14 und 16
des Wildschadengesetzes, § 65 dem § 21 des Jagdpolizeigesetzes.

41. **Zu § 67.** Die Bestimmung dieses Paragraphen ist dem § 66 nach=
gebildet und soll die Eigentümer und Pächter von Fischereiseen und Teichen an Stelle

---

⁹) Wildschaden=G. § 4 lautet:

Ein Ersatz für Wildschaden fin=
det nicht statt, wenn die Umstände
ergeben, daß die Bodenerzeugnisse
in der Absicht gezogen oder erheb=
lich über die gewöhnliche Erntezeit
hinaus auf dem Felde belassen sind,
um Schadensersatz zu erzielen.

und BGB. § 254 lautet:

Hat bei der Entstehung des Schadens
ein Verschulden des Beschädigten mit=
gewirkt, so hängt die Verpflichtung zum
Ersatze, sowie der Umfang des zu lei=
stenden Ersatzes von den Umständen,
insbesondere davon ab, inwieweit der
Schaden vorwiegend von dem einen oder
dem anderen Teile verursacht worden ist.

Dies gilt auch dann, wenn sich das
Verschulden des Beschädigten darauf
beschränkt, daß er unterlassen hat, den
Schuldner auf die Gefahr eines un=
gewöhnlich hohen Schadens aufmerksam
zu machen, die der Schuldner weder
kannte noch kennen mußte, oder daß er
unterlassen hat, den Schaden abzu=
wenden oder zu mindern. Die Vor=
schriften des § 278 finden entsprechende
Anwendung.

§ 278. Der Schuldner hat ein Ver=
schulden seines gesetzlichen Vertreters
und der Personen, deren er sich zur
Erfüllung seiner Verbindlichkeit bedient,
in gleichem Umfange zu vertreten wie
eigenes Verschulden. Die Vorschrift des
§ 276 Abs. 2 findet keine Anwendung.

des ihnen entzogenen Eigenjagdrechts in die Lage bringen, sich der schädigenden Tiere zu erwehren. Abs. 3 hat den § 45 des Fischereigesetzes vom 30. Mai 1874/30. Mai 1880 im Auge, nach dem es den Fischereiberechtigten auch ohne Ermächtigung der Jagdpolizeibehörde gestattet ist, die dort bezeichneten Tiere (Fischottern, Taucher, Eisvögel, Reiher, Kormorane und Fischaare) ohne Anwendung von Schußwaffen zu töten oder zu fangen und für sich zu behalten.

42. **Zu § 68.** § 68 gibt den § 17 des Wildschadengesetzes wieder und ist zugleich auf den Fall des § 67 ausgedehnt.

Siebenter Abschnitt

43. Dieser Abschnitt gibt das geltende Recht wieder. § 69 entspricht dem Inhalt nach dem § 103 des Zuständigkeitsgesetzes vom 1. August 1883, ebenso § 71 dem des § 105 des Zuständigkeitsgesetzes, nur daß hier die Aufzählung der einzelnen Beispielsfälle, in denen das Verwaltungsstreitverfahren zur Anwendung kommen soll, weggefallen ist. § 70 stimmt wörtlich überein mit § 10 des Gesetzes über die Verwaltung gemeinschaftlicher Jagdbezirke vom 4. Juli 1905.

44. **Zu § 70** (§ 10 Gesetz vom 4. Juli 1905). Der Umfang der Aufsichtsbefugnisse ist im Gesetz nicht näher umgrenzt; er folgt mithin aus dem Gesetz selbst und den übrigen hierher gehörigen gesetzlichen Bestimmungen. Aufgabe der Aufsichtsbehörde ist es, dafür zu sorgen, daß die Bestimmungen des Gesetzes, soweit sie nicht jagdpolizeilichen Charakters sind, beachtet werden; insbesondere liegt ihr ob, darüber zu wachen, daß die Vorschriften über die Verwaltung der Angelegenheiten der gemeinschaftlichen Jagdbezirke beachtet werden und die Geschäftsführung hierbei dem Gesetze gemäß gehandhabt und in geordnetem Gange gehalten wird. Da die Jagdordnung in dieser Hinsicht im wesentlichen zwingende Vorschriften gibt, wird die Aufsicht sich darauf beschränken können, deren Befolgung zu überwachen und erforderlichenfalls zu erzwingen. In den wenigen Fällen, in denen die Jagdordnung eine Rücksichtnahme auf das Interesse der Jagdgenossenschaft verlangt, wird die Aufsichtsbehörde nicht minder die Aufgabe haben, darüber zu wachen, daß dieses Interesse gewahrt wird.

Die Mittel, den Jagdvorsteher zur Erfüllung seiner Pflicht anzuhalten, sind im § 132 des Gesetzes über die allgemeine Landesverwaltung vom 30. Juli 1883 gegeben. Unberührt sind die bestehenden Vorschriften über die Dienstvergehen der Gemeindevorsteher, Bürgermeister und Gemeindebeamten (§ 20 und 36 des Zuständigkeitsgesetzes vom 1. August 1883) geblieben, nach denen die Dienstvergehen auch dann zu ahnden sein werden, wenn der Gemeindevorsteher usw. sich ihrer als Jagdvorsteher schuldig macht.

Achter Abschnitt.

45. Der achte Abschnitt faßt die bisher in den verschiedenen Gesetzen (Jagdpolizeigesetz, Jagdscheingesetz und Wildschongesetz) enthaltenen Strafvorschriften zusammen und gibt sie im wesentlichen unverändert wieder. Entnommen sind: aus dem Jagdpolizeigesetz (§ 17 Absatz 1) der § 75; aus dem Jagdscheingesetz (§ 11—13) die §§ 72—74; aus dem Wildschongesetz (§§ 13, 15—17) die §§ 76—79. § 80 gibt den § 18 des Wildschongesetzes unverändert wieder und ersetzt in dieser Fassung zugleich den § 19 des Jagdpolizeigesetzes und den § 14 des Jagdscheingesetzes.

Neunter Abschnitt.

46. **Zu § 84.** Abs. 1. Die vor dem 1. Mai 1907 abgeschlossenen Verträge über die Verpachtung bleiben allgemein bis zu ihrem Ablauf in Kraft. Für die später bis zum Inkrafttreten der Jagdordnung geschlossenen Verträge wird unterschieden

zwischen dem Regierungsbezirk Kassel und dem übrigen Geltungsbereich der Jagdordnung. Im ersteren behalten sie nicht über den 1. April 1914 hinaus Gültigkeit; wenn ihre Vertragszeit noch länger läuft, enden sie doch zu diesem Zeitpunkt.
Im sonstigen Geltungsbereich der Jagdordnung sind die zwischen dem 1. Mai 1907
und dem Tage des Inkrafttretens des Gesetzes abgeschlossenen Verträge nur dann
gültig, wenn die Jagdbezirke, die verpachtet sind, den Anforderungen der Jagdordnung entsprechend gebildet sind. Wenn dieses nicht der Fall ist, sind die Jagdvorsteher verpflichtet, ohne Rücksicht auf die bestehenden Verträge zur Bildung der
Jagdbezirke zu schreiten und dann die Neuverpachtung vorzunehmen. Unter den
Jagdbezirken, um die es sich im Abs. 1. handelt, sind sowohl Eigen- wie gemeinschaftliche Jagdbezirke zu verstehen, erstere aber nur dann, wenn der Jagdbezirk
als solcher verpachtet ist, nicht nur der Abschuß einer gewissen Anzahl von Wild.
Abs. 2 hält während der Dauer der Pachtverträge einmal diejenigen Eigenjagdbezirke aufrecht, die nicht so groß sind, wie § 4 Abs. 1 Ziff. 2 es fordert (d. h.
vornehmlich alle Jagdbezirke in Kurhessen von wenigstens 100 Kasseler Morgen,
aber unter 75 ha Umfang), andererseits verbietet er, daß in dieser Zeit aus Flächen,
die wohl nach der Jagdordnung, aber nicht nach dem bisherigen Recht zur Bildung
eines Eigenjagdbezirks ausreichen, ein solcher gebildet wird (d. i. alle Flächen, die
zwischen 75 ha und 300 preußischen Morgen im Zusammenhang umfassen).

47. **Zu § 85.** § 85 ist wichtig für die Ausländerjagdscheine, für die die
Abgabe nach der Jagdordnung erhöht ist.

Unteranlage A (zu Anmerkung 1).

Nachweisung der in der Zeit vom 1. April 1906 bis 31. März 1907 im preußischen Staat ausgegebenen Jagdscheine.

Laufende Nr.	Bezeichnung des Verwaltungsbezirks	Jahres- Jagdscheine	Tages- Jagdscheine	Ausländer Jahres- Jagdscheine	Ausländer Tages- Jagdscheine	Doppel- ausfertigungen	Betrag der Abgabe M.	Unent- geltlich
	Reg.-Bez.							
1	Königsberg	4 861	542	4	9	41	74 796	465
2	Gumbinnen	3 374	396	1	8	40	51 926	360
3	Allenstein	2 479	254	—	—	32	37 979	491
4	Danzig	2 397	348	—	4	13	37 036	352
5	Marienwerder . . .	4 614	468	4	2	39	70 825	788
6	Stadtbezirke Berlin, Charlotten-burg, Schöneberg und Rixdorf . .	3 405	437	4	5	29	52 605	46
	Reg.-Bez.							
7	Potsdam	8 541	1 080	6	9	76	131 743	223
8	Frankfurt	6 446	699	2	1	64	98 937	952
9	Stettin	4 308	767	2	8	37	67 086	484
10	Köslin	3 459	426	6	6	43	53 482	410
11	Stralsund	1 592	250	1	12	15	24 757	154
12	Posen	5 497	852	18	89	60	86 325	425
13	Bromberg	3 605	487	8	8	43	55 947	379

Laufende Nr.	Bezeichnung des Verwaltungsbezirks	Jahres-	Tages-	Ausländer		Doppelausfertigungen	Betrag der Abgabe	Unentgeltlich
				Jahres-	Tages-			
		Jagdscheine		Jagdscheine			M.	
14	Breslau	5 879	687	13	13	50	90 894	715
15	Liegnitz	5 730	811	2	3	53	88 534	658
16	Oppeln	4 339	499	19	135	49	68 201	666
17	Magdeburg	8 403	1 874	2	10	34	131 841	422
18	Merseburg	7 353	2 002	2	11	56	116 503	435
19	Erfurt	2 150	536	—	—	13	33 871	224
20	Schleswig	11 708	1 151	20	42	93	180 218	297
21	Hannover	2 968	516	10	5	15	46 513	167
22	Hildesheim	2 789	672	2	2	22	43 965	505
23	Lüneburg	4 930	666	4	3	38	76 164	275
24	Stade	3 170	484	7	15	22	49 394	66
25	Osnabrück	2 840	560	8	53	15	44 933	65
26	Aurich	1 679	284	3	8	18	26 223	35
27	Münster	4 902	933	10	29	37	76 940	120
28	Minden	2 806	354	—	—	17	43 169	290
29	Arnsberg	6 233	980	3	13	43	96 676	306
30	Kassel	3 736	519	3	6	29	57 782	1 165
31	Wiesbaden	3 668	341	8	40	33	56 636	569
32	Koblenz	2 843	266	14	17	13	44 118	468
33	Düsseldorf	7 164	1 268	47	117	54	113 900	138
34	Köln	3 887	444	21	28	37	60 682	136
35	Trier	2 488	366	21	93	23	39 839	557
36	Aachen	2 129	194	125	261	22	39 105	186
37	Sigmaringen . . .	358	46	—	—	4	5 512	62
	Wiederholung, nach Provinzen geordnet:							
	Provinz							
1	Ostpreußen	10 714	1 192	5	17	113	164 701	1 316
2	Westpreußen . . .	7 011	816	4	6	52	107 861	1 140
3	Stadtbezirke Berlin, Charlottenburg, Schöneberg und Rixdorf . .	3 405	437	4	5	129	52 605	46
	Provinz							
4	Brandenburg . . .	14 987	1 785	8	10	40	230 680	2 175
5	Pommern	9 359	1 443	9	26	95	145 325	1 048
6	Posen	9 102	1 339	26	97	103	142 272	804
7	Schlesien	15 948	1 997	34	151	152	247 629	2 039
8	Sachsen	17 906	4 412	4	21	103	282 215	1 081
9	Schleswig-Holstein .	11 708	1 151	20	42	93	180 218	297
10	Hannover	18 376	3 182	34	86	130	287 192	1 113
11	Westfalen	13 941	2 267	13	42	97	216 785	716
12	Hessen-Nassau . . .	7 404	860	11	46	62	114 418	1 734
13	Rheinland	18 511	2 538	228	516	149	297 644	1 485
14	Hohenzollern . . .	358	46	—	—	4	5 512	62
	zusammen	158 730	23 465	400	1065	1322	2 475 057	15 056

Anlage B (zu Anmerkung 121).
Verzeichnis der für einzelne Regierungsbezirke erlassenen Polizeiverordnungen über Ausübung des Krammetsvogelfanges.

RBez. Königsberg	. . . .	24. April 05	(AB. 240)
„ Gumbinnen	. . . .	13. Okt. 01	(„ 399)
„ Danzig	. . . .	9. Juni 02	(„ 214)
„ Marienwerder	. . . . . .	2. Okt. 04	(„ 365)
„ Frankfurt a. O.	. . . . . .	21. Feb. 05	(„ 49)
„ Posen	. . . .	4. Juli 03	(„ 391)
„ Bromberg	. . . .	12. Mai 03	(„ 202)
„ Breslau	. . . .	19. Sept. 01	(„ 408)
„ Oppeln	. . . . . .	8. Okt. 02	(„ 339)
„ Lüneburg	. . . .	3. Juli 07	—
„ Minden	. . . .	6. April 05	(„ 99)
„ Cassel	. . . . . .	4. Okt. 05	(„ 243)
„ Coblenz	. . . .	19. Juni 05	(„ 189)
„ Cöln	. . . .	26. Juni 02	(„ 207)
„ Düsseldorf	. . . .	13. Sept. 05	(„ 307)
„ Aachen	. . . .	10. Mai 01	(„ 168)

Die für den RBez. Königsberg erlassene PolV. lautet:

§ 1. Die Dohnen zur Ausübung des Drosselfanges dürfen während der Schonzeit der Drosseln nicht fängisch gehalten werden. Während dieser Zeit sind die Dohnen abzunehmen oder es sind die Schlingen an ihnen herauszuziehen oder ganz zu entfernen.

§ 2. Das Anbringen von Unterschleifen ist untersagt.

§ 3. Die Schlingen der Dohnen müssen in der Weise angebracht werden, daß ihr unterer Rand mindestens 6 cm über dem Bügel der Rute zu hängen kommt.

§ 4. Zuwiderhandlungen gegen die Vorschriften dieser Verordnung werden mit Geldstrafe bis zu 60 M., im Unvermögensfalle mit entsprechender Haft bestraft. — Vorschriftswidrige Dohnen sind durch die mit der Ausübung der Polizei oder des Jagdschutzes beauftragten Beamten abzunehmen.

Die für die anderen, oben genannten RBez. erlassenen PolV. stimmen im wesentlichen hiermit überein.

Anlage C (zu Anmerkung 132).
Verzeichnis der für die einzelnen Provinzen, bezw. Regierungsbezirke, erlassenen Polizeiverordnungen über den Verkehr mit Wild.

Provinz Ostpreußen: PolV. 16. Aug. 05 (AB. für Königsberg 547,
„ „ Gumbinnen 283).

„ Westpreußen: „ 12. März 06 (AB. für Danzig 87,
„ „ Marienwerder 87).

„ Brandenburg: „ 19. Mai 06 (AB. für Potsdam 224,
„ „ Frankfurt a. O. 141).

„ Pommern: „ 29. Mai 06 (AB. für Stettin 173,
„ „ Köslin Stück 26 Bes. Beil.,
„ „ Stralsund 141).

„ Posen: „ 30. Jan. 06 (AB. für Posen 161,
„ „ Bromberg 77),

RBez. Breslau:	PolV.	31. Jan. 05	(AB. 40).
Provinz Sachsen:	„	14. Jan. 06	(AB. für Magdeburg 44,
			„ „ Merseburg 43,
			„ „ Erfurt 31).
RBez. Schleswig:	„	8. März 07	(AB. 121).
Provinz Hannover:	„	3. April 06	(AB. für Hannover 103,
			„ „ Hildesheim 108,
			„ „ Lüneburg 104,
			„ „ Stade 139,
			„ „ Osnabrück 102,
			„ „ Aurich 139).
„ Westfalen:	„	1. Juni 06	(AB. für Münster Stück 27 Bes. Beil.,
			„ „ Minden desgl.
			„ „ Arnsberg Stück 28 Bes. Beil.).
„ Hessen-Nassau:	„	16. Juni 06	(AB. für Cassel 214,
			„ „ Wiesbaden 384).
„ Rheinprovinz:	„	10. April 06	(AB. für Coblenz 126,
			„ „ Cöln 133,
			„ „ Düsseldorf 198,
			„ „ Trier 155,
			„ „ Aachen 169).
Hohenzollern:	„	7. April 03	(AB. 103).

Anlage D (zu Anmerkung 134).

Gesetz, betreffend den Schutz von Vögeln. Vom 22. März 1888 (RGB. 111)[1].

§ 1. Das Zerstören und das Ausheben von Nestern und Brutstätten der Vögel, das Zerstören und Ausnehmen von Eiern, das Ausnehmen und Tödten von Jungen, das Feilbieten und der Verkauf der gegen dieses Verbot erlangten Nester, Eier und Jungen ist untersagt.

---

[1] Das Preuß. Feld- und Forstpol.G. 1. April 80 (GS. 230) bestimmt für den Umfang der Monarchie:

§ 33. Mit Geldbuße bis zu dreißig Mark oder mit Haft bis zu einer Woche wird bestraft, wer, abgesehen von den Fällen des § 368 Nr. 11 des Strafgesetzbuchs, auf fremden Grundstücken unbefugt nicht jagdbare Vögel fängt, Sprenkel oder ähnliche Vorrichtungen zum Fangen von Singvögeln aufstellt, Vogelnester zerstört oder Eier oder Junge von Vögeln ausnimmt.

Die Sprenkel oder ähnliche Vorrichtungen sind einzuziehen.

§ 34. Mit Geldstrafe bis zu einhundertfünfzig Mark oder mit Haft wird bestraft, wer, abgesehen von den Fällen des § 368 Nr. 2 des Strafgesetzbuchs, den zum Schutze nützlicher oder zur Vernichtung schädlicher Thiere oder Pflanzen erlassenen Polizeiverordnungen zuwiderhandelt.

Diesen landesgesetzlichen Vorschriften und den auf deren Grund erlassenen Polizeiverordnungen gegenüber ist durch das Reichsgesetz ein Mindestmaß des Vogelschutzes eingeführt und eine Grundlage für den Abschluß internationaler Verträge zum Schutze wirtschaftlicher Interessen geschaffen worden. Auf die nachträglich erworbene Insel Helgoland ist das G. vor der Hand nicht ausgedehnt worden. — Das G. enthält in den § 1—4 Verbotsbestimmungen über das Zerstören von Nestern usw. und

Dem Eigenthümer und dem Nutzungsberechtigten und deren Beauftragten steht jedoch frei, Nester, welche sich an oder in Gebäuden oder in Hofräumen befinden, zu beseitigen.

Auch findet das Verbot keine Anwendung auf das Einsammeln, Feilbieten und den Verkauf der Eier von Strandvögeln, Seeschwalben, Möwen und Kiebitzen[2]), jedoch kann durch Landesgesetz oder durch landespolizeiliche Anordnung das Einsammeln der Eier dieser Vögel für bestimmte Orte oder für bestimmte Zeiten untersagt werden.

§ 2. Verboten ist ferner:

a) das Fangen und die Erlegung von Vögeln zur Nachtzeit mittelst Leimes, Schlingen, Netze oder Waffen; als Nachtzeit gilt der Zeitraum, welcher eine Stunde nach Sonnenuntergang beginnt und eine Stunde vor Sonnenaufgang endet;

b) jede Art des Fangens von Vögeln, solange der Boden mit Schnee bedeckt ist;

c) das Fangen von Vögeln mit Anwendung von Körnern oder anderen Futterstoffen, denen betäubende oder giftige Bestandtheile beigemischt sind, oder unter Anwendung geblendeter Lockvögel;

d) das Fangen von Vögeln mittelst Fallkäfigen und Fallkästen, Reusen, großer Schlag= und Zugnetze, sowie mittelst beweglicher und tragbarer, auf dem Boden oder quer über das Feld, das Niederholz, das Rohr oder den Weg gespannter Netze.

Der Bundesrath ist ermächtigt, auch bestimmte andere Arten des Fangens sowie das Fangen mit Vorkehrungen, welche eine Massenvertilgung von Vögeln ermöglichen, zu verbieten[3]).

§ 3. In der Zeit vom 1. März bis zum 15. September ist das Fangen und die Erlegung von Vögeln sowie das Feilbieten und der Verkauf todter Vögel überhaupt untersagt[4]).

Der Bundesrath ist ermächtigt, das Fangen und die Erlegung bestimmter Vogelarten, sowie das Feilbieten und den Verkauf derselben auch außerhalb des im Absatz 1 bestimmten Zeitraums allgemein oder für gewisse Zeiten oder Bezirke zu untersagen[3]).

§ 4. Dem Fangen im Sinne dieses Gesetzes wird jedes Nachstellen zum Zweck des Fangens oder Tödtens von Vögeln, insbesondere das Auf=

über den Fang von Vögeln, in den § 5 u. 8 Ausnahmebestimmungen, in den § 6 u. 7 Strafvorschriften, im § 9 Vorbehalte in betreff landesrechtlicher Bestimmungen. Quellen: Verh. des Reichstages II. Sess. 87/88 Drucks. 90 (GEntwurf u. Begr.), StB. 810 ff., 1100 ff., 1126 ff.

[2]) Wildschon=G. 14. Juli 04 § 5 Abs. 1, Jagd=O. 15. Juli 07 § 42 u. Hohenz. Jagd=O. 10. März 02 § 16 (II. Nr. 4 d. W.) enthalten über das Ausnehmen von Kiebitz= und Möveneiern nähere Vorschriften.

[3]) Solche Verbote sind bisher nicht ergangen.

[4]) Der von Tierschutzvereinen beantragte Erlaß eines reichsgesetzlichen Verbotes wegen des Feilhaltens lebender Vögel ist vom Bundesrat — 10. Mai 94 — abgelehnt worden.

stellen von Netzen, Schlingen, Leimruthen, oder anderen Fangvorrichtungen gleichgeachtet.

§ 5. Vögel, welche dem jagdbaren Feder= und Haarwilde und deſſen Brut und Jungen, ſowie Fiſchen und deren Brut nachſtellen, dürfen nach Maßgabe der landesgeſetzlichen Beſtimmungen über Jagd und Fiſcherei von den Jagd= oder Fiſchereiberechtigten und deren Beauftragten getödtet werden[5]).

Wenn Vögel in Weinbergen, Gärten, beſtellten Feldern, Baumpflanzungen, Saatkämpen und Schonungen Schaden anrichten, können die von den Landes= regierungen bezeichneten Behörden den Eigenthümern und Nutzungsberechtigten der Grundſtücke und deren Beauftragten oder öffentlichen Schutzbeamten (Forſt= und Feldhütern, Flurſchützen 2c.), ſoweit dies zur Abwendung dieſes Schadens nothwendig iſt, das Tödten ſolcher Vögel innerhalb der betroffenen Oertlichkeiten, auch während der im § 3 Abſatz 1 bezeichneten Friſt geſtatten. Das Feilbieten und der Verkauf der auf Grund ſolcher Erlaubnis erlegten Vögel ſind unzuläſſig.

Ebenſo können die im Abſatz 2 bezeichneten Behörden einzelne Ausnahmen von den Beſtimmungen in §§ 1 bis 3 dieſes Geſetzes zu wiſſenſchaftlichen oder Lehrzwecken, ſowie zum Fang von Stubenvögeln für eine beſtimmte Zeit und für beſtimmte Oertlichkeiten bewilligen.

Der Bundesrath beſtimmt die näheren Vorausſetzungen, unter welchen die im Abſatz 2 und 3 bezeichneten Ausnahmen ſtatthaft ſein ſollen[6]).

Von der Vorſchrift unter § 2b kann der Bundesrath für beſtimmte Bezirke eine allgemeine Ausnahme geſtatten.

§ 6. Zuwiderhandlungen gegen die Beſtimmungen dieſes Geſetzes oder gegen die von dem Bundesrath auf Grund derſelben erlaſſenen Anordnungen werden mit Geldſtrafe bis zu einhundertundfünfzig Mark oder mit Haft beſtraft.

Der gleichen Strafe unterliegt, wer es unterläßt, Kinder oder andere unter ſeiner Gewalt ſtehende Perſonen, welche ſeiner Aufſicht untergeben ſind und zu ſeiner Hausgenoſſenſchaft gehören, von der Uebertretung dieſer Vorſchrift abzuhalten.

§ 7. Neben der Geldſtrafe oder der Haft kann auf die Einziehung der verbotswidrig in Beſitz genommenen, feilgebotenen oder verkauften Vögel, Neſter, Eier, ſowie auf Einziehung der Werkzeuge erkannt werden, welche zum Fangen oder Tödten der Vögel, zum Zerſtören oder Ausheben der Neſter, Brutſtätten oder Eier gebraucht oder beſtimmt waren, ohne Unterſchied, ob die einzu= ziehenden Gegenſtände dem Verurtheilten gehören oder nicht.

---

[5]) Der Fiſchereiberechtigte darf landes= geſetzlich Taucher, Eisvögel, Reiher, Kormorane und Fiſchaare nur ohne Anwendung von Schußwaffen töten, fangen und für ſich behalten Fiſcherei=G. 30. Mai 74 (GS. 197) § 45 u. 30. März 80 (GS. 228) Art. IV.

[6]) Da ſolche Beſtimmungen nicht ge= troffen, ſind in Preußen die Landräte ermächtigt, in geeigneten Fällen die in Abſ. 2 u. 3 vorgeſehenen Ausnahmen überall da zu geſtatten, wo ein den Zwecken des G. entgegenſtehender Miß= brauch nicht zu befürchten iſt Vf. ML. u. MJ. 23. Nov. 88 (MB. 218).

Ist die Verfolgung oder Verurtheilung einer bestimmten Person nicht ausführbar, so können die im vorstehenden Absatz bezeichneten Maßnahmen selbständig erkannt werden.

§ 8.   Die Bestimmungen dieses Gesetzes finden keine Anwendung

a) auf das im Privateigentum befindliche Federvieh;
b) auf die nach Maßgabe der Landesgesetze jagdbaren Vögel;
c) auf die in nachstehendem Verzeichniß aufgeführten Vogelarten:

1. Tagraubvögel mit Ausnahme der Thurmfalken,
2. Uhus,
3. Würger (Neuntödter),
4. Kreuzschnäbel,
5. Sperlinge (Haus= und Feldsperlinge),
6. Kernbeißer,
7. rabenartige Vögel (Kolkraben, Rabenkrähen, Nebelkrähen, Saat=krähen, Dohlen, Elstern, Eichelheher, Nuß= oder Tannenheher),
8. Wildtauben (Ringeltauben, Hohltauben, Turteltauben),
9. Wasserhühner (Rohr= und Bleßhühner),
10. Reiher (eigentliche Reiher, Nachtreiher oder Rohrdommeln),
11. Säger (Sägetaucher, Tauchergänse),
12. Alle nicht im Binnenlande brütende Möwen,
13. Kormorane,
14. Taucher (Eistaucher und Haubentaucher).

Auch wird der in der bisher üblichen Weise betriebene Krammetsvogelfang, jedoch nur in der Zeit vom 21. September bis 31. Dezember je einschließlich, durch die Vorschriften dieses Gesetzes nicht berührt[7]).

Die Berechtigten, welche in Ausübung des Krammetsvogelfangs außer den eigentlichen Krammetsvögeln auch andere, nach diesem Gesetze geschützte Vögel unbeabsichtigt mitfangen, bleiben straflos.

§ 9.   Die landesrechtlichen Bestimmungen, welche zum Schutze der Vögel weitergehende Verbote enthalten, bleiben unberührt[8]).   Die auf Grund derselben zu erkennenden Strafen dürfen jedoch den Höchstbetrag der in diesem Gesetze angedrohten Strafen nicht übersteigen.

§ 10.   Dieses Gesetz tritt am 1. Juli 1888 in Kraft[9]).

---

[7]) Diese Bestimmung darf, ungeachtet der Vorschrift § 8b, als geltend an=genommen werden, auch nachdem der Krammetsvogel allgemein als jagdbar erklärt ist. In fiskalischen Jagdrevieren ist der Krammetsvogel= (Drossel=) Fang nur in der hierzu nach PolV. freigegebe=nen, meist kürzeren, als vom 21. Sept. bis 31. Dez. reichenden Zeit zulässig. Vogelherde dürfen nicht gestellt werden Dienst=Instr. für die Königl. Förster 23. Okt. 68 (MB. 69 S. 95) § 65. Pol.=V. über die Ausübung des Krammets=vogelfang siehe Anl. B (zu Anm. 121).

[8]) Hierzu gehören namentlich die auf Grund des Feld= u. ForstpolG. (Anm. 1) erlassenen Polizeiverordnungen.

[9]) Zwischen Deutschland, Österreich=Ungarn nebst Liechtenstein, Belgien, Spa=nien, Frankreich, Griechenland, Luxem=

burg, Monako, Portugal, Schweden und der Schweiz ist am 19. März 02 in Paris vereinbart worden:

Art. 1. Die für die Landwirthschaft nützlichen Vögel, besonders die Insektenfresser und namentlich die Vögel, welche in der der gegenwärtigen Uebereinkunft als Anlage beigefügten und durch die Gesetzgebung jedes Landes ausdehnbaren Liste Nr. 1 aufgeführt sind, werden einen unbedingten Schutz genießen und zwar in der Art, daß es verboten sein soll, sie zu irgend einer Zeit und auf irgend eine Art zu töten, sowie ihre Nester, Eier und Brut zu zerstören.

Bis dieses Ergebniß überall und im ganzen Umfang erreicht sein wird, verpflichten sich die hohen vertragschließenden Theile, diejenigen Bestimmungen zu treffen oder ihren gesetzgebenden Körperschaften zu unterbreiten, welche nothwendig sind, um die Ausführung der in folgenden Artikeln enthaltenen Maßnahmen sicher zu stellen.

Art. 2. Es soll verboten werden, die Nester zu entfernen, die Eier auszuheben und die Brut zu fangen und zu zerstören, und zwar zu irgend einer Zeit und mit irgend welchen Mitteln.

Die Ein- und Durchfuhr, der Transport, das Feilbieten, der Verkauf und Ankauf dieser Nester, Eier und Brut sollen verboten werden.

Dieses Verbot soll sich nicht erstrecken auf die durch den Eigenthümer, Nießbraucher oder deren Beauftragte vorgenommene Zerstörung derjenigen Nester, welche Vögel in oder an Wohnhäusern oder Gebäuden im Allgemeinen und im Innern von Hofräumen gebaut haben.

Die Bestimmungen dieses Artikels sollen außerdem ausnahmsweise bezüglich der Kibitz- und Möveneier aufgehoben werden können.

Art. 3. Es soll verboten werden das Aufstellen und die Anwendung von Fallen, Käfigen, Netzen, Schlingen, Leimruthen und aller anderen, irgend wie gearteten Mittel, welche den Zweck haben, den Massenfang oder die Massentödtung der Vögel zu erleichtern.

Art. 4. Für den Fall, daß die hohen vertragschließenden Theile nicht in der Lage sein sollten, die Verbotsbestimmungen des vorhergehenden Artikels sofort und in ihrem ganzen Umfange zur An-

wendung zu bringen, sollen sie befugt sein, diesen Verboten die für nöthig erachteten Abschwächungen hinzuzufügen, sie verpflichten sich jedoch, die Anwendung der Fang- und Vernichtungsarten, -Vorrichtungen und -Mittel in der Art einzuschränken, daß sie nach und nach zur Verwirklichung der im Artikel 3 aufgeführten Schutzmaßregeln gelangen.

Art. 5. Außer den im Artikel 3 ausgesprochenen, allgemeinen Verboten, ist es untersagt, in der Zeit vom 1. März bis 15. September jedes Jahres diejenigen nützlichen Vögel zu fangen oder zu tödten, welche in der der Uebereinkunft als Anlage beigefügten Liste Nr. 1 aufgeführt sind.

Der Verkauf und das Feilbieten solcher Vögel soll gleichfalls während dieser Zeit verboten werden.

Die hohen vertragschließenden Theile verpflichten sich, soweit es ihre Gesetzgebung erlaubt, die Ein- und Durchfuhr sowie den Transport dieser Vögel in der Zeit vom 1. März bis 15. September zu verbieten.

Die Dauer des in dem gegenwärtigen Artikel vorgesehenen Verbots soll indessen in den nördlichen Ländern abgeändert werden können.

Art. 6. Die zuständigen Behörden sollen ausnahmsweise den Eigenthümern oder Nutznießern von Weinbergen, Obstpflanzungen und Gärten, von Baumschulen, angepflanzten oder eingesäten Feldern, ebenso wie den von ihnen mit der Ueberwachung beauftragten Personen das zeitweilige Recht zubilligen können, mit Feuerwaffen auf solche Vögel zu schießen, deren Gegenwart schädlich sein und einen wirklichen Schaden verursachen könnte.

Indessen soll es verboten bleiben, die unter solchen Voraussetzungen getödteten Vögel feilzuhalten oder zu verkaufen.

Art. 7. Ausnahmen von den Bestimmungen dieser Uebereinkunft sollen durch die zuständigen Behörden bewilligt werden können, im Interesse der Wissenschaft oder der Wiedereinbürgerung je nach Lage des Falles und unter Beobachtung aller zur Verhütung eines Mißbrauchs erforderlichen Vorsichtsmaßregeln.

Unter denselben Vorsichtsmaßregeln sollen der Fang, der Verkauf und das Halten von Stubenvögeln erlaubt werden können. Die Erlaubniß soll durch die zuständigen Behörden ertheilt werden.

Art. 8. Die Bestimmungen der gegenwärtigen Uebereinkunft sollen nicht auf Federvieh und auf solches Federwild anwendbar sein, welches sich in geschlossenen Jagdbezirken befindet und durch die Gesetzgebung des Landes als jagdbar bezeichnet ist.

Ueberall sonst soll die Tödtung des Federwildes nur mittelst Feuerwaffen und zu den gesetzlich bestimmten Zeiten gestattet sein.

Die vertragschließenden Staaten werden aufgefordert, den Verkauf, den Transport und die Durchfuhr des Federwildes, dessen Jagd in ihrem Gebiete verboten ist, während der Dauer dieses Verbots zu untersagen.

Art. 9. Jeder der vertragschließenden Theile soll Ausnahmen von den Bestimmungen der gegenwärtigen Uebereinkunft festsetzen können:

1. für die Vögel, welche nach der Gesetzgebung des Landes als schädlich für die Jagd oder Fischerei geschossen oder getödtet werden können,
2. für die Vögel, welche die Gesetzgebung des Landes als schädlich für die örtliche Landwirtschaft bezeichnet.

In Ermangelung einer durch die Gesetzgebung des Landes aufgestellten amtlichen Liste soll Nr. 2 dieses Artikels auf die der gegenwärtigen Uebereinkunft als Anlage beigefügte Liste Nr. 2 angewendet werden.

Art. 10. Die hohen vertragschließenden Theile werden die geeigneten Maßnahmen ergreifen, um ihre Gesetzgebung binnen einer vom Tage der Unterzeichnung der Uebereinkunft zu berechnenden dreijährigen Frist mit den Bestimmungen der Uebereinkunft in Einklang zu setzen.

Art. 11. Die hohen vertragschließenden Theile werden sich durch die Vermittelung der Französischen Regierung die Gesetze und die im Verwaltungswege getroffenen Anordnungen mittheilen, welche in ihren Staaten schon erlassen sind oder noch erlassen werden und sich auf den Gegenstand der vorliegenden Uebereinkunft beziehen.

Art. 12. Wenn es für nothwendig gehalten werden wird, werden sich die hohen vertragschließenden Theile auf einer internationalen Konferenz vertreten lassen, welche die Aufgabe hat, die Fragen zu prüfen, welche sich bei Ausführung der Uebereinkunft ergeben, und diejenigen Abänderungen vorzuschlagen, die sich nach den gemachten Erfahrungen als nützlich erwiesen haben.

Art. 13. Die Staaten, welche an der gegenwärtigen Uebereinkunft nicht Theil genommen haben, werden auf ihr Ansuchen zum Beitritte zugelassen. Dieser Beitritt wird auf diplomatischem Wege der Regierung der Französischen Republik und durch diese den anderen Signatarmächten mitgetheilt werden.

Art. 14. Die gegenwärtige Uebereinkunft soll binnen einer höchstens einjährigen, vom Tage des Austausches der Ratifikationsurkunden an zu berechnenden Frist in Kraft gesetzt werden.

Sie soll unter den Signatarmächten auf unbestimmte Zeitdauer in Kraft bleiben. Falls eine derselben die Uebereinkunft aufkündigen sollte, so soll diese Kündigung nur bezüglich jener Macht Gültigkeit haben und zwar erst ein Jahr, nachdem diese Kündigung den anderen Vertragsstaaten mitgetheilt sein wird.

Art. 18. Die gegenwärtige Uebereinkunft soll ratifiziert werden und die Ratifikationsurkunden sollen sobald als möglich in Paris ausgetauscht werden.

Art. 16. Die Bestimmung des zweiten Absatzes des Artikel 8 der gegenwärtigen Uebereinkunft soll ausnahmsweise nicht in den nördlichen Provinzen Schwedens Anwendung finden können und zwar mit Rücksicht auf die ganz besonderen klimatischen Bedingungen, unter denen diese sich befinden.

Zu Urkund dessen haben die betreffenden Bevollmächtigten die Uebereinkunft vollzogen und ihre Insiegel beigedrückt."

Über die zur Durchführung dieser Übereinkunft erforderliche Änderung der reichsgesetzlichen Vogelschutzvorschriften schweben Verhandlungen.

Liste Nr. 1.

Nützliche Vögel.

Nacht-Raubvögel:

Stein - Käuze und Zwerg - Käuze (Glaucidium),
Sperbereulen (Surnia),
Nachteulen oder Waldkäuze (Syrnium),

die gewöhnliche Schleiereule (Strix
    flammea L),
Sumpfohreule u. Waldohreule (Otus),
die kleine Ohreule (Scops giu Scop.).
Kletterer:
    Spechte, alle Arten (Picus, Gecinus
    etc.).
Klettervögel:
    die Blauracke (Coracias garrula L),
    Bienenfresser (Merops).
Gewöhnliche Sperlingsvögel:
    der Wiedehopf (Upupa epops),
    Baumläufer, Mauerläufer, Blauspechte
    (Certhia, Tichodroma, Sitta),
    Mauersegler (Cypselus),
    Ziegenmelker (Caprimulgus),
    Nachtigallen (Luscinia),
    Blaukehlchen (Cyanecula),
    Rothschwänze (Ruticilla),
    Rothkehlchen (Rubecula),
    Schmätzer (Pratincola und Saxicola),
    Braunellen (Accentor),
    Grasmücken aller Art, wie:
        gewöhnliche Grasmücken (Sylvia),
        Zaungrasmücken (Curruca),
        Gartenlaubvögel (Hypolaïs),
        Rohrsänger: Rohrsänger, Schilf-
        sänger, Busch-Rohrdrossel (Acro-
        cephalus, Calamodyta, Locu-
        stella),
        Cisticolen (Cisticola),
    Goldhähnchenlaubvögel (Phyllo-
    scopus),
    Goldhähnchen (Regulus) und Zaun-
    könige (Troglodytes),
    Meisen aller Arten (Parus, Panurus,
    Orites etc.),
    Fliegenfänger (Muscicapa),
    Schwalben aller Arten (Hirundo,
    Chelidon, Cotyle),
    weiße und gelbe Bachstelzen (Mota-
    cilla, Budytes),
    Pieper (Anthus, Corydala),
    Kreuzschnäbel (Loxia),
    Goldammern und Girlitze (Citrinella
    und Serinus),
    Distelfinke und Zeisige (Carduelis und
    Chrysomitris),
    gewöhnliche Staare und Hirtenstaare
    (Sturnus, Pastor etc.).

Stelzenläufer:
    schwarze und weiße Störche (Ciconia).

Liste Nr. 2. *)
Schädliche Vögel.

Tag-Raubvögel:
    der Lämmergeier (Gypaetus bar-
    batus L),
    Adler aller Arten (Aquila, Nisaëtus),
    Seeadler aller Arten (Haliaëtus),
    Flußadler (Pandion haliaëtus),
    Gabelweihe, Gleitaare, Schwalben-
    weihe (Milvus, Elanus, Nauclerus),
    alle Arten,
    Falken: Gierfalken, Wanderfalken,
    Baumfalken, Lerchenfalken (Falco),
    alle Arten mit Ausnahme der
    Rothfußfalken, Thurmfalken und
    Röthelfalken,
    der Hühnerhabicht (Astur palum-
    barius L),
    Sperber (Accipiter),
    Weihen (Circus),
Nacht-Raubvögel:
    der Uhu (Bubo maximus Flem.).
Gewöhnliche Sperlingsvögel:
    der Kolkrabe (Corvus corax L),
    die Elster (Pica rustica Scop.)
    der Eichelhäher (Garrulus glan-
    darius L).
Stelzenläufer:
    graue und Purpur-Reiher (Ardea).
    Rohrdommeln und Nachtreiher (Bau-
    torus und Nycticorax).
Schwimmvögel:
    Pelikane (Pelecanus),
    Kormorane (Phalacrocorax oder
    Graculus),
    Sägetaucher (Mergus),
    Meertaucher (Colymbus).

*) Im Geltungsbereiche der Jagd-O.
15. Juli 07 und des Wildschon-G. 14. Juli
04 gehören von den in der Liste Nr. 2
aufgeführten Vögeln Adler (Stein-, See-,
Fisch-, Schlangen-, Schreiadler), Purpur-
reiher, Rohrdommeln und Nachtreiher zu
den jagdbaren Vogelarten.

Anlage E (zu Anmerkung 136).

Reichsgesetzliche Bestimmungen über Wildschadenersatz.

Der gesetzliche Anspruch auf Wildschadenersatz ist reichsrechtlich geregelt. Das BGB. bestimmt Buch II: Recht der Schuldverhälnisse, fünfundzwanzigster Titel: Unerlaubte Handlungen: § 835:

„Wird durch Schwarz=, Roth=, Elch=, Dam= oder Rehwild oder durch Fasanen ein Grundstück beschädigt, an welchem dem Eigenthümer das Jagdrecht nicht zusteht[1]), so ist der Jagdberechtigte verpflichtet, dem Verletzten den Schaden [2]) zu ersetzen. Die Ersatzpflicht erstreckt sich auf den Schaden, den die Thiere an den getrennten, aber noch nicht eingeernteten Erzeugnissen des Grundstücks anrichten.

Ist dem Eigenthümer die Ausübung des ihm zustehenden Jagdrechts durch das Gesetz entzogen, so hat derjenige den Schaden zu ersetzen, welcher zur Ausübung des Jagdrechts nach dem Gesetze berechtigt ist. Hat der Eigenthümer eines Grundstücks, auf dem das Jagdrecht wegen der Lage des Grundstücks nur gemeinschaftlich mit dem Jagdrecht auf einem andern Grundstück ausgeübt werden darf, das Jagdrecht dem Eigenthümer dieses Grundstücks verpachtet, so ist der letztere für den Schaden verantwortlich.

Sind die Eigenthümer der Grundstücke eines Bezirks zum Zwecke der gemeinschaftlichen Ausübung des Jagdrechts durch das Gesetz zu einem Verbande vereinigt, der nicht als solcher haftet, so sind sie nach dem Verhältnisse der Größe ihrer Grundstücke ersatzpflichtig[3]).

Neben diesen allgemeinen Bestimmungen bestehen zu gunsten landesgesetzlicher Vorschriften folgende Vorbehalte und Ausnahmen im EG. z. BGB.:

Art. 70. Unberührt bleiben die landesgesetzlichen Vorschriften über die Grundsätze, nach welchen der Wildschaden festzustellen ist, sowie die landesgesetzlichen Vorschriften, nach welchen der Anspruch auf Ersatz des

---

[1]) Grundstücke dieser Art gibt es in Preußen nicht (I. 1 d. W.).

[2]) Hierauf finden die allgemeinen Grundsätze des BGB. über Schadenersatz Anwendung, insbesondere:

§ 249. Wer zum Schadensersatze verpflichtet ist, hat den Zustand herzustellen, der bestehen würde, wenn der zum Ersatze verpflichtende Umstand nicht eingetreten wäre. Ist wegen Verletzung einer Person oder wegen Beschädigung einer Sache Schadensersatz zu leisten, so kann der Gläubiger statt der Herstellung den dazu erforderlichen Geldbetrag verlangen

und

§ 252. Der zu ersetzende Schaden umfaßt auch den entgangenen Gewinn. Als entgangen gilt der Gewinn, welcher nach dem gewöhnlichen Laufe der Dinge oder nach den besonderen Umständen, insbesondere nach den getroffenen Anstalten und Vorkehrungen mit Wahrscheinlichkeit erwartet werden konnte,

sowie § 254 (siehe II. 2 Anl. A Anm. 9 d. W.) OB. 17. Nov. 02 (Preuß. BBl. XXIV. 311).

[3]) Auf Grundstücke eines Eigen=Jagdbezirkes (Jagd=O. § 4) bezieht sich § 835 mithin nicht.

Wildschadens innerhalb einer bestimmten Frist bei der zuständigen Behörde geltend gemacht werden muß.

Art. 71. Unberührt bleiben die landesgesetzlichen Vorschriften, nach welchen

1. die Verpflichtung zum Ersatze des Wildschadens auch dann eintritt, wenn der Schaden durch jagdbare Thiere anderer als der im § 835 des BGB. bezeichneten Gattungen angerichtet wird;

2. für den Wildschaden, der durch ein aus dem Gehege ausgetretenes jagdbares Thier angerichtet wird, der Eigenthümer oder der Besitzer des Geheges verantwortlich ist;

3. der Eigenthümer eines Grundstücks, wenn das Jagdrecht auf einem anderen Grundstücke nur gemeinschaftlich mit dem Jagdrecht auf seinem Grundstück ausgeübt werden darf, für den auf dem anderen Grundstück angerichteten Wildschaden auch dann haftet, wenn er die ihm angebotene Pachtung der Jagd abgelehnt hat;

4. der Wildschaden, der an Gärten, Obstgärten, Weinbergen, Baum=schulen und einzelstehenden Bäumen angerichtet wird, dann nicht zu ersetzen ist, wenn die Herstellung von Schutzvorrichtungen unter=blieben ist, die unter gewöhnlichen Umständen zur Abwendung des Schadens ausreichen;

5. die Verpflichtung zum Schadensersatz im Falle des § 835 Abs. 3 des BGB. abweichend bestimmt wird;

6. die Gemeinde an Stelle der Eigenthümer der zu einem Jagdbezirke vereinigten Grundstücke zum Ersatze des Wildschadens verpflichtet und zum Rückgriff auf die Eigenthümer berechtigt ist oder an Stelle der Eigenthümer oder des Verbandes der Eigenthümer oder der Gemeinde oder neben ihnen der Jagdpächter zum Ersatze des Schadens ver=pflichtet ist;

7. der zum Ersatze des Wildschadens Verpflichtete Erstattung des ge=leisteten Ersatzes von demjenigen verlangen kann, welcher in einem anderen Bezirke zur Ausübung der Jagd berechtigt ist.

Art. 72. Besteht in Ansehung eines Grundstücks ein zeitlich nicht be=grenztes Nutzungsrecht, so finden die Vorschriften des § 835 des BGB. über die Verpflichtung zum Ersatze des Wildschadens mit der Maßgabe An=wendung, daß an die Stelle des Eigenthümers der Nutzungsberechtigte tritt.

Anlage F (zu Anmerkung 196).
Kurhessisches Gesetz, den Ersatz des Wildschadens betreffend.
Vom 26. Januar 1854 (GS. für Kurh. 9)[1].

§ 1.   Für die von Schwarz- oder von Rothwild, einschliesslich des Damwildes oder von wilden Kaninchen[2], an ausgestellten Feldern, an Wiesen, an den in Gärten oder Weinbergen gebauten Gewächsen, desgleichen an Obstbäumen sowie an den in Waldungen auf die Holzanzucht bezüglichen Anlagen[3] verursachten Beschädigungen ist, insofern solche auf einem Grundstücke einen wirklichen Verlust von mindestens einem Thaler zur Folge haben und[2] die beschädigten Grundstücke nicht Eigenthum des Jagdberechtigten sind, von dem Jagdberechtigten bezw. Jagdpächter dem Beschädigten (s. jedoch § 2) Ersatz zu leisten.

§ 2[4].   Hinsichtlich der erwähnten Beschädigungen in Gärten und Weinbergen, in Baumschulen und den zur Erziehung von Waldpflanzen bestimmten Kämpen findet der Anspruch nur dann statt, wenn die erwähnten Grundstücke und Anlagen mit sechs Fuß hohen dichtgebundenen Hecken oder Zäunen überall befriedigt sind.

Hinsichtlich der auf nicht befriedigten Grundstücken befindlichen Obstbäume ist Bedingung des Ersatzanspruchs, daß dieselben bis an die untersten Aeste verwahrt sind.

---

[1] Der Geltungsbereich des durch Jagd-O. § 81 aufrecht erhaltenen G. beschränkt sich auf den zum früheren Kurf. Hess. gehörenden Teil der Prov. Hessen-Nassau. In den dieser Prov. angeschlossenen früher Bayerischen, Nassauischen, Großherz. Hessischen, Landgr. Hessischen und Frankfurter Landesteilen gelten die Vorschriften der Jagd-O. § 51 bis 66. Das G. hat durch das Kurh. Jagd-G. 7. Sept. 65 § 34—37, 40, — Anm. 2, 5, 9, 10 u. 14 erhebliche Abänderungen und Ergänzungen (§ 1, 3, 5, 6 u. 17) erfahren. — In sachlicher Beziehung sind die Bestimmungen des abgeänderten G. durch das BGB. im wesentlichen aufrecht erhalten oder durch EG. Art. 71 Nr. 1, 4 u. 6 gedeckt (Begr. des Entw. z. AG. z. BGB. AH. Sess. 99 Drucks. 34 S. 29). — Bearb. v. Klingelhöffer (Kassel 96).

[2] Abgeändert durch G. 7. Sept. 65. — § 34 Abs. 1:

Die in dem Gesetze vom 26. Januar 1854, den Ersatz des Wildschadens betreffend, angeordneten Beschränkungen, wonach eine Ersatzleistung wegen Wildschadens nur dann eintreten soll, wenn die deshalbigen Beschädigungen durch die daselbst bezeichneten Gattungen von Wild verursacht sind, sowie wenn dieselben auf Einem Grundstücke einen Verlust von mindestens Einem Thaler zur Folge haben, werden aufgehoben.

Die von dem BGB. § 835 (Nr. 1 d. W.) abweichende Bestimmung, daß der durch Wild jeder Art verursachte Schaden zu ersetzen sei, ist gedeckt durch EG. Art. 71 Nr. 1. Ein Rückgriffsrecht des Ersatzpflichtigen besteht hier nicht.

[3] Die Beschränkung der Ersatzpflicht auf den an bestimmten Arten von Grundstücken verursachten Schaden steht mit dem BGB. in Widerspruch, ist auch durch EG. nicht gedeckt, mithin beseitigt.

[4] Aufrecht erhalten EG. Art. 71 Nr. 4.

§ 3[5]). Mehrere, welchen eine Jagd gemeinschaftlich zusteht, sowie im Falle einer Verpachtung derselben, der Jagdberechtigte und Pächter, bei einer Verpachtung an mehrere Personen diese sämmtlich, sind wegen des Ersatzes des Wildschadens solidarisch verpflichtet, es werden jedoch durch die Erhebung einer Klage (s. § 5) gegen Einen die Uebrigen, vorbehaltlich des Regresses, von der Klagforderung befreit.

§ 4[6]). Ein jedes auf Ersatz des Wildschadens gerichtetes Verfahren setzt voraus, daß die Beschädigung durch Augenschein festgestellt werden kann[7]).

§ 5[8]). Der Anspruch auf Ersatz von Wildschaden ist unter Angabe des zum Ersatz Verpflichteten dem Ortsvorstande des Bezirks, in dem der Schaden geschehen ist, anzuzeigen.

Innerhalb der auf diese Anzeigen folgenden 48 Stunden hat der Orts=vorstand entweder selbst oder durch ein zu beauftragendes Mitglied der Orts=behörde, nach Befinden auch unter Hinzuziehung eines Sachverständigen, einen Augenschein einzunehmen, zu welchem beide Theile, der Ersatzpflichtige jedoch nur, wenn derselbe oder ein dem Ortsvorstande bekannt gemachter Vertreter nicht über $1\frac{1}{2}$ Meilen vom Wohnort des Ersteren entfernt wohnt, zu laden sind.

In diesem Verfahren ist der Thatbestand nebst den in Betracht kommenden örtlichen Verhältnissen möglichst vollständig mit Angabe der vorhandenen Spuren und der von beiden Parteien etwa vorgestellten Einreden zu Protokoll zu bringen, über das Vorhandensein eines Wildschadens, namentlich mit

---

[5]) Soweit § 3 die Haftung des Pächters oder des Jagdberechtigten betrifft, gilt er nach EG. Art. 71 Nr. 6; im übrigen ist er durch BGB. § 840 Abf. 1:

Sind für den aus einer unerlaubten Handlung entstehenden Schaden Meh=rere nebeneinander verantwortlich, so haften sie, vorbehaltlich der Vorschrift des § 835 Abf. 3, als Gesamt=schuldner.

(§ 835 Abf. 3 siehe Anl. E) ersetzt. — § 3 Abf. 2 gestattet die Kündigung von Pachtverträgen, welche bei Erlaß des G. bestanden, und ist als jetzt be=deutungslos fortgelassen. — Ergänzend zu § 3 bestimmt G. 7. Sept. 65 § 34 Abf. 2:

In denjenigen Fällen, in welchen ein Jagdpächter vertragsmäßig die Verpflichtung zum Ersatze des Wild=schadens nach den gesetzlichen Vor=schriften auch hinsichtlich der dem ver= pachtenden Eigenthümer, bezw. der verpachtenden Gemeinde und deren Bewohnern zugehörigen Grundstücke übernommen hat, sollen die Vor=schriften des Gesetzes vom 26. Januar 1854 über das Verfahren Behufs Feststellung des zu ersetzenden Be=trages, sowie überhaupt über die Verfolgung der deshalbigen Ansprüche ebenwohl Geltung haben.

[6]) Die das Verfahren betreffenden §§ 4—17 d. G. sind ebenso wie G. 7. Sept. 65 § 34 Abf. 2, 35—40, so=weit sie noch in Kraft sind, durch das neue Reichsrecht nicht berührt (Begr. des Entw. z. AG. z. BGB. AG. Seff. 99 Druckf. 34 S. 29).

[7]) Diese Vorschrift ist keine rein pro=zessualische und daher noch gültig.

[8]) Das im § 5 angeordnete Vorver=fahren im Verwaltungswege besteht noch zu recht GWG. § 13 u. EG. z. BGB. Art. 69 (Nr. I. 1 d. W.).

Rückſicht auf die Gattung des Wildes, ſich gutachtlich zu äußern, und von dem betreibenden Theile eine beſtimmte Forderung zu ſtellen.

Der Ortsvorſtand iſt verbunden, eine gütliche Vereinigung unter den Parteien zu vermitteln oder doch dahin zu wirken, daß dieſelben wenigſtens über die demnächſt etwa abzuhörenden Schätzer und Sachverſtändigen, wobei ſie es überall auf den Ausſpruch Einer Perſon können ankommen laſſen, ſich einigen.

Das Protokoll iſt binnen 24 Stunden dem Beſchädigten gegen Zahlung der entſtandenen Gebühren auszuhändigen oder von dem Ortsvorſtande zurück= zubehalten, wenn von dem Jagdberechtigten die Beſchädigung durch die im § 1 angeführten Wildgattungen[2]) anerkannt, jedoch verlangt iſt, daß eine nochmalige Beſichtigung zur Zeit der Ernte vorgenommen werden ſoll.

In dieſem Falle hat der Beſchädigte zur Zeit der Aberntung das vor= bemerkte Verfahren nochmals einzuleiten und hat der Ortsvorſtand hierbei eine gütliche Vereinigung der Parteien zu verſuchen und ſodann das vervoll= ſtändigte Protokoll binnen 24 Stunden gegen Zahlung der entſtandenen Gebühren dem Beſchädigten einzuhändigen.

Ein von beiden Theilen und dem Ortsvorſtande unterzeichneter Vergleich iſt vor Gericht (cfr. § 6) alsbald vollſtreckbar, wenn er bei demſelben innerhalb Jahresfriſt nach ſeiner Aufnahme überreicht wird[9]).

---

[9]) Zu § 5 Abſ. 5 u. 6 beſtimmt G. 7. Sept. 65:

§ 35. Das Protokoll, welches nach § 5 des vorerwähnten Geſetzes der Ortsvorſtand aufzunehmen hat, iſt dem Beſchädigten auf deſſen Ver= langen behufs alsbaldiger Einleitung des gerichtlichen Verfahrens in jedem Falle, auch wenn eine nochmalige Be= ſichtigung zur Zeit der Ernte bereits beantragt iſt, alsbald auszuhändigen, zuvor jedoch dem Jagdberechtigten auf deſſen Verlangen, oder wenn derſelbe im Termin nicht vertreten war, in Abſchrift zuzuſenden.

Die in dem gedachten § 5 ent= haltenen Vorſchriften wegen Einnahme eines zweiten Augenſcheines durch den Ortsvorſtand finden in den Fällen keine Anwendung, in welchen bereits vor der Zeit der Ernte das gericht= liche Verfahren eingeleitet worden iſt.

Den Betheiligten bleibt es nach der Augenſcheinseinnahme zunächſt über= laſſen, ſich in Güte zu vergleichen, insbeſondere auch ſich über Sachver= ſtändige zu vereinigen, auf deren Ausſpruch, ohne Mitwirkung des Ge= richts, ſie es ankommen laſſen wollen.

§ 36. Die Ortsvorſtände haben auf Angehen des einen oder anderen Theils die Herbeiführung gütlicher Einigung ſich angelegen ſein zu laſſen, eintretenden Falls auch die Vereinbarung, ſowie den Ausſpruch der Sachverſtändigen, auf welchen ſie verglichen worden, zu Protokoll zu nehmen.

Auf ein ſolches Protokoll, welches von beiden Theilen zu unterzeichnen iſt, ſoll der Schlußſatz des § 5 des vorhergedachten Geſetzes anwendbar ſein. Auch bedürfen die in dem oben= gedachten Paragraphen erwähnten Ver= treter der Jagdberechtigten zum Ab= ſchluß von Vereinbarungen der hier

§ 6. Die gerichtliche Verfolgung des Klageanspruches wegen einer auf die im vorhergehenden Paragraphen bezeichneten Weise ermittelten Beschädigung ist bei Strafe des Verlustes binnen einer vierzehntägigen Frist[10]) nach Aushändigung des Protokolls (cfr. § 5) unter Vorstellung des zur Klagebegründung etwa weiter Erforderlichen geltend zu machen[11]).

(§ 7—14)[12]).

§ 15. Der Verklagte hat in dem Falle, wo die Ernte eines Grundstückes von Wild beschädigt worden ist, die Befugniß, statt Leistung des Schadenersatzes (§ 1) die betreffende Ernte gegen Bezahlung des vermuthlichen, durch Abschätzung festzustellenden vollen Ernteertrags nach dem zur Erntezeit bestehenden Preise zu übernehmen.

Die Geltendmachung dieses Rechts ist dadurch bedingt, daß der Verklagte während der Verhandlung über die Abschätzung des Schadens davon Gebrauch machen zu wollen erklärt und die hiernach erforderliche Taxation durch die zugezogenen Schätzer veranlaßt.

§ 16. Das Amt eines Schätzers oder Sachverständigen in diesem Verfahren kann ohne erhebliche Entschuldigungsgründe nicht abgelehnt werden[13]).

§ 17. An Gebühren für die nicht zum Gerichtspersonal gehörenden Personen sind zulässig:

A in dem Vorverfahren (§ 5):

   1. Für die Aufnahme des in § 5 erwähnten Protokolls an Ort und Stelle, durch den Ortsvorstand oder dessen Stellvertreter:

     in Städten . . . . 15 Sgr.

     in Landgemeinden . . . . 10 „

   2. Für die Mitwirkung bei dem im § 5 erwähnten Geschäfte durch einen besondern Sachverständigen, 15 Sgr.

     Diese letztere Gebühr kann vom Gericht bis auf 2 Thaler auf Verlangen erhöht werden.

   3. Die üblichen Bestellgebühren für den Ortsdiener.

   4. Etwaige Auslagen für Boten.

B in dem gerichtlichen Verfahren[14]).

---

in Rede stehenden Art keiner besonderen Vollmacht.

[10]) Die ursprünglich auf 3 Tage bestimmte Frist ist durch G. 7. Sept. 65 § 37 auf 14 Tage verlängert. Die weitere Bestimmung des § 37, wonach die gerichtliche Verfolgung eines Anspruchs auf Ersatz eines Wildschadens an Erntegegenständen stets bis zur Ernte ausgesetzt werden darf, ist als prozeßrechtlich aufgehoben EG. z. CPO. 30. Jan. 77 (RGB. 244).

[11]) Streitigkeiten über Wildschäden gehören ohne Rücksicht auf den Wert des Gegenstandes vor die Amtsgerichte GVG. (Neufass. 98 RGB. 71) § 23 Nr. 2.

[12]) § 7—14, sowie G. 7. Sept. 65 § 38 u. 39, sind als lediglich prozeßrechtlicher Art aufgehoben Anm. 10.

[13]) § 16 gilt nicht mehr für das gerichtliche Verfahren (CPO. § 373, sondern nur noch im Falle des § 15 und im Vorverfahren vor dem Ortsvorstande.

[14]) Für die Gebühren im gerichtlichen Verfahren ist jetzt RG. (Neufassung 98

Kurheff. Jagd-G. 7. Sept. 65: (GS. 571) Wildschadenverhütungsvorschriften.

§ 26. Jedes übermäßige Heegen von Wild ist untersagt, und ist demgemäß jeder beteiligte Grundeigenthümer berechtigt, zu verlangen, daß das Wild in den betreffenden Jagdrevieren nicht in höherem Grade geschont werde, als solches zur Erhaltung der Jagd erforderlich erscheint.

§ 28. Schwarz= und Roth= (Edel= und Dam=) Wild darf nur in Parks oder solchen Revieren unterhalten werden, welche dergestalt befriedigt sind, daß das Wild weder ausbrechen, noch an fremdem Eigenthum irgend Schaden anrichten kann.

Die Jagdberechtigten haben daher die Verbindlichkeit, solches Wild in dergleichen befriedigte Reviere einzuschließen oder abzuschießen, widrigenfalls letzteres auf Requisition der Ortspolizeibehörde durch den zunächstwohnenden Staatsrevierförster alsbald bewirkt wird.

---

3. Hannoversche Jagdordnung. Vom 11. März 1859.
(Hannov. GS. I S. 159)[1]).

§ 1. Die Ausübung der Jagd richtet sich vom 1. September d. J. an nach den folgenden Bestimmungen.

Dieselben treten an die Stelle der mit jenem Zeitpunkte wegfallenden §§ 4—16 incl. und § 30 des Jagdgesetzes v. 29 Juli 1850[2])

§ 2. Der Grundeigentümer[3]), welcher eine zusammenhängende[4]) Fläche[5])

RGB. 659) maßgebend. — Ergänzend zu § 17 bestimmt G. 7. Sept. 65:

§ 40. Die in § 17 des mehr= gedachten Gesetzes vom 26. Januar 1854 unter A 1 und 2 bestimmten Gebühren sind in den Fällen, wo es sich um Entschädigungsbeträge von weniger als einem Thaler für den einzelnen Grundbesitzer handelt, nur in der Hälfte des daselbst bestimmten Betrages zulässig, wenn bei dem Ortsvorstande gleichzeitig Ansprüche auf Ersatz von Wildschaden wegen in derselben Feldlage gelegenen Grund= stücke von verschiedenen Grundeigen= thümern zur Anzeige gebracht sind.

[1]) Das G. verbessert und vervollstän= digt das G. 29. Juli 50 (I. Nr. 4 d. W.), dessen Bestimmungen über die Aus= übung des Jagdrechtes sich nicht als aus= reichend zur Wahrung der öffentlichen

Sicherheit und Ordnung erwiesen hatten. Inhalt: § 1—12: Jagdbezirke und Nutzung der Jagd, § 13: Wasservögel= jagd in Ostfriesland, § 14—16: Aus= übung der Jagd durch Dritte in Eigen= jagdbezirken, § 17—22: Jagdschein, § 23—25: Wildschaden, § 26—30: Schonzeiten, § 31: Verkehr mit Wild außer der Schonzeit, § 32—35: in Jagd= revieren umherlaufende Hunde und Katzen, sowie Jagd mit Wind= und Jagdhunden, § 36, 37, 39—41: Straf= und Über= gangsbestimmungen, § 38: Verbot der Sonntagsjagd. — Ausf.=Best. Bekannt= mach. M.J. 11. März 59, Anlage A. — Bearb. durch Stelling (Hann. Jagdrecht, Hann. u. Leipz. 96 u. die Hann. Jagd= gesetze in ihrer heutigen Gestalt, das. 05) u. Brüning (die Jagdgesetzgebung für die Prov. Hannover, Hann. 85).

[2]) Nr. I. 4 d. W.

[3]) Nr. II. 2 Anm. 15 trifft auch hier= bei zu.

[4]) Nr. II. 2 Anm. 20 desgl.

[5]) Auf die Benutzungsweise der Grund= stücke kommt es nicht an; auch Wasser=

von mindestens 300 hannoverschen Morgen[6]) besitzt, ist auf derselben zur Ausübung der Jagd berechtigt[7]). Die Trennung, welche Wege oder Gewässer bilden, ist als eine Unterbrechung des Zusammenhanges einer solchen Jagdfläche nicht anzusehen[8]).

flächen sind dazu zu rechnen, nicht aber öffentliche Ströme und Gewässer, weil sie nach Hann. Wasserrecht in niemandes Privateigentum stehen und auf ihnen die Jagd für jedermann frei ist, wie auf dem Meere selbst (Stelling).

[6]) = 78,630 ha. — Darauf sind auch einzurechnen die im Privateigentum stehenden Wege, Gewässer, Deiche, Hof- u. Baustellen Nr. 2 Anm. 19. — Wegen Anlandungen: daj. Anm. 24.

[7]) Das namentlich mit Rücksicht auf die Prov. Hannover erlassene G. betr. Ergänzung der gesetzlichen Vorschriften über die Ausübung der Jagd auf eigenem Grundbesitz. Vom 7. August 99 (GS. 151) schreibt ferner vor:

Einziger Artikel. Die Bildung eines eigenen Jagdbezirkes ist auch dann zulässig, wenn die dafür in Betracht kommenden Grundstücke in mehreren Landestheilen liegen, in denen die gesetzlichen Vorschriften über die Bildung eines eigenen Jagdbezirkes von einander abweichen. In diesem Falle kommen die für den größeren Theil der Grundstücke geltenden gesetzlichen Vorschriften zur Anwendung. Bei gleicher Größe ist dasjenige Gesetz maßgebend, welches den größeren Flächeninhalt für die Bildung eines eigenen Jagdbezirkes erfordert.

Dieses G. bezieht sich jedoch nur auf eigenen Grundbesitz, nicht auch auf fremde Grundstücke z. B. Enklaven OB. 29. Mai 02 (Gemeindevorstand Werfen gegen Georgs-Marienhütte). — Das rechtliche Bestehen eines Einzeljagdbezirkes ist von einer obrigkeitlichen Feststellung nicht abhängig. — Der Eigentümer ist nur zur eigenen Jagdausübung berechtigt. Er ist befugt, durch eine dem Landrat gegenüber rechtzeitig verlautbarte Erklärung auf die eigene Jagdausübung für den ganzen Bezirk oder von Teilen desselben mit der Wirkung zu verzichten, daß die betr. Grundstücke dem Feldmarksjagdbezirke ohne weitere Zustimmung der Feldmarksgenossen zufallen OB. 5. Feb. 91 (XX. 322). Entsteht nachträglich durch Eigentumserwerb eine den Erfordernissen des § 2 entsprechende Besitzung oder gelangen Teile des Feldmarksjagdbezirkes durch Zukauf usw. zu einem bereits bestehenden Einzeljagdbezirke, so tritt das Jagdausübungsrecht des Erwerbers sofort nach der Auflassung in Kraft. Der Ausscheidung der betr. Grundstücke aus dem Feldmarksjagdbezirke steht der für diesen abgeschlossene Pachtvertrag nicht entgegen OB. 24. Nov. 92 u. 24. April 93 (XXIV. 285 u. 291) u. 3. Juli 02 (Preuß. Verw.-Bl. XXIII. 753), RGer. 24. Juni 02 u. 10. Okt. 02 (PrVBl. XXIV. 523). — Bei Zerschlagung eines Einzeljagdbezirkes erlischt das Jagdausübungsrecht auf unter 300 Morg. großen Teilstücken mit der Auflassung; die Teilstücke treten zu dem Feldmarksjagdbezirke. Das Recht der Ausübung der Jagd geht auf die Besitzer der zu diesem Jagdbezirke gehörenden Grundstücke über OB. 1. Feb. 99 (XXXV. 311). Der bisherige Eigenjagdbesitzer wird mit seinem Restgute (unter 300 Morg.) Feldmarksgenosse. Der Pächter des Feldmarksjagdbezirkes muß die Teilstücke gegen entsprechende Erhöhung des Pachtgeldes mit übernehmen.

[8]) Nr. 2 Anm. 22 d. W. — Zusätzlich bestimmt das auch für die Prov. Hannover geltende G. betr. die Ergänzung einiger jagdrechtlichen Bestimmungen. Vom 29. April 97 (GS. 117):

Einziger Artikel: Zu den Wegen in vorstehendem Sinne sind auch Schienenwege und Eisenbahnkörper zu rechnen.

Zu den Eisenbahnkörpern gehören auch die Begleitstücke. — Wegen der verbotenen Jagdausübung auf Eisenbahnkörpern: Nr. 2 Anm. 21. —

Die, den Einzeljagdbezirk durchschneidenden öffentlichen Wege und Gewässer

Mehrere Miteigenthümer[9]) einer solchen Fläche[10]) müssen sich über Einen einigen, der die Jagd üben soll, falls sie selbige nicht gemeinsam entweder verpachten oder sonst einem Dritten zur Ausübung überlassen, oder durch einen Jäger nutzen[11]). Besteht eine solche Fläche aus einer ungetheilten Gemeinheit, so ist dieselbe, wenn sie einer Gemeinde angehört und mit dem Feldmarksjagdbezirke dieser Gemeinde zusammenhängt, als Theil dieses Jagdbezirkes, sonst aber, sofern sie nicht mit angrenzenden Jagdbezirken verbunden wird, als eigene Feldmark, nach den Regeln der §§ 4, 5 u. ff. zu behandeln[12]). An der Beschlußfassung über solche Verbindung, sowie über die Verwaltung der Jagd und an der Vertheilung der Jagdaufkünfte nehmen in Beziehung auf diese Gemeinheiten die Interessenten nach Verhältniß ihrer Nutzungsrechte Theil.

Wenn ein Grundeigenthümer das ihm hiernach zustehende Jagdrecht durch Verpachtung nutzt, so kommen hierbei die im § 6 vorletzter und letzter Absatz, und § 7 enthaltenen Vorschriften analog zur Verwendung[13]).

§ 3[14]). Insofern die Ausübung der Jagd nach den vorstehenden Bestimmungen nicht den einzelnen Grundeigenthümern zusteht, wird sie, vorbehaltlich der im § 4 bestimmten Ausnahmen, von der Gesammtheit der betheiligten Grundeigenthümer jeder Feldmark[15]) (Feldmarkgenossen) verwaltet.

Jedoch soll jedem Grundeigenthümer die Befugniß zustehen:

---

sind als fremde Grundstücke nicht Bestandteile des Eigenjagdbezirkes und unterliegen deshalb nicht der Jagdausübung durch dessen Inhaber.

[9]) Einheitlichkeit des Grundeigentums ist Voraussetzung Nr. 2 Anm. 15.

[10]) Anm. 5 u. 6.

[11]) Sie können auch die Jagd ruhen lassen; ein gesetzlicher Zwang zur Jagdausübung besteht nicht. Bis zu erfolgter Einigung hat Jagdruhe zu herrschen. Zuwiderhandlungen gegen diese Bestimmungen strafbar nach § 22 Abs. 3.

[12]) Eine ungeteilte Gemeinheit in der Größe eines Einzeljagdbezirkes hat nicht die Eigenschaft eines solchen. Sie bildet vielmehr entweder einen Teil des Feldmarksjagdbezirkes ihrer Gemeinde, wenn sie örtlich mit diesem zusammenhängt, oder ist, wenn diese Voraussetzungen nicht vorhanden sind und wenn es nicht gelingt, sie privatrechtlich (z. B. durch Verpachtung) einem angrenzenden Jagdbezirke (Einzel- oder Feldmarksjagdbezirk) anzuschließen, als eigener Feldmarksjagdbezirk zu behandeln. — Ungeteilte Gemeinheiten von weniger als 300 Morg. Flächeninhalt sind als Enklaven nach § 4 zu behandeln.

[13]) Die Verpachtung der Jagd in Einzeljagdbezirken ist hiernach hinsichtlich ihrer Art und Dauer, wie auch in betreff der als Pächter anzunehmenden Personen, nicht beschränkt wie in Feldmarksjagdbezirken. Die Teilung eines Einzeljagdbezirkes in mehrere Jagdpachtbezirke ist jedoch nur unter den Bedingungen des § 7 Abs. 2 zulässig.

[14]) Anl. A § 3.

[15]) Die Grenzen des gemeinschaftlichen Jagdbezirkes fallen mit der Gemeindebezirksgrenze zusammen. Es ist weder eine Vereinigung mehrerer gemeinschaftlicher Jagdbezirke, noch der Anschluß ein- oder ausspringender Grundstücke durch Aufnahme der Eigentümer in den Verband der Feldmarksgenossen einer anderen Feldmark zulässig OB. 20. April 98 (XXXIII. 336).

1 [16]). auf seinen Grundstücken den Vogelfang in **hochhängenden Dohnen** (den Dohnenstrich, Dohnenstieg) auszuüben [17]);

2 [16]). in den mit seinen Wohngebäuden zusammenhängenden Höfen und Gärten Raubthiere [18]), Kaninchen Eichhörnchen und Vögel [19]) — mit Ausnahme folgender jagdbarer Vögel [20]): Feld= und Birk=hühner, Fasanen, Enten, Schnepfen und Wachteln — bei Tage [21]) vermittelst der Schußwaffe, unter Beobachtnng der polizeilichen Vor=schriften [22]), zu erlegen. Diese Höfe und Gärten werden im Uebrigen der Feldmarksjagd angeschlossen, falls nicht der Eigenthümer erklärt, die Jagd in denselben beruhen lassen zu wollen. Diese Erklärung kann sowohl vor als nach der Verpachtung wirksam erfolgen;

3 [23]). seine sonstige mit einer Mauer oder mit einer anderen hochstehenden wehrbaren Befriedigung umgebenen und mit verschließbaren Thüren versehenen Grundstücke [24]) von der gemeinsamen Jagdausübung auszu=nehmen und die Jagd darauf beruhen zu lassen, vorbehaltlich jedoch des Rechtes der Erlegung nicht jagdbarer Vögel [19]) bei Tage [21]). Als wehrbar sind nur solche hochstehende Befriedigungen anzusehen, welche einen anderen Zugang als den vermittelst der verschließbaren Thüren nicht gestatten. Er hat seine Absicht, die Jagd auf solchen Grund=

---

[16]) Zu Nr. 1 u. 2: Nur gewisse Jagd=arten sind dem Eigentümer vorbehalten; im übrigen gehören diese Grundstücke zum gemeinschaftlichen Jagdbezirke. — Zur Ausübung der dem Grundeigen=tümer vorbehaltenen Jagdarten ist ein Jagdschein erforderlich.

[17]) Diese Vorschrift hat zur Folge, daß neben dem Jagdpächter oder ange=stellten Jäger der Feldmarksjagd auch der Grundeigentümer in örtlich und sach=lich beschränkter Weise auf Drosseln jagen darf. Dieses Recht des Grundeigen=tümers kann aber für sich allein nicht durch Verpachtung auf Dritte übertragen werden. Übt der Dritte mit Bewilli=gung des Grundeigentümers dieses Recht aus, so liegt darin eine unberechtigte Jagdausübung Kamm.Ger. 30. März 05 (Johow XXIX. C 79). — Wie die Zu=sammenstellung dieser Vorschrift mit den übrigen Bestimmungen des Abs. 2 er=kennen läßt, soll dadurch dem Grund=eigentümer die Befugnis erteilt werden, von seinen Höfen und Gärten alle Tiere fern zu halten, welche der Gartenkultur und Federviehzucht schädlich werden kön=nen. Diese Befugnis ist jedoch keine aus=schließliche. Daneben bleibt der Jagd=pächter auf Grund des Pachtvertrages befugt, den Vogelfang mittels Dohnen=stiegs usw. auszuüben, ohne daß es hierzu einer besonderen Übertragung dieses Rechts bedarf Kamm.Ger. 28. Juni 06 (Schultz IV. 121).

[18]) Raubtiere jeder Art, mithin auch jagdbare Anl. E § 1. — Der Jagd=pächter hat keinen Anspruch auf Heraus=gabe der erlegten jagdbaren Tiere. — Erlegung ist nur durch Schußwaffe dem Grundeigentümer gestattet (Ausnahme unter Nr. 4 in betreff der Raubtiere), Schlingenstellen — auch gegen Kaninchen — ist verboten Anl. E § 4.

[19]) Hinsichtlich des Fanges nicht jagd=barer Vögel sind die Vorschriften des Reichsvogelschutz=G. 22. März 88 — II. 2 Anl. D — zu beachten.

[20]) Die Ausnahme umfaßt sämtliche jagdbare Vögel Anl. E § 1.

[21]) Nicht zur Nachtzeit: Reichsvogel=schutz=G. § 2ᵃ (II. 2 Anl. D).

[22]) Das sind namentlich die Bestim=mungen des StGB. § 367 Nr. 7 u. 8 (III. 2 d. W.).

[23]) Anl. A § 2.

[24]) Mithin auch die im freien Felde gelegenen ummauerten oder wehrbar ein=gefriedigten Grundstücke.

stücken beruhen zu lassen, der Obrigkeit (Amt, bezw. Magistrat der selbstständigen Städte)[25]) anzuzeigen, bevor die Gesammtheit der Feldmarksgenossen über die Verwaltung der Jagd beschlossen hat;

4. in seinen Gebäuden und Höfen Raubthiere in Fallen zu fangen

§ 4. Wenn 1. Feldmarken an und für sich oder nach Ausscheidung der darin belegenen Einzeljagdbezirke (§ 2) und ausgenommenen Grundstücke (§ 3 Nr. 3), oder 2. einzelne Grundstücke, welche von dem Jagdbezirke der Feldmark, zu der sie gehören, durch zwischenliegende Jagdbezirke (Einzeljagd= bezirke, § 2, oder Feldmarksjagdbezirke, § 3) getrennt sind, oder 3. Grund= stücke, welche einer Feldmark nicht angehören, eine zusammenhängende Fläche von 300 Morgen (siehe § 2) nicht bilden, so sind dieselben den sie um= schließenden oder begrenzenden Jagdbezirken gegen einen entsprechenden Pacht= preis anzuschließen und nur, wenn von den Eigenthümern oder Interessenten der letzteren der Anschluß abgelehnt wird, als selbständige Jagdbezirke, oder im Falle der vorstehenden Ziffer 2 als Zubehörungen der Feldmarksjagd zuzulassen[26]).

Der vorerwähnte Pachtpreis wird in Ermangelung der Vereinbarung durch die Obrigkeit nach Vernehmung beider Theile festgestellt[25]). Es steht jedoch jedem Betheiligten zu, gegen die Feststellung auf Ermittelung des Pachtpreises durch Schätzung zu provoziren. Die Kosten der letzteren trägt der Provocant, wenn das Ergebniß nicht mindestens 4 Procent günstiger als die obrigkeitliche Feststellung für ihn ausfällt. Ist der Jagdbezirk, mit welchem die unter 1—3 erwähnten Grundstücke verbunden werden sollen, eine Feldmarksjagd (§ 3), so können die Eigenthümer der ersteren statt pachtweiser Entschädigung auch verlangen, in den Verband der Feldmarksgenossen dieser Feldmark hinsichtlich der Jagd aufgenommen zu werden.

Werden die unter 1—3 bezeichneten Grundstücke von verschiedenen Jagdbezirken begrenzt, und sind die Eigenthümer oder Interessenten von mehr als einem dieser Jagdbezirke zur Uebernahme bereit, so steht den Eigenthümern solcher Grundstücke die Wahl zu. Besteht die anzuschließende

---

[25]) Jetzt: Jagdpolizeibehörde ZustG. § 103 ff. Anl. A Anm. 1 u. Anl. B.

[26]) Weniger als 300 Morg. große Feldmarken an und für sich (Gemeinde= bezirke) und Grundstücke, welche einer Gemeinde nicht angehören, sind für den Fall, daß der Anschluß an einen um= schließenden oder begrenzenden Jagd= bezirk (Einzel= oder Feldmarksjagdbezirk) nicht zustande kommt, als selbständige Feldmarksjagdbezirke zuzulassen, d. h. durch Anordnung der Jagdpolizeibehörde. Die unter Nr. 2 aufgeführten Enklaven (einzelne Grundstücke) sind, wenn der Anschluß an den umschließenden oder begrenzenden Jagdbezirk von dessen Eigentümern oder Interessenten abgelehnt wird, als Zubehörungen der Feldmarks= jagd ihres Gemeindebezirkes zuzulassen. Selbständige Jagdbezirke können aus ihnen nicht gebildet werden. Bei einem Streite über die Eigenschaft von Grund= stücken als Enklaven sind grundsätzlich die Eigentümer der Enklaven als Par= teien mit hinzuzuziehen. — § 4 findet keine Anwendung gegenüber nicht in der Prov. Hannover liegenden Grundstücken OB. 29. Mai 02 (XXXXI. 308).

Fläche aus örtlich zusammenhängenden Grundstücken mehrerer Eigenthümer, so haben diese nach Stimmenmehrheit, die Stimmen nach der Größe der Grundstücke berechnet, über die Wahl zu beschließen. Wird von dem Wahlrechte binnen zu bestimmender Frist kein Gebrauch gemacht, so verfügt die Obrigkeit[25]) über den Anschluß.

§ 5[14]). Die Gesammtheit der betheiligten Grundeigenthümer der Feldmark hat über die Verwaltung der Feldmarksjagd zu beschließen, und zwar dahin, daß selbige entweder verpachtet oder für Rechnung der Feldmarksgenossen durch Jäger beschossen werden, oder beruhen bleiben soll.

Der Beschluß erfolgt durch Stimmenmehrheit, die Stimmen nach Größe des Grundbesitzes berechnet. Jedoch kann die Verwaltung der Feldmarksjagd durch Jäger nur durch Stimmeneinhelligkeit beschlossen werden.

Zur gültigen Beschlußfassung ist erforderlich, daß sämmtliche betheiligte Grundbesitzer vorgeladen sind. Grundbesitzer, welche nicht in der Gemeinde wohnen, zu deren Bezirke die Feldmark gehört, haben zur Entgegennahme der Ladungen einen Bevollmächtigten in der Gemeinde zu bestellen[27]).

Der Beschluß der Erschienenen bindet die Ausbleibenden.

Die Obrigkeit ist befugt, wenn die Aufrechterhaltung der Ordnung es erfordert, die Verhandlung an Ort und Stelle kostenfrei zu leiten[28]).

§ 6. Die Verpachtung der Feldmarksjagd geschieht auf die Dauer von mindestens 6 und höchstens 18 Jahren.

Personen, welchen ein Jagdschein nicht ertheilt werden darf (siehe § 18), sind als Pächter und bei öffentlichen Verpachtungen als Bieter nicht zuzulassen[29]).

Afterverpachtungen ohne Zustimmung der Verpächter sind ungültig.

Stirbt der Pächter innerhalb der Pachtzeit, so soll in Ermangelang anderweiter Vertragsbestimmung der Pachtkontrakt mit dem Ablaufe des Pachtjahres, in welchem der Todesfall eingetreten ist, erlöschen. Während der zwischen dem Ableben des Pächters und dem Ablaufe des Pachtjahres liegenden Zeit kann die Jagd durch eine von den Erben des Pächters zu bestellende, den Verpächtern zu denominirende dritte Person ausgeübt werden.

§ 7. Die Feldmarksjagd darf nur ungetheilt und an einen Pächter verpachtet werden. Jedoch können einzelne Grundstücke der Feldmark, die in einen fremden Jagdbezirk eingreifen, dem Inhaber dieses Bezirkes, sowie kleinere Forsttheile dem im angrenzenden Hauptforstorte Jagdberechtigten besonders verpachtet werden.

---

[27]) Anl. A § 4.
[28]) Anl. A § 3 letzter Satz und Jagd-O. § 11.
[29]) Abs. 1 u. 2 dieses Paragraphen beziehen sich nur auf Feldmarksjagdbezirke.

— Abs. 2 gilt noch, findet aber keine Anwendung auf Personen, die schon im Besitz eines von der zuständigen Jagdpolizeibehörde erteilten Jagdscheines sind OB. 11. März 99 (XXXV. 326).

Ausnahmsweise können 1. für eine im Ganzen verpachtete Feldmarks=
jagd bis zu drei Pächtern zugelassen werden, wenn auf jeden mindestens
1000 Morgen Fläche[30]) fallen, oder es kann 2. mit obrigkeitlicher Ge=
nehmigung[31]) die Feldmarksjagd in zwei oder drei, jedoch nicht unter
1000 Morgen[30]) haltende Bezirke eingetheilt werden, der jeder einem Pächter
überlassen werden darf.

§ 8. Die Form der Verpachtung (öffentlich meistbietende Verpachtung,
oder Verpachtung unter der Hand), sowie die sonstigen Modalitäten der=
selben werden durch Stimmenmehrheitsbeschluß der Feldmarksgenossen nach
den Regeln des § 5 bestimmt.

Die Pachtkontrakte, bezw. bei öffentlichen Verpachtungen die Pacht=
bedingungen müssen, bei Strafe der Nichtigkeit, schriftlich abgefaßt sein.

Die Pachtkontrakte sind der Obrigkeit mitzutheilen[32]).

§ 9. Wenn die Feldmarksgenossen die Verwaltung der Jagd durch
Jäger beschließen (siehe § 5), so ist der desfallsige Vertrag ebenfalls, bei
Strafe der Nichtigkeit, schriftlich abzufassen. Es muß darin dem Jäger
ein bestimmter Lohn ausgesetzt sein.

Das im § 7 über die Zahl der zuzulassenden Pächter Bestimmte
gilt auch rücksichtlich der zur Administration der Feldmarksjagd ange=
nommenen Jäger.

§ 10. Die Aufkünfte aus der Benutzung der Feldmarksjagd werden
nach Verhältniß des Stimmrechts getheilt (§ 5)[33]). Anderweite Ver=
abredungen der Feldmarksgenossen sind nicht ausgeschlossen, binden jedoch
die Nichtzustimmenden für ihren Antheil nicht.

§ 11. Die Ordnung und Aufrechterhaltung der Jagdverhältnisse nach
den vorstehenden §§ 5, 7, 8 und 9 ist Sache der Verwaltung[34]).

§ 12. Ausnahmsweise ist eine andere Benutzung der Feldmarksjagd
als durch Verpachtung oder eigene Jäger gestattet:

1. den Städten auf den innerhalb der städtischen Feldmark belegenen
   Grundstücken der Stadt, der Bürger und städtischen Einwohner, in=
   soweit auf solchen das städtische Jagdrecht bisher durch die Bürger
   ausgeübt ist, wenn Magistrat und Bürgervorsteher die Fortdauer
   dieses Verhältnisses beschließen. Die Eigenthümer anderer in der

---

[30]) = 262,10 ha.

[31]) § 11 u. ZustG. § 104. — Anl. B.

[32]) Diese Vorschriften beziehen sich nur
auf Feldmarksjagdbezirke, vergl. auch
Anm. 13. — Einer Genehmigung der
Pachtverträge durch die Obrigkeit bedarf
es nicht.

[33]) Streitigkeiten hierüber sind nach
ZustG. § 106 zu entscheiden — Anl. B.
— Als Nießbraucher des Schullandes
hat ein Lehrer an sich auch Anspruch
auf einen Anteil an den Jagdeinnahmen
OB. 1. Nov. 04 (XXXXVI. 136).

[34]) Die Zuständigkeit der Obrigkeit
(ZustG. § 103) beschränkt sich nicht auf
das Gebiet der Polizei, sondern erstreckt
sich auch auf die Sorge der Gesetzmäßig=
keit der die Verwaltung der Feldmarks=
jagd betr. Beschlüsse und Maßnahmen
überhaupt OB. 12. Nov. 91 (XXII.
284).

städtischen Feldmark belegenen Grundstücke, welche nicht mindestens 300 Morgen im Zusammenhange halten, können in diesem Falle verlangen, daß diese Grundstücke gegen eine nach § 4 festzustellende Pacht in den Bürgerjagdbezirk aufgenommen werden. Der desfallsige Anspruch ist gegen die Stadt zu richten;

2. in den Feldmarken, in welchen vor Erlaß des Jagdgesetzes vom 29. Juli 1850 die Jagd völlig frei war, oder das Jagdrecht allen Grundeigenthümern oder doch gewissen Klassen derselben zustand[35]). Das bisherige Verhältniß bleibt hier bestehen, kann jedoch für jede einzelne Feldmark durch Stimmenmehrheit (§ 5) in einer den Vorschriften dieses Gesetzes entsprechenden Weise geändert werden.

§ 13. An der Befugniß zur Jagd auf Wasservögel, wie sie in Ostfriesland besteht (§ 3 der Jagdordnung für Ostfriesland vom 31. Juli 1838), wird nichts geändert[36]).

§ 14. Die zur eigenen Jagdausübung berechtigten Grundeigenthümer (§ 2), wenn sie die Jagd nicht verpachtet haben, dürfen Dritten erlauben, in ihrer Begleitung oder allein in ihrer Jagd zu jagen[37]). Jagdpächter, der bebrotete Jäger[38]) und Jäger der Feldmarksgenossenschaft können

---

[35]) Dieses ist anscheinend nur noch in den Feldmarken Döhren, Wülfel und Laatzen des Amtes Hannover der Fall.

[36]) Von dieser V. (I. Nr. 4 Anm. 5 d. W.) gilt nur noch § 3 in der durch G. betr. Abänderung der hinsichtlich der Jagd auf Wasservögel für Ostfriesland geltenden gesetzlichen Bestimmungen vom 26. Juli 97 (GS. 253) festgesetzten Fassung:

„Wilde Enten, Gänse und Schwäne und sonstige wilde Wasservögel darf jeder, auch nicht zur Jagd berechtigte Eingesessene der Provinz schießen und fangen, jedoch nur:

1. am Strande der See, an den Ufern der Ströme Ems und Leda, sowie auf und an dem Großen Meere, der Hiewe und dem Loppersumer Meere; doch dürfen behufs Ausübung dieser Jagd überall fremde Grundstücke nicht betreten werden, soweit solches nach anderen Gesetzen verboten ist. Ferner muß

2. der Schütze auf dem Gange nach den vorstehend unter 1 bezeichneten Orten, sowie zurück, sich der nächsten gebahnten Wege, so weit diese führen, bedienen, und darf

3. bis er auf seinen Stand angelangt ist, nur die ungeladene Flinte, deren Schloß mit einem Tuche umwunden sein soll, führen, einen Windhund oder Bastard-Windhund nicht bei sich haben, und wenn er einen Hund anderer Art mit sich führt, diesem das Ablaufen vom Wege oder von seiner Seite nicht gestatten; er soll diesen vielmehr stets an seiner Seite behalten.

[37]) Eines schriftlichen Erlaubnißscheines bedarf es nicht (Ausnahmen hiervon siehe Anl. E § 5 Abs. 3). — Eine Ausübung der Jagd ohne Begleitung des Jagdpächters kann infolge großer räumlicher Entfernung des letzteren von dem die Jagd Ausübenden angenommen werden Kamm.Ger. 1. Dez. 90 (St. Johow XI. 284).

[38]) D. i. ein in einem gesindeähnlichen Lohn- und Abhängigkeitsverhältnisse zu dem Jagdpächter als seinem Brotherrn stehender Jäger Kamm.Ger. 27. Dez. 88 (Johow IX. 266).

Begleiter[39]) mit sich nehmen, nicht aber Dritte ermächtigen, in den betreffenden Bezirken allein zu jagen. Jedoch dürfen Jagdpächter den zu ihrer Familie gehörigen Hausgenossen[40]), sowie ihren bebroteten Jägern das Alleinjagen gestatten.

§ 15. Die Bestimmungen der vorstehenden Paragraphen beziehen sich nicht auf die Ausübung der nach § 2 des Jagdgesetzes vom 29. Juli 1850[2]) bestehen bleibenden Jagdrechte auf fremdem Grund und Boden.

§ 16. Zur Ausübung der Jagd ist unzulässig, wer wegen eines nach der öffentlichen Meinung entehrenden Verbrechens eine Strafe, oder wegen gewaltsamer Widersetzung wider die Obrigkeit, Aufruhrs, Gewaltthätigkeiten, Körperverletzung, Erpressung oder Wilddiebstahls mindestens die Strafe der Ueberweisung an die Landespolizeibehörde[41]) erduldet, oder sich des letztgenannten Vergehens unter erschwerenden Umständen schuldig gemacht hat[42]).

(§§ 17—22)[43]).

§ 22. . . .; wer ohne Verletzung fremder Jagdrechte die Jagd unbefugt ausübt (vgl. z. B. § 3 Nr. 2 und 3, § 14 a. E.), verwirkt Strafe von 3 bis 30 Mark[43]).

§ 23. Für den innerhalb eines Jagdbezirkes vorfallenden Wildschaden haften in Gemäßheit der Bestimmungen des Wildschadengesetzes[44]) bei verpachteten Jagden die Pächter — sofern im Pachtkontrakte nicht ein Anderes verabredet ist — und aushülfsweise die Verpächter; bei Feldmarksjagdbezirken, in denen die Jagd beruht, oder durch Jäger verwaltet wird, die Gesammtheit der Feldmarksgenossen nach dem im § 10 angegebenen Verhältnisse.

Für den Wildschaden in Gärten, in denen nach § 3 Nr. 2 die Jagd beruht, haften die Pächter des anliegenden Jagdbezirks, und wenn solcher nicht verpachtet ist, die Jagdberechtigten desselben[45]).

---

[39]) Der Begleiter des Jagdberechtigten ist auch dann zu jagen berechtigt, wenn letzterer die Jagd wegen Entziehung des Jagdscheines nicht ausübt Kamm.Ger. 6. April 99 (Johow XIX. 283).

[40]) Ob der Stiefsohn zu den zur Familie gehörigen Hausgenossen zu rechnen, ist zweifelhaft; Kamm.Ger. 22. Febr. 92 (Johow XIII. 348) verneint es.

[41]) Im Text stand „des Arbeitshauses oder des polizeilichen Werkhauses". Anstatt dieser Strafe wird jetzt auf Überweisung an die Landespolizeibehörde erkannt, die dadurch die Befugnis erhält, die Verurteilten in ein Arbeitshaus unterzubringen StGB. § 362 (Fassung des G. 25. Juni 00 RGB. 301).

[42]) Solche Personen (vergl. auch Jagdschein=G. § 6 — Anl. C —) dürfen nach § 6 für Feldmarksjagdbezirke zur Pachtung von Jagden und als Bieter bei öffentlichen Verpachtungen nicht zugelassen werden.

[43]) Die den Jagdschein behandelnden § 17—21 und § 22 Abs. 1 u. 2 sind durch Jagdschein=G. (Anlage C) ersetzt. Dies bezieht sich namentlich auch auf die im § 21 der Obrigkeit erteilte Befugnis, den Eingesessenen von Ostfriesland behufs Ausübung der im § 13 der JagdO. gedachten Wasservögeljagd im Dürftigkeitsfalle die Jagdscheingebühr ganz oder teilweise zu erlassen. Landt.= Verh. 95 II. Sess. HH. StB. 364). § 22 dritter Abs. ist noch in Kraft Kamm.Ger. 22. Juni 98 (Johow XIX. 285).

[44]) Anlage D.

[45]) § 23 Abs. 2 ist durch BGB. außer Kraft gesetzt (Anl. D. Anm. 8).

Schulz, Jagd. 2. Aufl.   7

§ 24. Jagdfolge findet nicht ferner statt; das Wild gehört Demjenigen, in dessen Jagdbezirke es ergriffen wird.

§ 25. Das Schwarzwild außerhalb geschlossener Wildgärten ist auszurotten. Der Jagdberechtigte ist erforderlichenfalls im Verwaltungswege hierzu anzuhalten[46]).

Die Regierung ist befugt, eine Beschränkung dieses Gebotes bei größeren Forsten des Harzes in den Fällen eintreten zu lassen, wo die Beibehaltung oder Wiedereinführung von Schwarzwild sich mit Rücksicht auf den Forst als nützlich und in Beziehung auf Grundstücke dritter Personen als unschädlich darstellt. Der durch Schwarzwild verursachte Schaden ist von Demjenigen zu ersetzen, aus dessen Wildstande dasselbe ausgetreten ist[47]).

(§§ 26—30)[48]).

(§ 31)[49]).

§ 32. Es ist bei einer, im Wiederholungsfalle zu verdoppelnden Strafe von 3 Mark verboten, Hunde in einem Jagdreviere herrenlos umherlaufen zu lassen[50]).

Katzen, welche in einem Jagdreviere in einer Entfernung von mindestens 500 Schritten vom nächstbewohnten Hause getroffen werden, kann der Jagdberechtigte oder dessen Vertreter[51]) im ersten Betretungsfalle tödten.

Auf Schweißhunde, Saufinder, Hühnerhunde, Windhunde und Teckel, welche während der Jagdzeit überjagen, findet diese Bestimmung keine Anwendung (vgl. § 35).

§ 33. Die Jagd mit Windhunden ist nur vom 1. Oktober, diejenige mit Jagdhunden (Brakken)[52]) nur vom 15. September, oder falls die

---

[46]) ZustG. (Anl. B).

[47]) Wegen Feststellung des Schadens: Anl. D Anm. 17.

[48]) Die die Setz- und Hegezeit behandelnden § 26—30 sind ersetzt durch Wildschon-G. 14. Juli 04 Anlage E. — Die über dieses G. hinausgehenden Vorschriften des § 27 über Erlegung von in Feldmarken zu Schaden gehendem Rotwild auch während der Schonzeit sind aufrecht erhalten Kamm.Ger. 15. Okt. 96 (Johow XVIII. 289 u. Wildschon-G. § 19). — Derartiges Rotwild darf in der Schonzeit nur von dem Augenblicke an erlegt werden, wo das unmittelbare Eintreten der Schadenszufügung bestimmt zu erwarten ist, bis unmittelbar nach der Schadenszufügung, nicht aber auch dann noch, wenn die schädigende Tätigkeit schon eine Zeit lang beendigt war. Der Irrtum über den Begriff „zu Schaden gehendes Wild“ schließt die Strafbarkeit nicht aus

Kamm.Ger. 1. Feb. 00 (Johow St. Neue Folge I 21). Es ist keineswegs notwendig, daß das Rotwild durch Äsung bereits Schaden getan hat Kamm.Ger. 3. Feb. 02 (Schultz I. 56).

[49]) Dieser den Verkehr mit Wild behandelnde § ist aufgehoben durch Wildschon.G. § 19 — Anl. E.

[50]) Solche Hunde dürfen jedoch auch selbst vom Jagdberechtigten nicht getötet werden. — Herrenlos ist ein Hund, der von seinem Herrn soweit entfernt umherläuft, daß dessen Einwirkung auf den Hund verloren gegangen ist Kamm.Ger. 26. Sept. 95 (Johow St. XVII. 410).

[51]) Der Vertreter muß dazu vom Jagdberechtigten unmittelbar ermächtigt sein.

[52]) Unter „Brakken“ ist nicht die Bracke im technischen Sinne, sondern ein gewöhnlicher, schwach mittelgroßer Hund zu verstehen, welcher auf frischer Wildfährte laut jagt und das Wild dem Jäger zutreibt Kamm.Ger. 21. Juni 97

betreffende Obrigkeit solches verfügt, vom 1. Oktober an bis zum Jagd=schlusse (§ 26 Nr. 5)[53]) gestattet. Die Jagd mit Jagdhunden darf nur von Demjenigen, welcher auf einer Fläche von wenigstens 10000 Morgen[54]) im Zusammenhange zur Jagdausübung berechtigt ist, auf solcher Fläche ausgeübt werden. Die Uebertretung dieser Vorschriften wird mit einer Strafe von 30 Mark belegt.

Windhunde und Jagdhunde (Brakken), die während der für diese Jagdausübung geschlossenen Zeit in einem fremden Jagdreviere jagend betroffen werden, kann der Jagdberechtigte oder dessen Vertreter tödten. Während der für diese Jagdausübung offenen Zeit ist ihm nur das Auf=fangen (Koppeln) der Hunde gestattet und hat der Eigenthümer derselben für jeden überjagenden Hund eine Strafe von 3 Mark — im Koppelungs=falle außerdem noch ein Pfandgeld von je 3 Mark Demjenigen, der den Hund gekoppelt hat — zu entrichten.

§ 34. Die Hirten sollen das Ablaufen ihrer Hunde von der Heerde und das Umherstreifen derselben in den Hölzern, Feldern ꝛc. bei einer im Wiederholungsfalle zu verdoppelnden Strafe von 1 Mark 50 Pfg. verhindern.

§ 35. Auf gleiche Weise soll es in Ansehung der während der Jagdzeit überjagenden Schweißhunde, Saufinder, Hühnerhunde, Windhunde und Teckel, sowie derjenigen Hunde gehalten werden, welche Jemand auf Reisen oder sonstigen Wegen mit sich genommen hat.

Wer nach vorgängiger Warnung, welche auf Anrufung des Jagd=berechtigten oder Jagdpächters von dem Gemeindevorsteher vorzunehmen ist, einen Hund bei der Feldarbeit mit sich führt, verwirkt Strafe von 50 Pfg. Die besondere Strafe des Umherstreifens (§ 34) ist dadurch nicht ausgeschlossen.

(§ 36)[55]).

(Johow St. XVIII. 285). — Teckel, Teckelbastarde und Hühnerhunde gehören nicht zu den Jagdhunden (Brakken) Kamm.Ger. 22. Juni 91 (Johow St. XI. 287).

[53]) § 26 Nr. 5, wonach der Jagd=schluß am 31. Jan. eintritt, ist auf=gehoben, Anm. 48.

[54]) = 2621,0 ha. — Für die Befug=nis zur Ausübung der Brakkenjagd ist nur die Tatsache der Jagdberechtigung auf 10000 Morgen Grundfläche im Zu=sammenhange, also auch wenn sie durch Zusammenpachtung entstanden ist, aus=schlaggebend OV. 26. Okt. 03 (Schultz I. 226). — Die als Mindestmaß bezeichnete Fläche (10000 Morgen) muß sich in der Hand eines Jagdberechtigten, sei er Eigentümer oder Pächter der Jagd, be=finden. Das Recht der Jagdausübung mit Jagdhunden kann nicht dadurch er=langt werden, daß sich Jagdberechtigte, von denen jeder für sich nicht über eine Jagdfläche von mindestens 10000 Morgen verfügt, im Vereine mit anderen Grund=besitzern gegenseitig die Erlaubnis er=teilen, ihre Jagdgebiete zu bejagen Kamm.Ger. St. 15. Juni 03 (Schultz III. 93).

[55]) Die Strafbestimmungeu (§ 36) wegen unbefugten Betretens eines frem=den Jagdreviers mit Schießgewehr sind ersetzt durch StGB. § 368 Nr. 10 (Nr. III. 2 d. W.) Kamm.Ger. 26. April 97 (Johow XVIII. 286).

(§ 37)[56].

(§ 38)[57].

§ 39. Die in diesem Gesetze angedrohten Geldstrafen sind Polizeistrafen.
(§ 40 und 41)[45][58].

Anlagen zur Hannov. Jagdordnung 11. März 59.

Anlage A (zu Anmerkung 1).
Ausführungsbestimmungen des hannoverschen Ministeriums des Innern zu der Jagdordnung. Vom 11. März 1859 (GS. 171).

§ 1. Zu den §§ 2—4 der Jagdordnung:
Die Feststellung der Jagdbezirke nach den Vorschriften der §§ 1—3 des Gesetzes ist die Obliegenheit der Obrigkeit[1]).

§ 2. Zu § 3 Nr. 3 der Jagdordnung: Die Befugniß des Grundeigentümers, die im § 3 Nr. 3 der Jagdordnung bezeichneten Grundstücke von der Jagd-ausübung auszuschließen, ruhet, wenn die desfallsige Absicht nicht vor der Beschluß-fassung der Feldmarksgenossen über die Verwaltung der Jagd der Obrigkeit an-gezeigt ist, für die ganze Dauer der Periode, welche der Beschluß der Feldmarks-genossen umfaßt. — Die Erklärung eines Grundeigenthümers, die Jagd auf den mit seinen Wohngebäuden zusammenhängenden Höfen und Gärten beruhen lassen zu wollen (§ 3 Nr. 2 des Gesetzes), ist an den Vorstand der Feldmarksgenossen-schaft zu richten.

§ 3. Zu den §§ 3, 5 und folgenden der Jagdordnung: Jede Feldmarks-genossenschaft hat in Beziehung auf die Verwaltung der Feldmarksjagd

1. zur Vertretung der Genossenschaft bei der Obrigkeit[2]),

2. zur Leitung der Beschlußfassungen der Feldmarksgenossen und

3. zur Erhebung der Vertheilung der Jagdaufkünfte (§ 10 der Jagdordnung) einen Vorstand aus ihrer Mitte zu bestellen. Derselbe kann aus einer oder mehreren, jedoch höchstens sechs Personen bestehen. Im letzteren Falle steht dem von dem Vorstande zu erwählenden Vorsitzenden die Leitung der Beschlußfassungen (Nr. 2) zu.

Zur Erhebung und Vertheilung der Jagdaufkünfte kann auch die Bestellung eines besonderen Rechnungsführers von der Genossenschaft beschlossen werden.

Der Vorstand wird von der Gesammtheit der Feldmarksgenossen durch Stimmenmehrheit nach den Regeln des § 5 der Jagdordnung erwählt.

Zu der erstmaligen Wahl sind die Betheiligten durch die Obrigkeit zu laden.

Diese Wahl soll nach Feststellung der neuen Jagdbezirke und noch vor dem 1. September d. J. erfolgen. Sie ist an Ort und Stelle von der Obrigkeit oder einem Beauftragten derselben kostenfrei zu leiten.

---

[56]) § 37 betrifft Aufhebung früherer Jagd-O.

[57]) Der über das Verbot der Jagd-ausübung an Sonntagen usw. handelnde § 38 ist ersetzt durch StGB. § 366 Nr. 1, G. 9. Mai 92 u. PolB. 25. Aug. 05 (III. 2 Anl. C Nr. 9) Kamm.Ger. 13. Juni 04 u. 4. Mai 05 (Schultz II. 85 u. 178).

[58]) §§ 40 u. 41 enthalten jetzt be-deutungslose Übergangs- und Schluß-bestimmungen.

[1]) Die Handhabung der Jagdpolizei ist neugeregelt durch das ZustG. 1. Aug. 83 Anlage B.

[2]) Der Jagdvorstand ist auch zur Vertretung der Feldmarksgenossen vor den Verwaltungsgerichten befugt OV. 26. Juni 03 (PrVBl. XXV. 149).

Nach Bestellung des Vorstandes steht diesem die Zusammenberufung der Genossenschaft behuf der Berathung über die Verwaltung der Feldmarksjagd zu. Behuf der Ladung der einzelnen Genossen hat die Obrigkeit ihre Mitwirkung zu gewähren, wenn solche vom Vorstande beantragt wird.

Beschwerden gegen den Vorstand wegen verweigerter Zusammenberufung sind von der Obrigkeit zu entscheiden.

Die Befugniß der Obrigkeit in dem § 5 der Jagdordnung erwähnten Falle, so wie in sonstigen Fällen, in welchen die Aufrechterhaltung der Ordnung solche erfordert, in Beziehung auf die Verhandlungen der Feldmarksgenossen selbst ein=zuschreiten, wird durch vorstehende Bestimmungen nicht geändert.

§ 4. Zu § 5 der Jagdordnung: Die nicht in der Gemeinde, zu deren Bezirke die Feldmark gehört, wohnenden Feldmarksgenossen, welche der Pflicht zur Bestellung eines Bevollmächtigten in der Gemeinde behuf Entgegennahme der Ladungen binnen der von der Obrigkeit zu bestimmenden Frist nicht genügen, verlieren, solange dies nicht geschehen ist, den Anspruch darauf, zu den Berathungen der Feldmarksgenossenschaft über die Feldmarksjagd geladen zu werden.

§ 5. Zu § 21 der Jagdordnung: Wenn in Gemässheit des Schlusssatzes des § 21 der Jagdordnung die Ertheilung von Jagdscheinen behuf der Wasservögeljagd an Eingesessene der Provinz Ostfriesland gegen ermässigte Gebühr oder unentgeltlich erfolgt, so gelten diese Jagdscheine nur für die Ausübung der gedachten Jagd und auch dafür nur in Ostfriesland. Für solche Fälle ist von der Obrigkeit nur ein solcher Jagdschein zu ertheilen, worin sich jene Beschränkung ausdrücklich bemerkt findet[3].

Anlage B (zu Anlage A Anmerkung 1).
Gesetz über die Zuständigkeit der Verwaltungs- und Verwaltungsgerichts-behörden. Vom 1. August 1883 (GS. 237). Auszug:

XV. Titel.
Jagdpolizei.

§ 103. In Jagdpolizeisachen beschließt, soweit die Beschlußfassung nach bestehendem Rechte den Verwaltungsbehörden zusteht, unbeschadet der nach=folgenden Bestimmungen, der Landrath, in Stadtkreisen die Ortspolizei=behörde[1].

Gegen Beschlüsse dieser Behörden, durch welche Anordnungen wegen Abminderung des Wildstandes getroffen oder Anträge auf Anordnung oder Gestattung solcher Abminderung abgelehnt werden, findet statt der allgemeinen Rechtsmittel innerhalb zwei Wochen die Beschwerde an den Bezirksausschuß statt. Der Beschluß des Bezirksausschusses ist endgültig[2].

---

[3] Diese Bestimmung ist durch Jagd=schein=G. Anl. C § 4 hinfällig geworden. Vergl. auch Jagd=O. Anm. 43.

[1] Gegen Verfügungen der Jagd=polizeibehörde (Landrat, bezw. Orts=polizeibehörde) finden die allgemeinen Rechtsmittel (LVG. § 127—130) statt.

[2] Das Beschwerdeverfahren gilt auch gegen Anordnungen der Kommunalauf=sichtsbehörde (Landrat oder Regierungs=präsident) in Jagdangelegenheiten z. B. Jagdverpachtungen.

§ 104. Der Kreisausschuß, in Stadtkreisen der Bezirksausschuß, beschließt, soweit die Beschlußfassung nach bestehendem Rechte den Verwaltungsbehörden zusteht,

1. über die Genehmigung zur Bildung mehrerer für sich bestehender Jagdbezirke aus dem Bezirke einer Gemeinde (Gemarkung, Feldmark).

2[3]).

Bestimmungen, wonach es zur Annahme eines Ausländers als Jagd=pächters einer besonderen Genehmigung bedarf, findet auf Angehörige des Deutschen Reiches fortan keine Anwendung.

§ 105. Streitigkeiten der Betheiligten[4]) über ihre in dem öffentlichen Rechte begründeten Berechtigungen und Verpflichtungen hinsichtlich der Aus=übung der Jagd, insbesondere über

1. Beschränkungen in der Ausübung des Jagdrechts auf eigenem Grund und Boden[5]),

2. Bildung von gemeinschaftlichen Jagdbezirken, Anschluß von Grund=stücken an einen gemeinschaftlichen Jagdbezirk, oder Ausschluß von Grundstücken aus einem solchen,

3. Ausübung der Jagd auf fremden Grundstücken, welche von einem größeren Walde oder von einem oder mehreren selbstständigen Jagd=bezirken umschlossen sind, sowie die den Eigenthümern der Grundstücke zu gewährende Entschädigung[6])

unterliegen der Entscheidung im Verwaltungsstreitverfahren.

Zuständig im Verwaltungsstreitverfahren ist in erster Instanz der Kreis=ausschuß, in Stadtkreisen der Bezirksausschuß.

---

[3]) Abs. 2 bezieht sich nicht auf die Provinz Hannover.

[4]) Zu den Beteiligten gehören die Gemeindebehörde, die Grundbesitzer, im Falle des § 105 Nr. 3 der Waldbesitzer, die Enklavenbesitzer und die Gemeinde=behörde, nicht aber die Jagdpolizei=behörde OB. 23. Mai 89 (XVIII. 295), auch nicht der Jagdpächter, dessen Be=fugnisse sich lediglich auf den privat=rechtlichen Grund des Pachtvertrages stützen OB. 13. Febr. 90 (XIX. 307); ebensowenig der Jagdvorstand nach der Hannov. Jagd=O. (Nr. 3 d. W.) § 4 OB. 22. Nov. 98 (XVII. 348).

[5]) Dazu gehören nicht nur Streitig=keiten über die Art der Jagdausübung, sondern auch über das Jagdrecht selbst OB. 29. März 96 (XIII. 331), ferner über solche Beschränkungen, welche aus der bisherigen Zugehörigkeit eines Grundstückes zu einem gemeinschaftlichen Jagdbezirke und der Verpachtung der Jagd auf letzterem hergeleitet werden OB. 24. April 93 (XXIV. 291), sowie über den Anschluß von Grundstücken an einen gemeinschaftlichen Jagdbezirk oder über deren Ausschluß aus demselben OB. 5. Febr. 91 (XX. 322). — So lange ein solcher Streit der Beteiligten nicht zum Austrage gebracht ist, hat die Jagdpolizeibehörde im öffentlichen Inter=esse der durch die Jagd=O. bestimmten Rechtsordnung durch polizeiliche Ver=fügungen Geltung zu verschaffen und zur Erhaltung der jagdlichen Ordnung ein=zuschreiten OB. 21. April 00 (XXXVII. 298).

[6]) Streitigkeiten, die nicht den Betrag, sondern lediglich die Zahlung der Ent=schädigung, sowie die Wirksamkeit der Kündigung des Pachtverhältnisses be=treffen, sind im ordentlichen Rechtswege zu entscheiden OB. 5. Januar 01 (XXXVIII. 281).

§ 106. Auf Beschwerden und Einsprüche, betreffend die von der Gemeindebehörde oder dem Jagdvorstande festgestellte Vertheilung der Erträge der gemeinschaftlichen Jagdnutzung, beschließt die Gemeindebehörde beziehungsweise der Jagdvorstand[7]).

Gegen den Beschluß findet innerhalb zwei Wochen die Klage bei dem Kreisausschusse, in Stadtkreisen bei dem Bezirksausschusse statt.

Die im ersten Absatze gedachte Feststellung bedarf keinerlei Genehmigung oder Bestätigung von Seiten der Aufsichtsbehörde.

§ 107. Der Bezirksausschuß beschließt über die Verlängerung, Verkürzung oder Aufhebung der gesetzlichen Schonzeit, soweit darüber nach bestehendem Rechte im Verwaltungswege Bestimmung getroffen werden kann. Der Beschluß ist endgültig.

§ 108. Der Bezirksausschuß beschließt über die Erneuerung der auf den Schleswigschen Westseeinseln bestehenden Konzessionen zur Errichtung von Vogelkojen, sowie über die Erteilung neuer Konzessionen (§ 6 des Gesetzes vom 1. März 1873 GS. 27).

Anlage C (zu Anmerkung 43).
Jagdscheingesetz. Vom 31. Juli 1895 (GS. 304)[1]).

Wir u. s. w. verordnen für den Umfang der Monarchie, mit Ausnahme der Insel Helgoland, was folgt:

§ 1[2]). Wer die Jagd ausübt, muß einen auf seinen Namen lautenden Jagdschein bei sich führen. Zuständig für die Ertheilung des Jagdscheines ist der Landrath (Oberamtmann) in Stadtkreisen die Ortspolizeibehörde, desjenigen Kreises, in welchem der den Jagdschein Nachsuchende einen Wohnsitz hat oder zur Ausübung der Jagd berechtigt ist.

Personen, welche weder Angehörige eines Deutschen Bundesstaates sind, noch in Preußen einen Wohnsitz haben, kann der Jagdschein gegen die Bürgschaft einer Person, welche in Preußen einen Wohnsitz hat, ertheilt

---

[7]) Die Ablehnung der Feststellung einer Verteilung ist nur durch Beschwerde anfechtbar OB. 6. Jan. 87 (XIV. 312).

[1]) Durch das G. sind die bis dahin in den alten und den 66 neu erworbenen Landesteilen bestandenen, vielfach voneinander abweichenden Vorschriften über Jagdscheine beseitigt und durch einheitliche Bestimmungen für das ganze Staatsgebiet mit Ausnahme der Insel Helgoland (Anm. 2) ersetzt worden.
Inhalt: Verpflichtung zur Führung eines Jagdscheines § 1, Ausnahmen § 2, Jahres= und Tagesjagdschein § 3—5, Versagung und Wiederabnahme § 6—9, Benutzung innerhalb der Festungsrayons § 10, Straf= und Übergangsbestimmungen § 11—15. — Aus. Vf. 2. Aug. 95 (MB. 231). Der Inhalt der Ausf. Vf. ist in die Ausf. Vf. zur Jagd=O. 15. Juli 07 II. 2. Anl. A Nr. 24, 25, 26 u. 45 übernommen worden. — Quellen: Landt.Verh. AH. II Sess. 95 Drucks. 168 (Begr.), 206 (KB.), StB. 2658 ff., 2711 ff. — HH. StB. 364. — Bearb. v. Seherr=Thoß (2. Aufl. Berl. 95).
[2]) Zu § 1: II. 2 Anm. 81—86.

werden. Die Ertheilung erfolgt durch die für den Bürgen gemäß Absatz 1 zuständige Behörde. Der Bürge haftet für die Geldstrafen, welche auf Grund dieses Gesetzes oder wegen Uebertretung sonstiger jagdpolizeilicher Vorschriften gegen den Jagdscheinempfänger verhängt werden, sowie für die Untersuchungskosten.

§ 2[3]). Eines Jagdscheines bedarf es nicht:
1. zum Ausnehmen von Kiebitz- und Möveneiern;
2. zu Treiber- und ähnlichen bei der Jagdausübung geleisteten Hülfsdiensten;
3. zur Ausübung der Jagd im Auftrage oder auf Ermächtigung der Aufsichts- oder Jagdpolizeibehörde in den gesetzlich vorgesehenen Fällen. Der Auftrag oder die Ermächtigung vertritt die Stelle des Jagdscheines.

§ 3[4]). Der Jagdschein gilt für den ganzen Umfang der Monarchie. Er wird in der Regel auf ein Jahr ausgestellt (Jahresjagdschein). Personen, welche die Jagd nur vorübergehend ausüben wollen, kann jedoch ein auf drei auf einander folgende Tage gültiger Jagdschein (Tagesjagdschein) ausgestellt werden.

§ 4[5]). Für den Jahresjagdschein ist eine Abgabe von 15 Mark, für den Tagesjagdschein von 3 Mark zu entrichten. Personen, welche weder Angehörige eines deutschen Bundesstaates sind, noch in Preußen einen Wohnsitz oder Grundbesitz haben, müssen eine erhöhte Abgabe für den Jagdschein von 40 Mark, für den Tagesjagdschein von 6 Mark entrichten. Neben der Jagdscheinabgabe werden Ausfertigungs- oder Stempelgebühren nicht erhoben.

Gegen Entrichtung von 1 Mark kann eine Doppelausfertigung des Jagdscheines gewährt werden.

Die Jagdscheinabgabe fließt zur Kreiskommunalkasse, in den Stadtkreisen zur Gemeindekasse, in den Hohenzollern'schen Landen zur Amtskommunalkasse. Über die Verwendung der eingegangenen Beträge hat die Vertretung des betreffenden Kommunalverbandes zu beschließen.

§ 5[6]). Von der Entrichtung der Jagdscheinabgabe sind befreit:
Die auf Grund des § 23 des Forstdiebstahlgesetzes vom 15. April 1878 (Ges.-Sammlg. S. 222) beeidigten, sowie diejenigen Personen, welche sich in der für den Staatsforstdienst vorgeschriebenen Ausbildung befinden. Der unentgeltlich erteilte Jagdschein genügt nicht, um die Jagd auf eigenem oder gepachtetem Grund und Boden, oder auf solchen Grundstücken auszuüben,

---

[3]) Zu § 2: das. Anm. 87—89.
[4]) Zu § 3: das. Anm. 90—93.
[5]) Zu § 4: das. Anm. 94. — Die in der Jagd-O. 15. Juli 07 § 32 enthaltene Bestimmung über die Höhe des Grundsteuerreinertrags des Grundbesitzes und über die erhöhte Abgabe für Ausländer-Jagdscheine ist auf die Provinz Hannover nicht ausgedehnt; vgl. II. 2. Anl. A Nr. 26 zu § 31.
[6]) Zu § 5: II. 2 Anm. 96—98.

auf welchen von dem Jagdscheininhaber außerhalb seines Dienstbezirkes die Jagd gepachtet worden ist.

Die Unentgeltlichkeit ist auf dem Jagdschein zu vermerken.

§ 6[7]). Der Jagdschein muß versagt werden:

1. Personen, von denen eine unvorsichtige Führung des Schießgewehres oder eine Gefährdung der öffentlichen Sicherheit zu besorgen ist;

2. Personen, welche sich nicht im Besitze der bürgerlichen Ehrenrechte befinden, oder welche unter polizeilicher Aufsicht stehen;

3. Personen, welche sich in den letzten zehn Jahren

   a) wegen Diebstahls, Unterschlagung oder Hehlerei wiederholt, oder

   b) wegen Zuwiderhandlung gegen die §§ 117 bis 119 und 294 des Reichs-Strafgesetzbuches mit mindestens drei Monaten Gefängniß bestraft sind.

§ 7[8]). Der Jagdschein kann versagt werden;

1. Personen, welche in den letzten fünf Jahren

   a) wegen Diebstahls, Unterschlagung oder Hehlerei einmal, oder

   b) wegen Zuwiderhandlung gegen die §§ 117 bis 119 des Reichs-Strafgesetzbuches mit weniger als drei Monaten Gefängniß bestraft sind;

2. Personen, welche in den letzten fünf Jahren wegen eines Forstdiebstahls, wegen eines Jagdvergehens, wegen einer Zuwiderhandlung gegen den § 113 des Reichs-Strafgesetzbuches, wegen der Uebertretung einer jagdpolizeilichen Vorschrift oder wegen unbefugten Schießens (§§ 367 Nr. 8 und 368 Nr. 7 des Reichs-Strafgesetzbuches) bestraft sind.

§ 8[9]). Wenn Thatsachen, welche die Versagung des Jagdscheines rechtfertigen, erst nach Ertheilung des Jagdscheines eintreten oder zur Kenntniß der Behörde gelangen, so muß in den Fällen des § 6 und kann in den Fällen des § 7 der Jagdschein von der für die Ertheilung zuständigen Behörde für ungültig erklärt und dem Empfänger wieder abgenommen werden.

Eine Rückvergütung der Jagdscheinabgabe oder eines Theilbetrages findet nicht statt.

§ 9[10]). Gegen Verfügungen, durch welche der Jagdschein versagt oder entzogen wird, finden diejenigen Rechtsmittel statt, welche in den §§ 127 bis 129 des Gesetzes über die allgemeine Landesverwaltung vom 30. Juli 1883 (Gesetz-Samml. S. 195) gegen polizeiliche Verfügungen gegeben sind.

§ 10[11]). Wer die Jagd innerhalb der abgesteckten Festungsrayons (§§ 8, 24 des Reichs-Rayongesetzes vom 31. Dezember 1871, Reichs-

---

[7]) Zu § 6: das. Anm. 99—105.   [10]) Zu § 9: das. Anm. 110.
[8]) Zu § 7: das. Anm. 106—108.   [11]) Zu § 10: das. Anm. 111.
[9]) Zu § 8: das. Anm. 109.

Gesetzbl. S. 459) ausüben will, muß vorher seinen Jagdschein von der Festungsbehörde mit einem Einsichtsvermerke versehen lassen.

§ 11[12]). Mit Geldstrafe bis zu 20 Mark wird bestraft:

1. wer bei Ausübung der Jagd seinen Jagdschein oder die nach § 2 Nr. 3 an deffen Stelle tretende Bescheinigung nicht bei sich führt;

2. wer die Jagd innerhalb der abgesteckten Festungsrayons ausübt, ohne einen von der Festungsbehörde mit dem Einsichtsvermerke versehenen Jagdschein bei sich zu führen (§ 10).

§ 12[13]). Mit Geldstrafe von 15 bis 100 Mark wird bestraft: wer ohne den vorgeschriebenen Jagdschein zu besitzen, die Jagd ausübt, oder wer von einem gemäß § 8 für ungültig erklärten Jagdscheine Gebrauch macht.

Ist der Thäter in den letzten fünf Jahren wegen der gleichen Ueber=tretung vorbestraft, so können neben der Geldstrafe die Jagdgeräthe sowie die Hunde, welche er bei der Zuwiderhandlung bei sich geführt hat, eingezogen werden, ohne Unterschied, ob der Schuldige Eigenthümer ist oder nicht.

§ 13. Die Fristen im § 6 Ziffer 3, § 7 Ziffer 1 und 2, § 12 Absatz 2 beginnen mit dem Ablaufe desjenigen Tages, an welchem die Strafe verbüßt, verjährt oder erlassen ist.

§ 14[14]). Für die Geldstrafen und Kosten, zu denen Personen verurtheilt werden, welche unter der Gewalt oder Aufsicht oder im Dienste eines Anderen stehen und zu deffen Hausgenossenschaft gehören, ist letzterer für den Fall des Unvermögens des Verurtheilten für haftbar zu erklären, und zwar unabhängig von der etwaigen Strafe, zu welcher er selbst auf Grund dieses Gesetzes oder des § 361 zu 9 des Reichs=Strafgesetzbuches verurtheilt wird.

Wird festgestellt, daß die That nicht mit seinem Wissen verübt worden ist, oder daß er sie nicht verhindern konnte, so wird die Haftbarkeit nicht ausgesprochen.

Gegen die in Gemäßheit der vorstehenden Bestimmungen als haftbar Erklärten tritt an die Stelle der Geldstrafe eine Freiheitsstrafe nicht ein.

§ 15. Die vor dem Inkrafttreten dieses Gesetzes ausgestellten Jagd=scheine behalten ihre Gültigkeit für die Zeit, auf welche sie ausgestellt worden sind.

---

[12]) Zu § 11: II 2 Anm. 183 u. 184.   [14]) Zu § 14: daf. 195.
[13]) Zu § 12: daf. 185 u. 186.

Anlage D (zu Anmerkung 44).
Hannoversches Gesetz, den Wildschaden betreffend.
Vom 21. Juli 1848.   (Hannov. GS. 215)[1].

§ 1. Jeder an Grundstücken und deren Erzeugnissen[2] durch jagdbares Wild[3] verursachte Schaden[4] ist nach den folgenden Bestimmungen zu ersetzen:

§ 2. Der Entschädigungsanspruch steht jedem Nutzungsberechtigten[5] in dem Umfange der Beeinträchtigung seiner Nutzung zu.

§ 3. Entschädigungspflichtig ist derjenige, welchem auf dem beschädigten Grundstücke die Jagd der Gattung des Wildes zusteht, von welchem der Schaden verursacht ist[6].

§ 4. Ist der Schaden durch Wild verursacht, welches nicht in dem Jagdbezirke der Entschädigungspflichtigen seinen regelmäßigen Aufenthalt hat (Streif- und Wechselwild), so ist dieser berechtigt, Ersatz von demjenigen zu verlangen, aus dessen Wildstande dasselbe ausgetreten ist. (Standwild[7]).

§ 5. Bei verpachteten Jagden ist der Pächter der Verpflichtete (§§ 3 u. 4)[8].

(Abs. 2)[9].

Der Jagdberechtigte ist verpflichtet, bei den von ihm verpachteten Jagden in subsiduum zu haften, falls sich der Beschädigte an dem Pächter nicht erholen kann[10].

---

[1] Das G. verpflichtet zum Ersatz von Wildschaden jeder Art und auf allen Grundstücken, erstreckt sich mithin auch auf Einzeljagdbezirke (Jagd-O. § 2). Es gewährt ferner unter Umständen dem Ersatzverpflichteten ein Rückgriffsrecht auf den Jagdberechtigten eines anderen Jagdbezirks. Diese über die Bestimmungen des BGB. § 835 hinausgehenden Vorschriften sind aufrecht erhalten EG. Art. 71 Nr. 1, 5, 6 u. 7 (II. 2 Anl. E d. W.). — Bearb. v. Stelling (Hann. Jagdrecht Hann. 96 und die Hann. Jagdgesetze in ihrer heutigen Gestalt, daf. 05) und Brüning (Jagdgesetzgebung für die Prov. Hann. Hann. 85).

[2] D. s. Gartenfrüchte, Feldfrüchte oder andere Bodenerzeugnisse; dazu gehören auch die aus anderem Boden übertragenen, eingepflanzten Bodenerzeugnisse F. u. Fst PG. 1. April 80 (GS. 230) § 18, RG. 26. Okt. 82 (St. VII. 190) u. 1. Nov. 92 (St. XXIII. 269).

[3] Wildschon-G. 14. Juli 04 Anl. E § 1.

[4] Nr. II. 2 Anl. E Anm. 2 d. W.

[5] Mithin auch dem Pächter eines zu einem Einzeljagdbezirke gehörenden Grundstückes.

[6] D. h. der zur eigenen Jagdausübung berechtigte Grundeigentümer, sofern nicht § 5 in Betracht kommt. Diese Vorschrift ist aufrecht erhalten und hinsichtlich der Feldmarksjagdbezirke, in denen die Jagd ruht oder durch Jäger verwaltet wird, noch ergänzt — durch Hann. Jagd-O. § 23.

[7] Diese und die hinzutretende Bestimmung der Hann. Jagd-O. § 25 Abs. 2 letzter Satz über den Ersatz des durch Schwarzwild verursachten Schadens sind aufrecht erhalten EG. Art. 71 Nr. 7.

[8] Die näheren Bestimmungen hierzu enthält Hann. Jagd-O. § 23 Abs. 1, welche durch EG. Art. 71 Nr. 5 u. 6 aufrecht erhalten sind. — Jagd-O. § 23 Abs. 2 über den Ersatz von Wildschaden in Gärten stimmt dagegen mit dem BGB. nicht überein, ist auch durch keinen Vorbehalt gedeckt und deshalb außer Kraft gesetzt (Begr. des AG. z. BGB. AH. 99 Drucks. Nr. 34 S. 29).

[9] Abs. 2 enthält eine jetzt bedeutungslose Übergangsbestimmung.

[10] Aufrecht erhalten EG. Art. 71 Nr. 6.

§ **6.** Jeder von mehreren Inhabern derselben Jagd (Koppeljagd) haftet für den gesammten Schaden (in solidum). Er kann von den Mitberechtigten einen ihrer Theilnahme an der Jagd entsprechenden Ersatz verlangen [11]).

(§ 7) [12]).

(§ 8 bis 19) [13]).

§ **9.** Der Jagdinhaber hat jedem Gerichte, auf deſſen Bezirk ſich ſeine Jagd erſtreckt, ſofern er nicht ſelbſt darin wohnt, einen dort wohnhaften ſtändigen Bevollmächtigten zu ſeiner Vertretung gegen Klagen der Beſchädigten nahmhaft zu machen.

Fehlt bei Erhebung der Klage dieſer Bevollmächtigte, ſo hat das Gericht unter Benachrichtigung des Beklagten einſtweilen einen ſolchen zu ernennen.

Handlungen oder Verſäumniſſe dieſer Bevollmächtigten werden ausnahmslos denen der Partei gleich beurtheilt [14]).

(§ 10) [13]).

§ **11.** Vor Anſtellung der Klage hat der Beſchädigte dem Jagdinhaber oder deſſen Bevollmächtigten die ſtattgefundene Beſchädigung nach ungefährer Schätzung anzuzeigen und ſeine Forderung zu ſtellen, worauf der Jagdberechtigte erforderlichen Falls ungeſäumt einen Augenſchein einzunehmen und eine ſchriftliche Erklärung ſofort darüber abzugeben hat, ob er den Schaden als durch Wild verurſacht anerkennt und eventuell welchen Erſatz er dafür zu leiſten bereit iſt.

Wird hierdurch die Sache nicht erledigt, ſo ſoll auf Antrag des einen oder andern Theils eine Beſichtigung und ein Güteverſuch durch den Schiedsrichter oder durch den Vorſtand der Gemeinde, worin das beſchädigte Grundſtück belegen, beide Male unter Zuziehung eines Feldgeſchworenen oder eines Sachverſtändigen ſtattfinden; über das Ergebniß der Beſichtigung und des Güteverſuchs hat der Schiedsrichter oder Ortsvorſtand ein ſchriftliches Zeugniß auszuſtellen.

---

[11]) An die Stelle des § 6 tritt aus dem BGB. der ſachlich übereinſtimmende § 840 Abſ. 1:

„Sind für den aus einer unerlaubten Handlung entſtehenden Schaden Mehrere nebeneinander verantwortlich, ſo haften ſie, vorbehaltlich der Vorſchrift § 835 Abſ. 3 als Geſamtſchuldner"

(§ 835 Abſ. 3: Nr. II. Anl. E d. W.).

[12]) § 7 enthält eine jetzt bedeutungsloſe Übergangsbeſtimmung hinſichtlich der vor dem Erlaſſe des G. abgeſchloſſenen Verträge.

[13]) Die § 8—19 ſind, ſoweit ſie prozeſſualiſche Vorſchriften enthalten, aufgehoben EG. z. CPO. 30. Jan. 77 (RGB. 244), im übrigen durch die Vorbehalte im EG. z. BGB. Art. 69 (Nr. I. 1 d. W.) u. 70 (II. 2 Anl. E d. W.) gedeckt (Begr. des AG. z. BGB. AH. Seſſ. 99 Druckſ. 34 S. 29). — Streitigkeiten über Wildſchaden gehören ohne Rückſicht auf den Wert des Streitgegenſtandes vor die Amtsgerichte GVG. (Neufaſſ. 98 RGB. 371) § 23 Nr. 2. — Die § 8, 10, 13, 14 u. 19 ſind ihres lediglich prozeßrechtlichen Inhalts wegen fortgelaſſen.

[14]) Ob § 9 lediglich prozeſſualiſch, iſt ſtreitig.

Wählt der Jagdinhaber diesen Sühneversuch, so hat er dieses dem Beschädigten zugleich mit der Erklärung auf dessen Forderung anzuzeigen und die Vornahme desselben ungesäumt zu veranlassen[15]).

§ 12. In der Klage hat der Kläger den Erfolg der stattgefundenen Benachrichtigung an den Jagdinhaber und das Ergebniss des etwa stattgefundenen Sühneversuchs unter Beilegung des erteilten Zeugnisses anzugeben und die von ihm vorzuschlagenden Sachverständigen zu benennen, widrigenfalls die Klage zurückzuweisen ist[16]).

(§ 13 u. 14)[13]).

§ 15. Jede Partei ist in dem ersten Termine berechtigt, den Aufschub der Schätzung des Schadens an Früchten bis kurz vor deren Ernte zu verlangen.

Dadurch wird jedoch die sofortige Feststellung solcher Verhältnisse, welche einen Einfluß auf die demnächstige Schätzung äußern können, nicht ausgeschlossen.

§ 16. Bei Beschädigungen von Früchten ist der Schadensbetrag in der Weise zu ermitteln, daß festgestellt wird, welche größere Menge derselben ohne den Eintritt des schädlichen Ereignisses geerntet sein würde.

Von dem so ermittelten Betrage ist jedoch ein entsprechender Absatz zu machen, soweit der Schaden durch Wiederbestellung ausgeglichen ist.

Daneben ist zu ermitteln, um wie viel die Einerntungskosten vermindert oder vermehrt, und wie hoch die Kosten der etwaigen Wiederbestellung zu berechnen sind[17]).

§ 17. Bei der Verurtheilung des Beklagten ist der Betrag der zu erstattenden Früchte und der in Absatz zu bringenden Kosten auszusprechen.

Jedoch hat der Beklagte nicht die Früchte, sondern deren Geldwerth zu bezahlen.

Dieser ist zu berechnen nach dem Durchschnitte der Fruchtpreise, welche durch die Regierung[18]) für den betreffenden Preisbezirk von dem Monate October des Jahres der Ernte der beschädigten Früchte bekannt gemacht werden. Fruchtarten, deren Preise von der Regierung[18]) nicht bekannt gemacht werden, sind nach dem zur Zeit der Ernte derselben ortsüblichen Preise zu berechnen.

Vollstreckung des Urtheils kann erst beantragt werden, wenn die hiernach zum Grunde zu legenden Preise feststehen.

---

[15]) Stelling (Kommentar — Hann. Jagdrecht — S. 30) hält auch diesen Paragraphen wegen der prozeßrechtlichen Vorschrift für aufgehoben, Brüning (Kommentar S. 45) erachtet ihn für noch gültig. Schiedsrichter im Sinne dieses Paragraphen gibt es nicht mehr; seine Bestimmungen haben aber noch praktische Bedeutung.

[16]) § 12 ist aufgehoben, jedoch mit Bezug auf § 11 nachrichtlich aufgeführt.

[17]) Vgl. Nr. II. 2 Anl. E Anm. 156 d. W.

[18]) LVG. § 2. Im Texte stand Landdrostei.

Die gerichtliche Ermittelung des Geldwerthes der Früchte findet nur zum Zwecke der Exekution oder auf besonderen Antrag statt.

§ 18. Schaden an Baumpflanzungen, Waldungen ꝛc. ist von Sachverständigen nach forstwirthschaftlichen Grundsätzen zu schätzen und festzustellen; eine wie lange Zeit für die Feststellung des Schadens nachzulassen ist, haben die Sachverständigen ebenfalls zu ermessen[19]).

(§ 19)[13]).

(§ 20)[20]).

Anlage E (zu Anmerkung 48).
Wildschongesetz. Vom 14. Juli 1904[1]).

Wir usw. verordnen usw. für den ganzen Umfang der Monarchie, mit Ausschluß der Hohenzollernschen Lande, was folgt:

§ 1. Jagdbare Tiere[2]) sind[3]):

a) Elch-, Rot-, Dam-, Reh- und Schwarzwild, Hasen, Biber, Ottern, Dachse, Füchse, wilde Katzen, Edelmarder;

b) Auer-, Birk- und Haselwild, Schnee-, Reb- und schottische Moorhühner, Wachteln, Fasanen, wilde Tauben, Drosseln (Krammetsvögel), Schnepfen, Trappen, Brachvögel, Wachtelkönige, Kraniche, Adler (Stein-, See-, Fisch-, Schlangen-, Schreiadler), wilde Schwäne, wilde Gänse, wilde Enten, alle anderen Sumpf- und Wasservögel mit Ausnahme der grauen Reiher, der Störche, der Taucher, der Säger, der Kormorane und der Bleßhühner.

§ 2. Mit der Jagd zu verschonen sind:

1. männliches Elchwild vom 1. Oktober bis 31. August,

2. weibliches Elchwild und Elchkälber das ganze Jahr hindurch,

---

[19]) OV. 3. Dez. 96 (XXXI. 245) u. 17. Nov. 02 (XXXXII. 269), sowie RGer. 24. Okt. 02: Nr. II. 2 Anm. 137 u. 142 d. W.

[20]) Der von Jagdrechten auf fremdem Grund und Boden handelnde § 20 ist aufgehoben Nr. I. 4 Anm. 2 d. W.

[1]) Das G. ist an Stelle der als abänderungsbedürftig befundenen Bestimmungen des G. 26. Feb. 70 über Schonzeit und Wildhandel getreten und hat zugleich die Jagdbarkeit einheitlich festgesetzt. Inhalt: § 1 Jagdbarkeit, § 2 u. 3 Schonzeiten, § 4 Verbot des Schlingenstellens, § 5 Sammeln von Kiebitz- und Möveneiern, § 6—10 Handel und Verkehr mit Wild während der Schonzeit, § 11 Vogelschutzbeschränkungen, § 12 Endgültigkeit der Beschlüsse des Bezirksausschusses, § 13—18 Strafen, § 19 Schluß- und Übergangsbestimmungen. Ausf. Anw. 21. Juli 04. Der Inhalt dieser Ausf.Anw. ist in die Ausf.-Verf. zur Jagd-O. 15. Juli 07 (II. 2 Anl. A Nr. 2, 27—34 u. 45) übernommen worden. Quellen: Landt.Verh. 04, HH. Drucks. 23 (Entwurf und Begr.), 44 (KB.), 135, StB. S. 65 ff., 113 ff.; AH. Drucks. 336 (KB.), StB. S. 5030 ff., 5860 ff., 5952 ff., 6035. — Bearb. Danckelmann und Engelhard (Berl. 04).

[2]) D. h. Wild im rechtlichen Sinne. — Diese Festsetzung hat die mannigfachen Bestimmungen über die Jagdbarkeit der Tiere beseitigt. Das bis dahin in der Provinz noch jagdbare Kaninchen ist aus der Klasse der jagdbaren Tiere ausgeschieden.

[3]) Weiteres zu § 1 siehe II. 2 Anm. 4, 5, 7—9, 112—116.

3. männliches Rot= und Damwild vom 1. März bis 31. Juli,

4. weibliches Rotwild, weibliches Damwild sowie Kälber von Rot= und Damwild vom 1. Februar bis 15. Oktober,

5. Rehböcke vom 1. Januar bis 15. Mai,

6. weibliches Rehwild und Rehkälber vom 1. Januar bis 31. Oktober,

7. Dachse vom 1. Januar bis 31. August,

8. Biber vom 1. Dezember bis 30. September,

9. Hasen vom 16. Januar bis 30. September,

10. Auerhähne vom 1. Juni bis 30. November,

11. Auerhennen vom 1. Februar bis 30. November,

12. Birk=, Hasel= und Fasanenhähne vom 1. Juni bis 15. September,

13. Birk=, Hasel= und Fasanenhennen vom 1. Februar bis 15. September,

14. Rebhühner, Wachteln und schottische Moorhühner vom 1. Dezember bis 31. August,

15. wilde Enten vom 1. März bis 30. Juni,

16. Schnepfen vom 16. April bis 30. Juni,

17. Trappen vom 1. April bis 31. August,

18. wilde Schwäne, Kraniche, Brachvögel, Wachtelkönige und alle anderen jagdbaren Sumpf= und Wasservögel mit Ausnahme der wilden Gänse vom 1. Mai bis 30. Juni,

19. Drosseln (Krammetsvögel) vom 1. Januar bis 20. September.

Die im vorstehenden als Anfangs= und Endtermine der Schonzeiten bezeichneten Tage gehören zur Schonzeit.

Beim Elch=, Rot=, Dam= und Rehwild gilt das Jungwild als Kalb bis einschließlich zum letzten Tage des auf die Geburt folgenden Februars.

Vorstehende Vorschriften über Schonzeiten finden auf das Fangen oder Erlegen von Wild in eingefriedigten Wildgärten keine Anwendung.

§ 3[4]). Aus Rücksichten der Landeskultur oder der Jagdpflege kann der Minister für Landwirtschaft, Domänen und Forsten den Abschuß weiblichen Elchwildes für die Zeit vom 16. bis 30. September gestatten.

Aus denselben Gründen können durch Beschluß des Bezirksausschusses

a) der Anfang und der Schluß der Schonzeiten für die in § 2 unter 12 bis 14 genannten Wildarten und der Schluß der Schonzeit für Rehböcke anderweit, jedoch nicht über 14 Tage vor oder nach den dort bestimmten Zeitpunkten festgesetzt,

b) das Ende der Schonzeit für Drosseln (Krammetsvögel) bis 30. September einschließlich hinausgeschoben,

c) die Schonzeiten für Dachse und wilde Enten eingeschränkt oder gänzlich aufgehoben sowie für Rehkälber und Biber verlängert oder auf das ganze Jahr

ausgedehnt werden.

---

[4]) Siehe II. 2 Anm. 117.

Die hiernach zulässige Abänderung oder Aufhebung der Schonzeiten darf für den ganzen Umfang oder nur für einzelne Teile des Regierungsbezirkes, die Abänderung für die einzelnen Teile desselben Regierungsbezirkes in verschiedener Weise erfolgen.

Der Beschluß zu a kann nur für die Dauer eines Jahres gefaßt werden.

§ 4. Das Aufstellen von Schlingen, in denen sich jagdbare Tiere oder Kaninchen fangen können, ist verboten[5]).

Unter dieses Verbot fällt nicht die Ausübung des Dohnenstiegs mittels hochhängender Dohnen. Die Art der Ausübung des Dohnenstiegs kann durch den Regierungspräsidenten im Wege der Polizeiverordnung geregelt werden[6]).

§ 5. Kiebitz= und Möveneier dürfen nur bis 30. April einschließlich eingesammelt werden.

Durch Beschluß des Bezirksausschusses kann dieser Termin bis zum 10. April einschließlich zurückverlegt oder für Möveneier bis zum 15. Juni einschließlich verlängert werden.

Das Sammeln der Kiebitz= und Möveneier darf von anderen Personen als dem Jagdberechtigten nur in dessen Begleitung oder mit dessen schriftlich erteilter Erlaubnis, welche der Sammelnde bei sich zu führen hat, vorge= nommen werden[7]).

Eier oder Junge von anderem jagdbaren Federwild[8]) auszunehmen, ist auch der Jagdberechtigte nicht befugt, mit Ausnahme derjenigen Eier, welche ausgebrütet werden sollen.

Zum Ausnehmen von Eiern, welche zu wissenschaftlichen oder zu Lehr= zwecken benutzt werden sollen, bedarf es der Genehmigung der Jagdpolizei= behörde.

§ 6. Vom Beginne des fünfzehnten Tages der für eine Wildart fest= gesetzten Schonzeit bis zu deren Ablauf ist es verboten, derartiges Wild[9]) in ganzen Stücken oder zerlegt, aber nicht zum Genusse fertig zubereitet, in dem= jenigen Bezirke, für welchen die Schonzeit gilt, zu versenden, zum Verkaufe herumzutragen oder auszustellen oder feilzubieten, zu verkaufen, anzukaufen, oder den Verkauf von solchem Wild zu vermitteln[10]).

Vorstehenden Beschränkungen unterliegt nicht der Vertrieb einzelner Arten von Wild aus Kühlhäusern, wenn er unter Kontrolle nach Maßgabe der von den zuständigen Ministern zu erlassenden Bestimmungen stattfindet. Die Kosten der Kontrolle fallen den Inhabern der Kühlhäuser zur Last und können in Form einer Gebühr nach Tarifen erhoben werden[11]).

---

[5]) Siehe II. 2 Anm. 119.
[6]) Desgl. Anm. 121.
[7]) In der Provinz Hannover ist das Sammeln dieser Eier in nicht ver= pachteten Eigenjagdbezirken einem Drit= ten ohne Begleitung des Grundeigen= tümers künftig auch nur auf Grund des von diesem erteilten Erlaubnis= scheines gestattet (Hannov. Jagd=O. § 14.

[8]) II. 2 Anm. 124.
[9]) Siehe II. 2 Anm. 125.
[10]) Das. Anm. 126.
[11]) Das. Anm. 127.

Ferner dürfen Ausnahmen, wenn es sich um die Versendung, den Verkauf, den Ankauf und die Verkaufsvermittelung von lebendem Wild zum Zwecke der Blutauffrischung oder Einführung einer Wildart handelt, durch den für den Empfangsort zuständigen Regierungspräsidenten gestattet werden.

Die Bestimmungen des ersten Absatzes finden auf Kiebitz= nnd Möveneier entsprechende Anwendung.

§ 7. Vom Beginne des fünfzehnten Tages der für das weibliche Elch=, Rot=, Dam= und Rehwild festgesetzten Schonzeiten bis zu deren Ablauf ist es verboten, unzerlegtes Elch=, Rot=, Dam= und Rehwild, bei welchem das Geschlecht nicht mehr mit Sicherheit zu erkennen ist, zu versenden, zum Verkaufe herumzutragen oder auszustellen oder feilzubieten, zu verkaufen, anzukaufen oder den Verkauf von solchem Wilde zu vermitteln.

§ 8. Die Vorschriften der §§ 6 und 7 finden auf Wild keine An= wendung, welches im Strafverfahren in Beschlag genommen oder eingezogen[12]), oder welches mit Genehmigung oder auf Anordnung der zuständigen Behörde oder in Fällen erlegt ist, in denen besondere gesetzliche Vorschriften es gestatten (§ 19 Abf. 2)[13]).

Wer jedoch solches Wild in ganzen Stücken oder zerlegt versendet, zum Verkaufe herumträgt oder ausstellt oder feilbietet, verkauft, oder den Verkauf von solchem Wilde vermittelt, muß mit einer befristeten Bescheinigung der Ortspolizeibehörde oder des von ihr mit Genehmigung des Landrats zur Ausstellung einer solchen ermächtigten Gemeinde= (Guts=) Vorstehers ver= sehen sein[14]).

Der Käufer muß sich die Bescheinigung vorzeigen lassen[15]).

§ 9. Die Versendung von Wild darf nur unter Beifügung eines Ursprungscheins erfolgen.

Die näheren Vorschriften werden von dem Oberpräsidenten oder dem Regierungspräsidenten im Wege der Polizeiverordnung erlassen[16]); hierbei können von dem Erfordernisse des Ursprungscheins bezüglich einzelner kleinerer Wildarten Ausnahmen gestattet werden.

§ 10. Die Vorschriften der §§ 6 bis 9 finden auch auf Wild, welches in eingefriedigten Wildgärten[17]) erlegt oder gefangen ist, Anwendung.

§ 11. Der Bezirksausschuß ist befugt, für den Umfang des ganzen Regierungsbezirkes oder einzelne Teile des letzteren diejenigen nicht jagdbaren Vögel zu bezeichnen, auf welche die Ausnahmebestimmung des § 5 Abf. 1 des Reichsgesetzes, betreffend den Schutz von Vögeln, vom 22. März 1888 (Reichs=Gesetzbl. S. 111) dauernd oder vorübergehend Anwendung finden darf[18]).

---

[12]) Siehe II. 2 Anm. 129.
[13]) Daf. Anm. 130.
[14]) Daf. Anm. 131.
[15]) Daf. Anm. 132.

[16]) Siehe II. 2 Anm. 133.
[17]) Daf. Anm. 116.
[18]) Daf. Anm. 134.

§ 12. Der Beschluß des Bezirksausschusses ist in den Fällen der §§ 3, 5 und 11 endgültig[19]).

§ 13. Mit den nachstehenden Geldstrafen wird bestraft, wer während der Schonzeit erlegt[20]) oder einfängt[21]):

1. ein Stück Elchwild . . . . 150 Mark,
2. ein Stück Rotwild . . . . 150 „
3. ein Stück Damwild . . . . 100 „
4. einen Biber . . . . 100 „
5. ein Stück Rehwild . . . . 60 „
6. ein Stück Auerwild, eine Trappe, einen Schwan . . . 30 „
7. einen Dachs, einen Hasen, ein Stück Birk= oder Hasel=
wild, eine Schnepfe oder einen Fasan . . . . . . 10 „
8. ein Rebhuhn, ein schottisches Moorhuhn, eine Wachtel,
eine wilde Ente, einen Kranich, einen Brachvogel, einen
Wachtelkönig oder einen sonstigen jagdbaren Sumpf= oder
Wasservogel . . . . 5 Mark,
9. eine Drossel (Krammetsvogel) . . . . 2 „

Sind mildernde Umstände vorhanden, so kann die Geldstrafe in den Fällen 1 bis 4 bis auf 15 Mark, 5 und 6 bis auf 5 Mark, in den Fällen 7 bis 9 bis auf 1 Mark für jedes Stück ermäßigt werden.

§ 14. Bei Einführung oder Einwanderung[22]) bisher nicht einheimischer Wildarten kann durch Königliche Verordnung Bestimmung getroffen werden über ihre Jagdbarkeit, die Festsetzung von Schonzeiten für sie und die An= drohung von Strafen bei Verletzung der festgesetzten Schonzeiten.

§ 15. Mit Geldstrafe bis zu 150 Mark wird bestraft, wer:
1. innerhalb der Schonzeit auf die durch diese geschützten Tiere die Jagd ausübt, ohne sie zu erlegen oder einzufangen[23]),
2. den Vorschriften des § 4 zuwider Schlingen stellt, in denen jagdbare Tiere oder Kaninchen sich fangen können.

Ist in den Schlingen Wild gefangen worden, für welches eine Schonzeit vorgeschrieben ist, so darf eine niedrigere Strafe, als wie sie nach §§ 13 und 14 angedroht ist, nicht verhängt werden. Das Gleiche findet Anwendung auf Wild, für welches die Schonzeiten deshalb nicht gelten, weil es sich in eingefriedigten Wildgärten[17]) befindet.

Bei einer Zuwiderhandlung gegen den § 4 ist neben der Geldstrafe die Einziehung der Schlingen auszusprechen, ohne Unterschied, ob sie dem Schuldigen gehören oder nicht[24]).

---

[19]) ZuftG. § 107 Anl. B.   [22]) Daf. Anm. 135.
[20]) II. 2 Anm. 189.   [23]) Daf. Anm. 191.
[21]) Daf. Anm. 190.   [24]) Daf. Anm. 192.

§ 16. Mit Geldstrafe bis zu 150 Mark wird bestraft: wer den Vor=
schriften der §§ 6, 7 und 8 zuwider Wild oder Kiebitz= oder Möveneier ver=
sendet, zum Verkaufe herumträgt oder ausstellt oder feilbietet, verkauft, ankauft
oder den Verkauf von solchem Wild (Eiern) vermittelt.

Hat der Täter gewerbs= oder gewohnheitsmäßig gehandelt[25]) so ist eine
Geldstrafe von nicht unter 30 Mark zu verhängen.

Neben der Geldstrafe ist das den Gegenstand der Zuwiderhandlung
bildende Wild (die Kiebitz= und Möveneier) einzuziehen ohne Unterschied, ob
der Schuldige Eigentümer ist oder nicht; von der Einziehung kann abgesehen
werden, wenn der Ankauf nur zum eigenen Verbrauche geschehen ist[26]).

§ 17. An die Stelle einer nach Maßgabe der vorstehenden Bestimmungen
zu verhängenden, nicht beitreibbaren Geldstrafe tritt Haftstrafe nach Maßgabe
der §§ 28 und 29 des Reichs=Strafgesetzbuches.

§ 18. Für die Geldstrafe und die Kosten, zu denen Personen verurteilt
werden, welche unter der Gewalt, der Aufsicht oder im Dienste eines anderen
stehen und zu dessen Hausgenossenschaft gehören, ist letzterer im Falle des
Unvermögens der Verurteilten für haftbar zu erklären, und zwar unabhängig
von der etwaigen Strafe, zu welcher er selbst auf Grund dieses Gesetzes oder
des § 361 zu 9 des Strafgesetzbuchs[27]) verurteilt wird. Wird festgestellt,
daß die Tat nicht mit seinem Willen verübt ist, oder daß er sie nicht ver=
hindern konnte, so wird die Haftbarkeit nicht ausgesprochen.

Hat der Täter noch nicht das zwölfte Lebensjahr vollendet, so wird
derjenige, welcher in Gemäßheit der vorstehenden Bestimmungen haftet, zur
Zahlung der Geldstrafe und der Kosten als unmittelbar haftbar verurteilt.
Dasselbe gilt, wenn der Täter zwar das zwölfte, aber noch nicht das acht=
zehnte Lebensjahr vollendet hatte und wegen Mangels der zur Erkenntnis der
Strafbarkeit seiner Tat erforderlichen Einsicht freizusprechen ist oder wenn
derselbe wegen eines seine freie Willensbestimmung ausschließenden Zustandes
straffrei bleibt.

Gegen die in Gemäßheit der vorstehenden Bestimmungen als haftbar
Erklärten tritt an die Stelle der Geldstrafe eine Freiheitsstrafe nicht ein.

§ 19. Alle dem gegenwärtigen Gesetz entgegenstehenden Bestimmungen treten
außer Kraft, insbesondere § 24 Titel XIV der Forstordnung für Ostpreußen
und Litauen vom 3. Dezember 1775 und § 31 der Hannoverschen Jagd=
ordnung vom 11. März 1859 (Hannoversche Gesetzsammlung I Seite 159)[28]).

Die Befugnisse, welche in den einzelnen Landesteilen zum Schutze gegen
Wildschaden in betreff des Erlegens von Wild auch während der Schonzeit
gesetzlich bestehen, werden durch dieses Gesetz nicht geändert[29]).

---

[25]) II. 2 Anm. 193.
[26]) Das. Anm. 194.
[27]) Das. Anm. 195.
[28]) Hann. Jagd=O. II. 3 Anm. 49 d. W.

[29]) Für die Prov. Hannover kommt
in Betracht Jagd=O. § 27; vgl. das.
Anm. 48.

In denjenigen Landesteilen, in denen das Recht, Kiebitz= und Möveneier einzusammeln, anderen Personen als den Jagdberechtigten zusteht, bleibt dieses Recht bis zum Ablaufe der bei dem Inkrafttreten dieses Gesetzes bestehenden Jagdpachtverträge von dessen Bestimmungen unberührt.[30]).

---

4. Jagdordnung
für die Hohenzollernschen Lande. Vom 10. März 1902. (GS. 33)[1].

I. Ausübung des Jagdrechts auf eigenen und gemeinschaftlichen Jagdbezirken.

§ 1. Die Ausübung des nach dem Hohenzollern=Sigmaringenschen Gesetze vom 29. Juli 1848 (Gesetz=Samml. VIII. S. 46) und dem Hohenzollern=Hechingenschen Gesetze vom 16. April 1849 (Verordnungs= Blatt S. 151) jedem Eigenthümer auf seinem Grunde und Boden zu= stehenden Jagdrechts wird nachstehenden Bestimmungen unterworfen:

§ 2. Zur eigenen Ausübung des Jagdrechts auf seinem Grunde und Boden ist der Eigenthümer nur befugt:

a) auf solchen Grundstücken, welche in einem oder in mehreren Gemeinde= bezirken einen land= oder forstwirthschaftlich benutzten Flächenraum von wenigstens 75 Hektar einnehmen und in ihrem Zusammenhange durch kein fremdes Grundstück unterbrochen sind. Die Trennung, welche Wege, Eisenbahnen und Gewässer bilden, wird als eine Unter= brechung des Zusammenhanges nicht angesehen;

b) auf allen dauernd und vollständig eingefriedigten Grundstücken.

Darüber, was für dauernd und vollständig eingefriedigt zu er= achten ist, entscheidet der Oberamtmann.

§ 3. Wenn die im § 2 bezeichneten Grundstücke gemeinschaftliches Eigenthum von mehr als drei Personen sind, so ist die Ausübung des Jagdrechts nicht sämmtlichen Miteigenthümern gestattet. Diese müssen sie vielmehr einem bis höchstens dreien unter ihnen übertragen. Doch steht ihnen auch frei, das Jagdrecht ruhen oder durch einen angestellten Jäger

---

[30]) Diese Übergangsbestimmung bezieht sich auf § 5 Abs. 3 d. G. — Es kommen hierbei Teile der Prov. Hannover in Be= tracht Landt.Verh. AG. St. S. 5957.

[1]) Das G. regelt die Ausübung des auch in Hohenzollern jedem Eigentümer auf seinem Grund und Boden zustehenden Jagdrechts (I. 1 Anm. 2 d. W.) mit einigen, durch die örtlichen Verhältnisse bedingten Abweichungen nach den Grund= sätzen der zur Zeit seines Erlasses gel= tenden altländischen Jagdgesetze (Jagd=
polizei=G. 7. März 50, Wildschon=G. 26. Feb. 70, Wildschaden=G. 11. Juli 91 u. Jagdschein=G. 31. Juli 95).

Inhalt: Abschn. I § 1—14 Aus= übung des Jagdrechts auf eigenen und gemeinschaftlichen Jagdbezirken, Ab= schn. II § 15—16 Schonzeiten, Abschn. III § 17 Veräußerung und Versendung von Wild, Abschn. IV § 18—22 Verhütung und Ersatz von Wildschaden, Abschn. V § 23—27 Strafbestimmungen und Ab= schn. VI § 28—30 Schluß= und Über= gangsbestimmungen.

ausüben zu lassen, oder zu verpachten. Juristische Personen, insbesondere Gemeinden, dürfen das Jagdrecht auf solchen ihnen gehörenden Grundstücken (§ 2) nur durch Verpachtung oder durch einen angestellten Jäger ausüben. Das Gleiche gilt von Gesellschaften, welche Grundeigenthum besitzen.

§ 4. Alle Grundstücke eines Gemeindebezirkes, welche nicht zu den im § 2 bezeichneten gehören, bilden, auch wenn sie einen land= oder forstwirthschaftlich benutzten Flächenraum von 75 Hektar im Zusammenhange nicht umfassen, der Regel nach einen gemeinschaftlichen Jagdbezirk. Es ist aber den Gemeindevorständen gestattet, nach freier Uebereinkunft mehrere ganze Gemeindebezirke oder Theile eines solchen mit einem anderen Gemeindebezirke zu einem gemeinschaftlichen Jagdbezirke zu vereinigen.

Auch ist der Gemeindevorstand befugt, mit Genehmigung des Amtsausschusses, aus dem Bezirk einer Gemeinde mehrere für sich bestehende Jagdbezirke zu bilden, von denen jedoch keiner eine geringere Fläche als 200 Hektar umfassen darf.

Den Eigenthümern der im § 2 bezeichneten Grundstücke ist es gestattet, sich mit diesen Grundstücken dem Jagdbezirk ihrer Gemeinde anzuschließen. Die Beschlüsse über alle dergleichen Abänderungen der gemeinschaftlichen Jagdbezirke dürfen sich auf keinen kürzeren Zeitraum als auf sechs Jahre und auf keinen längeren als auf zwölf Jahre erstrecken.

§ 5[2]). Grundstücke, welche keinen eigenen Jagdbezirk bilden, aber von eigenen Jagdbezirken ganz oder größtentheils umschlossen sind, werden dem gemeinschaftlichen Jagdbezirke der Gemeinde nicht zugeschlagen. Die Eigenthümer solcher Grundstücke sind verpflichtet, die Ausübung der Jagd auf ihnen dem Eigenthümer des sie ganz oder größtentheils umschließenden eigenen Jagdbezirkes auf dessen Verlangen gegen eine nach dem Jagdertrage zu bemessende Entschädigung pachtweise zu übertragen oder die Jagdausübung gänzlich ruhen zu lassen.

Macht der Berechtigte von seiner Befugniß, die Jagd auf den umschlossenen Grundstücken zu pachten, beim Anerbieten des Eigenthümers nicht Gebrauch, so steht diesem die Jagdausübung der Jagd auf den umschlossenen Grundstücken zu.

Stoßen mehrere derartige Grundstücke an einander, so daß sie eine zusammenhängende Fläche von mindestens 75 Hektar umfassen, so bilden sie einen für sich bestehenden gemeinschaftlichen Jagdbezirk (§ 4).

§ 6. Die Eigenthümer, der einen gemeinschaftlichen Jagdbezirk bildenden Grundstücke werden in allen Jagdangelegenheiten durch den Gemeindevorstand[3]) vertreten. Werden Grundstücke aus verschiedenen Gemeinde

---

[2]) Hierdurch werden nicht nur Wald=, sondern auch Feldenklaven von der Zuschlagung zu dem gemeinschaftlichen Jagdbezirke ausgeschlossen.

[3]) Die Eigentümer bilden eine gesetzliche Zwangsgenossenschaft mit juristischer Persönlichkeit RGer. 10. Jan. 90 (XXV. 351). — Die sie vertretende

bezirken zu einem Jagdbezirke vereinigt, so bestimmt die Aufsichtsbehörde[4]) denjenigen Gemeindevorstand, der die Vertretung zu übernehmen hat.

§ 7. Nach Maßgabe der Beschlüsse des Gemeindevorstandes kann auf dem gemeinschaftlichen Jagdbezirk entweder

    a) die Ausübung des Jagdrechts gänzlich ruhen, oder

    b) die Jagd für Rechnung der Grundstückseigenthümer durch einen ange= stellten Jäger beschossen werden, oder

    c) die Jagd im Wege der öffentlichen Steigerung verpachtet werden.

§ 8. Die Pachtgelder und die Einnahmen von der durch einen angestellten Jäger beschossenen Jagd (§ 7) werden in die Gemeindekasse gezahlt und nach Abzug der etwa entstehenden Verwaltungskosten durch den Gemeindevorstand unter die Eigenthümer der den gemeinschaftlichen Jagdbezirk bildenden Grundstücke nach dem Verhältnisse des Flächeninhalts dieser Grundstücke vertheilt.

Durch Gemeindebeschluß kann bestimmt werden, daß die Erträge der Jagd der Gemeindekasse verbleiben sollen. Der Beschluß ist in orts= üblicher Weise bekannt zu machen. Er bedarf der Genehmigung des Amtsausschusses, wenn innerhalb zwei Wochen von der Bekanntmachung ab von Seiten auch nur eines Eigenthümers der den gemeinschaftlichen Jagdbezirk bildenden Grundstücke bei dem Gemeindevorstande Widerspruch erhoben wird.

§ 9. Jagdpachtverträge sind schriftlich abzuschließen und, sofern sie sich auf gemeinschaftliche Jagdbezirke beziehen, in den für Verträge der Gemeinde vorgeschriebenen Formen zu vollziehen. Sie bedürfen der Ge= nehmigung des Amtsausschusses.

Die Verpachtung der Jagd, sowohl auf den im § 2 erwähnten Grundstücken, als auf gemeinschaftlichen Jagdbezirken, darf bei Strafe der Nichtigkeit des Vertrags niemals an mehr als höchstens drei Personen gemeinschaftlich erfolgen.

Die Verpachtung der Jagd darf auf keinen kürzeren Zeitraum als auf sechs Jahre und auf keinen längeren als auf zwölf Jahre erfolgen.

§ 10. Sowohl dem Pächter gemeinschaftlicher Jagdbezirke als auch den Eigenthümern der im § 2 bezeichneten Grundstücke ist die Anstellung von Jägern für ihre Reviere gestattet.

§ 11. Als Jäger (§§ 3, 7 und 10) dürfen nur solche großjährigen Männer angestellt werden, gegen welche keine Thatsachen vorliegen, die

Gemeindebehörde kann für sie Rechte er= werben, Verbindlichkeiten eingehen, klagen und verklagt werden. Für alle Verbind= lichkeiten haftet die Genossenschaft als solche, nicht die Besitzer der zu ihr ge= hörigen Grundstücke. Die Genossenschaft entsteht gesetzlich. Die Frage, wer zu ihr gehört, wird nach öffentl. rechtl. Grundsätzen (ZustG. § 105 II. 3 Anl. B d. W.) von den Verwaltungsgerichten entschieden OB. 19. Sept. 95 (XXVIII. 312).

    [4]) Das ist die Kommunalaufsichts= behörde.

nach §§ 6 und 7 des Jagdscheingesetzes vom 31. Juli 1895 (Gesetz-Samml. S. 304) die Versagung des Jagdscheins rechtfertigen.

§ 12. Die Jagdausübung mittelst Aufstellens von Schlingen zum Fangen der im § 15 bezeichneten Wildarten ist verboten.

§ 13. An den Sonntagen und denjenigen Feiertagen[5]), welche den Vorschriften über die Sonntagsheiligung unterworfen sind, ist die Abhaltung von Treibjagden verboten; in den Vormittagsstunden zwischen 8 bis 12 Uhr darf die Jagd an Sonntagen und an den bezeichneten Feiertagen überhaupt nicht ausgeübt werden.

§ 14. Im Uebrigen unterliegt die Ausübung der Jagd den Vorschriften des Jagdscheingesetzes vom 31. Juli 1895 (Gesetz-Samml. S. 304)[6]).

II. Schonzeiten.

§ 15. Mit der Jagd sind zu verschonen:

A. Haarwild.

1. Männliches Roth-, Dam- und Rehwild vom 1. Februar bis 31. Mai,
2. weibliches Roth- und Damwild (Thiere) vom 1. Februar bis 30. September,
3. weibliches Rehwild (Gaisen) vom 1. Dezember bis 14. Oktober,
4. Wildkälber und Rehkitzen, d. h. die Jungen des Roth-, Dam- und Rehwildes bis zum Ablaufe des Kalenderjahres in dem sie geboren sind,
5. Hasen und Dachse vom 1. Februar bis 30. September.

B. Federwild.

1. Rebhühner, Haselhühner, schottische Moorhühner, Wachteln, Fasanenhennen vom 1. Dezember bis 23. August,
2. Fasanenhähne vom 1. Februar bis 23. August,
3. Wildenten und Wildtauben vom 16. März bis 30. Juni,
4. Schnepfen und Bekassinen vom 1. Mai bis 14. Juli,
5. Auer- und Birkhennen vom 1. Dezember bis 31. Oktober.
6. Auer- und Birkhähne vom 1. Juni bis 14. August.

Der Bezirksausschuß ist aus Rücksichten der Landeskultur und der Jagdpflege ermächtigt, für die unter A 5 und B 1 und 2 genannten Wildarten den Anfang und Schluß der Schonzeiten alljährlich durch besondere Verordnung anderweit festzusetzen, so aber, daß Anfang oder Schluß der Schonzeit nicht über zwei Wochen vor oder nach den oben bestimmten Zeitpunkten festgesetzt werden darf.

------

[5]) PolV. 23. Okt. 97 über die äußere Heilighaltung der Sonn- und Feiertage (AB. 209). III. 2 Anl. C d. W. — Strafbestimmung § 26 Nr. 2.

[6]) II. 3 Anl. C. d. W.

Auf das Erlegen oder Fangen von Wild in eingefriedigten Wildgärten[7]) finden die Vorschriften über Schonzeiten keine Anwendung.

§ 16. Das Ausnehmen von Eiern oder Jungen von jagdbarem Federwild ist auch für die zur Jagd berechtigten Personen verboten; doch sind diese befugt, die Eier, welche im Freien gelegt sind, in Besitz zu nehmen, um sie ausbrüten zu lassen.

Desgleichen ist das Ausnehmen von Kiebitz= und Möveneiern nach dem 30. April verboten[8]).

III. Veräußerung und Versendung von Wild.

§ 17. Das Feilbieten, die Veräußerung und die Versendung, sowie die Vermittelung des Verkaufs von Wild, in ganzen Stücken oder zerlegt, aber nicht zum Genusse fertig zubereitet, ist nur während der Jagdzeit und innerhalb der ersten zwei Wochen während der Schonzeit gestattet.

Die Versendung von Wild darf nur unter Beifügung eines orts=polizeilichen Ursprungsscheins erfolgen.

Bei Versendung von Rehwild muß das Geschlecht stets erkennbar sein.

Ist das Wild in eingefriedigten Wildgärten (§ 15) oder in den in den §§ 20 und 21 bezeichneten Ausnahmefällen erlegt oder gefangen, so finden die Vorschriften des Abs. 1 keine Anwendung, sofern die Herkunft des Wildes durch den Ursprungsschein nachgewiesen ist.

Die näheren Vorschriften zur Durchführung der Bestimmungen in den Abs. 2 und 4 werden von dem Regierungspräsidenten in Sigmaringen erlassen, der auch ermächtigt ist, von dem Erfordernisse des Ursprungsscheins bezüglich einzelner Wildarten und bezüglich des über die Landesgrenze ein=gehenden Wildes Ausnahmen zuzulassen[9]).

IV. Verhütung und Ersatz von Wildschaden.

§ 18. Durch Klappern, aufgestellte Schreckbilder sowie durch Zäune kann ein Jeder das Wild von seinen Besitzungen abhalten, auch wenn er auf diesen zur Ausübung des Jagdrechts nicht befugt ist. Zur Abwehr des Roth=, Dam= und Schwarzwildes kann er sich auch kleiner Hunde oder gemeiner Haushunde bedienen.

§ 19. Auf gemeinschaftlichen Jagdbezirken, auf welchen Wildschäden vorkommen, darf der Gemeindevorstand, wenn auch nur ein einzelner Grundbesitzer Widerspruch dagegen erhebt, die Ausübung der Jagd nicht ruhen lassen.

§ 20. Wenn die in der Nähe von Forsten belegenen Grundstücke, welche Theile eines gemeinschaftlichen Jagdbezirkes bilden, oder solche um=

---

7) II. 2 Anm. 116 d. W.
8) Strafbestimmung § 26 Nr. 3.

9) PolV. 7. April 03 (II. 2 Anl. C b. W.).

schlossenen Grundstücke, auf welchen die Jagdausübung dem Eigenthümer des sie umschließenden eigenen Jagdbezirkes überlassen ist (§ 5), erheblichen Wildschäden durch das übertretende Wild ausgesetzt sind, so kann der Oberamtmann, nach vorhergegangener Prüfung des Bedürfnisses und für dessen Dauer, den Jagdpächter auffordern oder ihn auf seinen Antrag ermächtigen, das Wild selbst während der Schonzeit abzuschießen. Schützt der Jagdpächter einer solchen Aufforderung ungeachtet die beschädigten Grundstücke nicht genügend, so kann der Oberamtmann den Grundbesitzern selbst die Genehmigung ertheilen, das auf diese Grundstücke übertretende Wild auf jede erlaubte Weise zu fangen, namentlich auch mit Anwendung des Schießgewehrs zu tödten.

Gegen die Verfügung des Oberamtmanns steht dem Jagdpächter die Beschwerde bei dem Bezirksausschusse zu (§ 103 des Zuständigkeitsgesetzes vom 1. August 1883, Gesetz-Samml. S. 237)[10]). Die Beschwerde hat keine aufschiebende Wirkung.

Das von Grundbesitzern in Folge einer solchen Genehmigung des Oberamtmanns erlegte oder gefangene Wild muß gegen Bezahlung des in der Gegend üblichen Schußgeldes dem Jagdpächter überlassen und die Anzeige darüber binnen 24 Stunden erstattet werden.

§ 21. Auch der Besitzer eines solchen umschlossenen Grundstücks, auf welchem die Jagd nach § 5 nicht ausgeübt werden darf, ist, wenn das Grundstück erheblichen Wildschäden ausgesetzt ist und der Besitzer des umgebenden eigenen Jagdbezirkes der Aufforderung des Oberamtmanns, das vorhandene Wild selbst während der Schonzeit abzuschießen, nicht genügend nachkommt, zu fordern berechtigt, daß ihm der Oberamtmann nach vorhergegangener Prüfung des Bedürfnisses und auf dessen Dauer die Genehmigung ertheile, das auf das umschlossene Grundstück übertretende Wild auf jede erlaubte Weise zu fangen, namentlich auch mit Anwendung des Schießgewehrs zu tödten.

In diesem Falle verbleibt das gefangene oder erlegte Wild dem Eigenthümer des umschlossenen Grundstücks.

§ 22. Im Uebrigen findet das Wildschadengesetz vom 11. Juli 1891 (Gesetz-Samml. S. 307)[11]) mit der Maßgabe Anwendung, daß die Ersatzpflicht nach § 2 nicht den Grundbesitzern, sondern der Gemeinde obliegt, wenn sie die Jagderträge empfängt (§ 8 Abs. 2), daß die im § 17 des

---

[10]) II. 3 Anl. B d. W.
[11]) Die Vorschriften des WildschadenG. sind in die Jagd-O. 15. Juli 07 II. 2 d. W. § 51—60, 62—64, 66—67 übernommen worden. Für das Wildschaden-G. sind als Quellen anzugeben: Landt.Verh. 90/91; AH. Drucks. 72 (KB.) StB. 615 ff., 695 ff., Drucks. 348, StB. 2771 ff., 2806 ff., 2828 ff., 2858 ff.; HH. Drucks. 94 (KB.) StB. 109 ff., 258 ff., 437 ff. — Bearb. von Dr. Holtgreven und Dr. Th. Wolff 4. Aufl. (Berl. 02), Berger (Berl. 92).

Wildschadengesetzes bezeichneten Rechtsmittel auch in den Fällen der §§ 12 bis 14 jenes Gesetzes Platz greifen, und daß an die Stelle des § 19 Abf. 1 Folgendes tritt: „Der Artikel 5 des Hohenzollern-Sigmaringer Gesetzes vom 29. Juli 1848 (Gesetz-Samml. VIII S. 46) wird aufgehoben[12].“

V. Strafbestimmungen.

§ 23. Wer zwar mit einem Jagdscheine versehen, aber ohne Begleitung des Jagdberechtigten oder ohne dessen schriftlich ertheilte Erlaubniß[13]) bei sich zu führen, die Jagd auf einem fremden Jagdbezirk ausübt, wird mit einer Geldstrafe von 5 bis 15 Mark bestraft.

Wer die Jagd auf seinem eigenen Grundstücke gänzlich ruhen zu lassen verpflichtet ist, sie aber dennoch darauf ausübt, wird mit einer Geldstrafe von 30 bis 60 Mark und Einziehnng der dabei gebrauchten Jagdgeräthe und Hunde bestraft[14]).

§ 24. Für das Tödten oder Einfangen von Wild während der vorgeschriebenen Schonzeiten sowie für das verbotene Fangen von Wild in Schlingen (§ 12) treten folgende Geldstrafen ein:

1. für ein Stück Rothwild . . . . 90 Mark
2. für ein Stück Damwild . . . . 60 „
3. für ein Stück Rehwild . . . . 30 „
4. für einen Hasen oder einen Dachs . . . . 10 „
5. für ein Stück Auerwild oder einen Fasanen . . . . . 30 „
6. für ein Stück Birk- oder Haselwild . . . . 10 „
7. für ein Rebhuhn, eine Wachtel, ein schottisches Moorhuhn, eine Schnepfe, eine Bekassine, eine Wildente oder eine Wildtaube . . . . 5 „

Wenn mildernde Umstände vorhanden sind, kann die Geldstrafe bis auf 1 Mark ermäßigt werden.

Vorstehende Vorschriften finden keine Anwendung auf Wild, welches während der Schonzeit in eingefriedigten Wildgärten (§ 15) oder auf Grund Auftrags oder mit Genehmigung der Jagdpolizeibehörde (§§ 20 und 21) getödtet oder eingefangen wird.

§ 25. Zuwiderhandlungen gegen die Vorschriften des § 17 werden mit Geldstrafen von 5 bis 150 Mark bestraft. Neben der Geldstrafe ist auf Einziehung des Wildes zu erkennen[15]).

§ 26. Mit Geldstrafe bis zu 150 Mark wird bestraft, wer

1. Schlingen stellt, um Wild zu fangen (§ 12),

---

[12]) Der Art. bestimmte, daß Forderungen wegen Wildschaden nach Erlaß des G. aufzuhören hätten.

[13]) II. 2 Anm. 187 u. 188 d. W.
[14]) Daf. Anm. 186 u. III. 2 Anm. 26 d. W.
[15]) Daf. Anm. 129.

2. an Sonn= und Feiertagen Treibjagden veranstaltet oder während
   der Vormittagsstunden zwischen 8 und 12 Uhr sonst die Jagd
   ausübt (§ 13),
3. Kiebitz= oder Möveneier nach dem 30. April ausnimmt (§ 16),
4. die im letzten Absatze des § 20 vorgeschriebene Anzeige gar nicht
   oder schuldhaft nicht rechtzeitig erstattet.

§ 27. Für die Geldstrafen und Kosten, zu denen Personen verurtheilt
werden, welche unter der Gewalt oder Aufsicht oder im Dienste eines Anderen
stehen und zu dessen Hausgenossenschaft gehören, ist dieser für den Fall
des Unvermögens des Verurtheilten für haftbar zu erklären, und zwar un=
abhängig von der etwaigen Strafe, zu welcher er selbst auf Grund dieses
Gesetzes oder des § 361 zu 9 des Reichs=Strafgesetzbuches[16]) verurtheilt wird.

Wird festgestellt, daß die That nicht mit seinem Wissen verübt ist,
oder daß er sie nicht verhindern konnte, so wird die Haftbarkeit nicht
ausgesprochen.

Gegen die in Gemäßheit der vorstehenden Bestimmungen als haftbar
Erklärten tritt an die Stelle der Geldstrafe eine Freiheitsstrafe nicht ein.

VI. Schluß- und Uebergangsbestimmungen.

§ 28. Die vorstehend für die Ausübung des Jagdrechts durch den
Eigenthümer getroffenen Bestimmungen finden auch auf diejenigen sinngemäße
Anwendung, denen die Jagdausübung kraft eines anderen dinglichen Rechtes
am Grundstücke zusteht.

§ 29. Wenn die bestehenden Jagdpachtverträge der Bildung der in
den §§ 4 und 5 vorgeschriebenen gemeinschaftlichen Jagdbezirke hinderlich
sind, so treten sie mit dem 1. August 1903 außer Kraft.

§ 30. Dieses Gesetz tritt mit dem 1. April 1903 in Kraft.

---

[16]) III. 2 d. W.

III. Jagdschutz.

1. Einleitung.

Die Jagdschutzgesetzgebung ist einerseits auf den Schutz des Jagdrechts[1]) gegen rechtswidrige Eingriffe und Beeinträchtigungen, andererseits auf Wahrung der öffentlichen Sicherheit und Ordnung bei Ausübung des Jagdrechts, sowie auf Verhütung völliger Vernichtung der Wildstände gerichtet. Zur Erzielung eines wirksameren Jagdschutzes ist ferner den Jagdbeamten sowie den Jagdberechtigten ein erhöhter persönlicher Schutz Jagdfrevlern gegenüber gewährt.

Insoweit das StGB. (Nr. 2) Bestimmungen dieser Art enthält, sind die denselben Gegenstand behandelnden landesgesetzlichen Vorschriften außer Kraft gesetzt[2]).

Im übrigen sind die besonderen Vorschriften des Landesstrafrechts, namentlich die provinzialgesetzlichen Bestimmungen über den Schutz der Jagd (Nr. 3), sowie über den Waffengebrauch der Forst- und Jagdbeamten (Nr. 4) in Kraft geblieben[3]).

---

[1]) Nr. I 1 d. W.

[2]) EG. zum StGB. vom 31. Mai 1870. § 2 Abs. 1:

Mit diesem Tage tritt das Reichs- und Landesstrafrecht, insoweit dasselbe Materien betrifft, welche Gegenstand des Strafgesetzbuchs für das Deutsche Reich sind, außer Kraft.

[3]) Das. § 32 Abs. 2:

In Kraft bleiben die besonderen Vorschriften des Reichs- und Landesstrafrechts, namentlich über strafbare Verletzungen der Preßpolizei, Post-, Steuer-, Zoll-, Fischerei-, Jagd-, Forst- und Feldpolizei-Gesetze, über Mißbrauch des Vereins- und Versammlungsrechts und über den Holz-(Forst-)Diebstahl.

---

2. Strafgesetzbuch für das Deutsche Reich.
Fassung des G. 26. Februar 1876 (RGB. 25. 40). Auszug[1]).

Sechster Abschnitt.

Widerstand gegen die Staatsgewalt.

§ 113. Wer einen Beamten[2]), welcher zur Vollstreckung von Gesetzen, von Befehlen und Anordnungen der Verwaltungsbehörden oder von Urtheilen

---

[1]) Bearb. von Oppenhoff (14. Aufl. Berl. 01) Olshausen (7. Aufl. Berl. 06) u. Daude (Berl. 10. Aufl. 06).

[2]) StGB. § 359:

Unter Beamten im Sinne dieses Strafgesetzes sind zu verstehen alle im Dienste des Reichs oder in unmittelbarem oder mittelbarem Dienste eines Bundesstaats auf Lebenszeit, auf Zeit

und Verfügungen der Gerichte berufen ist[3]), in der rechtmäßigen Ausübung seines Amtes durch Gewalt oder durch Bedrohung mit Gewalt Widerstand leistet, oder wer einen solchen Beamten während der rechtmäßigen Ausübung seines Amtes thätlich angreift[4]), wird mit Gefängnis von vierzehn Tagen bis zu zwei Jahren bestraft. Sind mildernde Umstände vorhanden, so tritt Gefängnißstrafe bis zu einem Jahre oder Geldstrafe bis zu eintausend Mark ein.

Dieselben Strafvorschriften treten ein, wenn die Handlung gegen Personen, welche zur Unterstützung des Beamten zugezogen waren, oder gegen Mannschaften der bewaffneten Macht, oder gegen Mannschaften

---

oder nur vorläufig angestellte Personen, ohne Unterschied, ob sie einen Diensteid geleistet haben oder nicht, ingleichen Notare, nicht aber Advokaten und Anwalte.

[3]) Dazu gehören auch die Feldhüter, F.u.FstPG. 1. April 80 (GS. 230):

§ 62. Feldhüter (Forsthüter) im Sinne dieses Gesetzes sind die von einer Stadtgemeinde, von einer Landgemeinde oder von einem Grundbesitzer für den Feldschutz (Forstschutz) angestellten Personen.

Die Anstellung der Feldhüter (Forsthüter) bedarf der Bestätigung nach den für Polizeibeamte gegebenen Vorschriften und, soweit solche nicht bestehen, der Bestätigung des Landraths (Oberamtsmanns).

§ 63. Die für den Feldschutz (Forstschutz) im Königlichen Dienst angestellten Personen haben die Befugnisse der Feldhüter (Forsthüter).

§ 64. Den Gemeinden steht es frei, aus der Zahl ihrer Mitglieder Ehrenfeldhüter zu wählen.

Die Wahl bedarf in den Landgemeinden der Bestätigung der Aufsichtsbehörde.

Die Ehrenfeldhüter sind zu allen dienstlichen Verrichtungen der Feldhüter befugt.

§ 65. Feldhüter, Ehrenfeldhüter oder Forsthüter müssen ein Dienstabzeichen bei sich führen und bei Ausübung ihres Amtes auf Verlangen vorzeigen.

§ 66. Feldhüter, Ehrenfeldhüter oder Forsthüter können für sämmtliche in einer Gerichtssitzung zu verhandelnden Feld- und Forstpolizeisachen, in welchen sie als Zeugen vernommen werden sollen, in dieser Sitzung durch einmalige Leistung des Zeugeneides im Voraus beeidet werden.

Nach Vorschrift des G. angestellte Feldhüter (Forsthüter) haben die Eigenschaft öffentlicher Beamten (Begr.). — Das Dienstzeichen der Feldhüter, Ehrenfeldhüter und Forsthüter kann entweder eine Uniform oder ein anderes amtliches Abzeichen (Dienstmütze, Brustschild mit Adler usw.) sein Ausf.Vf. ML. 12. Mai 80 (MB. 187) Nr. 6.

[4]) Als tätlicher Angriff ist jede vorsätzliche, unberechtigte, gegen die Person des Beamten in feindseliger Richtung verübte Tätigkeit zu betrachten RGer. 11. Mai 80 (St. II. 7). Das Ausholen zum Schlage gegen den Beamten bildet nicht einen straflosen Versuch, sondern das vollendete Vergehen des tätlichen Angriffs RGer. 18. Nov. 82 (St. VII. 301). — In dem Anlegen des geladenen Gewehres auf den Forstbeamten ist ein tätlicher Angriff gegen diesen zu erblicken RGer. 22. Jan. 07 (Schultz IV. 223). — Eine Gewalt an der Person liegt jedoch nur vor, sobald die Handlung gegen den Körper direkt gerichtet ist und eine unmittelbare Einwirkung auf ihn ausübt RGer. St. 25. Juni 95 PrVBl. XVII. 111.

einer Gemeinde=, Schutz= oder Bürgerwehr in Ausübung des Dienstes begangen wird.

§ 114. Wer es unternimmt, durch Gewalt oder Drohung eine Behörde oder einen Beamten[5]) zur Vornahme oder Unterlassung einer Amtshandlung zu nöthigen, wird mit Gefängniß nicht unter drei Monaten bestraft.

Sind mildernde Umstände vorhanden, so tritt Gefängnißstrafe bis zu zwei Jahren ein.

§ 115. Wer an einer öffentlichen Zusammenrottung, bei welcher eine der in den §§ 113 und 114 bezeichneten Handlungen mit vereinten Kräften begangen wird, Theil nimmt, wird wegen Aufruhrs mit Gefängniß nicht unter sechs Monaten bestraft.

Die Rädelsführer, sowie diejenigen Aufrührer, welche eine der in den §§ 113 und 114 bezeichneten Handlungen begehen, werden mit Zuchthaus bis zu zehn Jahren bestraft; auch kann auf Zulässigkeit von Polizei=Aufsicht erkannt werden. Sind mildernde Umstände vorhanden, so tritt Gefängniß=strafe nicht unter sechs Monaten ein.

§ 117. Wer einem Forst= oder Jagdbeamten[6]), einem Waldeigenthümer, Forst= oder Jagdberechtigten[7]), oder einem von diesen bestellten Aufseher[8]) in der rechtmäßigen Ausübung seines Amtes[9]) oder Rechtes durch Gewalt oder

---

[5]) Diese Bestimmung bezieht sich auf alle Beamte, nicht bloß auf Voll=streckungsbeamte, wie § 113. — Der zum Schutze der Willensfreiheit des Be=amten dienende § 114 trifft die Nötigung zur Unterlassung von Amtshandlungen, die noch nicht begonnen sind. Dagegen sind die § 113, 117 fg. anwendbar, wenn den dort bezeichneten Beamten in der regelmäßigen Ausübung ihres Amtes nach Beginn der Amtshandlung durch Gewalt oder durch Bedrohung mit Ge=walt Widerstand geleistet wird RGer. Str. 23. Mai 05 (Schultz III. 51).

[6]) Die Königl. Forstbeamten (Nr. II. 2 Anm. 96), sowie Gemeinde= und Privat=forstbeamte haben auch die Verpflichtung zur Wahrnehmung des Jagdschutzes in ihren Dienstbezirken, sofern darüber im einzelnen Falle nicht abweichende Be=stimmungen getroffen sind.

[7]) Jagdberechtigter ist jeder, der das Recht zur Ausübung der Jagd besitzt (Nr. II 2, 3, 4 d. W.), mithin auch der Jagdpächter.

[8]) Auf die Form und Dauer der Bestellung kommt es nicht an, durch die Bestellung ist in der Person des Aufsehers die objektive Voraussetzung für den Strafschutz, welchen der § 117 bei rechtmäßiger Amts= oder Rechts=ausübung verleiht, gegeben RGer. 25. April 84 (St. X. 333). Nur zur Unterstützung zugezogene Personen haben nicht die Eigenschaft bestellter Aufseher RGer. 22. Jan. 81 (St. III. 246). Der Oberförster ist als Vertreter des Staats als Waldeigentümer zur Bestellung eines Aufsehers im Sinne des § 117 als be=fugt anzusehen. — Hat der Forstlehrling als vom Waldeigentümer bestellter Auf=seher zu gelten, so ist die Anwendung des § 117 noch davon abhängig, ob er bei seinem Vorgehen gegen Forst= oder Jagdfrevler sich in rechtmäßiger Recht=ausübung befunden hat und dem Frevler das bewußt war RGer. 17. März 03 (Schultz I. 47).

[9]) Für die Staatsforstbeamten gelten als Dienstvorschriften in Beziehung auf den Jagdschutz: Die Geschäftsanw. für Oberförster 4. Juni 70 (MB. 71 S. 69):

§ 91. [Vom Forst= und Jagdschutz im Allgemeinen.] Der Oberförster ist verpflichtet, dafür zu sorgen, daß die Maßregeln, welche innerhalb der gesetz=lichen Schranken zur Beschützung und Pflege der Königlichen Forsten und Jagden und der Nutzungen aus den=selben, sowohl gegen die Menschen, als auch gegen Naturereignisse zu ergreifen sind, pünktlich und sachgemäß ausgeführt werden.

Der erste Angriff, d. h. die Entdeckung der bereits bestandenen, oder der zu befürchtenden Schäden und Nachtheile liegt zwar vorzugsweise und zunächst den Forstschutzbeamten ob. Aber auch der Oberförster hat die Verpflichtung, nicht allein die gehörige Ausführung jener Vorschriften sachgemäß zu leiten und streng zu überwachen, sondern auch, soweit es für diesen Zweck und die Sicherheit der Verwaltung erforderlich ist, sich selbst bei der Ausübung des Forst= und Jagdschutzes persönlich zu betheiligen.

In diesem Falle sind die für die Forstschutzbeamten gegebenen Vorschriften auch für den Oberförster zutreffend, und ist deshalb auch die Vereidigung desselben auf das Forstdiebstahlsgesetz erforderlich.

und Dienstinstr. für die Königl. Preuß. Förster 23. Okt. 68 (MB. 79 S. 95):

§ 37. [1. Geschäftskreis im allgemeinen.] Der Förster hat den ihm anvertrauten Schutzbezirk vor unrechtmäßiger Benutzung und gegen Entwendungen und Beschädigungen zu beschützen, in demselben die Befolgung der Forst= und Jagdpolizeigesetze zu überwachen, die Hauungen, Kulturen und sonstigen Waldgeschäfte nach Anweisung des Oberförsters auszuführen, und ausschließlich alle abzugebenden Waldprodukte, jedoch nur auf schriftliche Anweisung, an die Empfänger zu verabfolgen. „Den Forst= und Jagdschutz hat er auch in anderen Königlichen, nicht zu seinem Schutzbezirke gehörenden Waldungen nach Maßgabe der Bestimmungen im § 40, 3. Absatz auszüüben. Von den zu seiner Wahrnehmung oder Kenntniß gelangenden Zuwiderhandlungen gegen die Forst= und Jagdpolizei=Gesetze in nicht Königlichen Forst= und Jagdbezirken hat er seinem Vorgesetzten Anzeige zu erstatten.“

§ 40 Abs. 3. Die Verpflichtung zur Ausübung des Forst= und Jagdschutzes erstreckt sich übrigens nicht allein auf den speziell überwiesenen Geschäfts= und Schutzbezirk, sondern auch auf sämmtliche angrenzenden Schutzbezirke und alle diejenigen Königlichen Forsten, welche er auf dem Wege von seiner Wohnung nach seinem besonderen Geschäftsbezirke,

oder auf dem Wege zum Oberförster oder zum Forstgerichte berührt. Er hat alle diese Forsten als seinem Schutze überwiesen zu betrachten und ist außerdem verpflichtet, seinen Amtsgenossen aus angrenzenden Schutzbezirken mit Rath und That beizustehen, und auch deren zeitweise Vertretung auf Anweisung seines Vorgesetzten zu übernehmen, sowie bei den vom Oberförster angeordneten gemeinschaftlichen Forst= und Jagdschutz=Patrouillen in anderen Schutzbezirken mitzuwirken.

§ 71. [1. Anwendung der Instruktion auf die Forstschutzbeamten überhaupt.] Die Bestimmungen vorstehender Dienst=Instruktion sind maßgebend auch für Revierförster, Hegemeister, Forstaufseher, Hülfsjäger, Waldwärter und überhaupt für alle Forstschutzbeamte in Beziehung auf ihr Dienstverhältniß im Allgemeinen, so wie in Beziehung auf die ihnen obliegenden Funktionen für den Forstschutz und die ihnen übertragenen sonstigen Förstergeschäfte.

Die örtliche Zuständigkeit des Jagdbeamten beschränkt sich auf den Dienstbezirk, sofern ihm nicht durch die mit der Wahrnehmung der Jagdpolizei betrauten Behörden (Jagd=O. 15. Juni 07 § 69 u. ZustG. § 103 II. 3 Anl. B d. W.) eine aushülfsweise Mitwirkung bei Ausübung der Jagdpolizei auch außerhalb seines Dienstbezirkes übertragen ist (III. 2 Anl. A d. W.). — Aber auch wenn dies nicht geschehen, befindet sich der Jagdbeamte in rechtmäßiger Ausübung seines Amtes, sobald er in Verfolgung eines Jagdfrevlers genötigt ist, die Grenzen seines Dienstbezirkes zu überschreiten RGer. 21. Feb. 81 (St. III. 62), 20. Mai 86 (St. VII. 367). Die Vorschrift des § 117 findet auf alle die Ausübung des Forstschutzes bezweckenden, auch außerhalb des Schutzbezirkes vorgenommenen Handlungen des Forstschutzbeamten Anwendung, sofern diese nur sonst in dessen örtlicher und sachlicher Zuständigkeit liegen.

Das Bewußtsein des Täters von der Rechtmäßigkeit der Amtsausübung gehört nicht zu den gesetzlichen Tatbestandsmerkmalen des § 117. Es genügt insoweit, wenn der Täter sich bewußt ist, daß der Forstbeamte als solcher amtlich tätig ist RGer. St. 2. März 06 (Entsch. XXXVIII. 373). — Auch den Jagdpolizeibeamten steht

durch Bedrohung mit Gewalt Widerstand leistet, oder wer eine dieser Personen während der Ausübung ihres Amtes oder Rechtes thätlich[4]) angreift, wird mit Gefängniß von vierzehn Tagen bis zu drei Jahren bestraft.[10]).

---

es als einen Akt der Präventivpolizei zu, die Fortsetzung eines strafbaren Eingriffs in ein fremdes Jagdrecht, sei es eines Vergehens oder sei es einer Übertretung durch geeignete Maßregeln zu verhindern RGer. 11. Dez. 06 (Schultz IV 222).

[10]) Die Strafvorschrift findet nur Anwendung, sofern der Widerstand bei derjenigen Ausübung des Amtes (Rechtes) erfolgt, welche auf den Schutz der Jagden gegen Jagdfrevel und auf Handhabung der Jagdpolizei abzielt RGer. 7. Feb. 82 (St. IV. 132). Der Widerstand gegen die Ausübung des Jagdrechts selbst fällt nicht unter den Tatbestand des § 117 RGer. 29. Mai 80 (St. II 170). Der Widerstand, welchen ein Forst- und Jagdbeamter in Ausübung der Befugnisse als Hilfsbeamter der Staatsanwaltschaft erfährt, ist nicht nach § 117, sondern nach § 113 strafbar RGer. 13. Dez. 92 (St. XXIII. 357). — Zu Hilfsbeamten der Staatsanwaltschaft gehören die zu Amtsvorstehern oder zu Gutsvorstehern und deren Stellvertretern ernannten Forstbeamten Vf. JM. u. MJ. 15. Sept. 79 (JMB. 349), ferner die Königl. Forstschutzbeamten einschl. der auf Forstanstellungsberechtigung dienenden Waldwärter, Forstpolizeisergeanten sowie Meister und Wärter forstlicher Nebenbetriebsanstalten, soweit und solange sie zum Forstschutze herangezogen werden Vf. 23. Nov. 81 (MB. 34), 9. Okt. 82 (JMB. 312), 2. Feb. 83 (JMB. 28), 25. April 98 (JMB. 102), die Gemeinde-Forstschutzbeamten und Forsthilfsaufseher, welche aus dem Jägerkorps als forstversorgungsberechtigt hervorgegangen sind oder noch auf Forstversorgung dienen und nach Forst-Diebstahl-G. 15. April 78 § 23 u. 24 (Nr. II 2 Anm. 96 d. W.) vereidet werden können Vf. 8. Nov. 91 u. 3. Jan. 99 (JMB. 9), 3. Okt. 99 (MB. 204); die Herzogl. Sachsen-Koburg-Gothaschen Forstschutzbeamten im Kreise Schmalkalden Vf. 11. Juni 92 und die Herzogl. Anhaltischen Revier-

verwalter und beaufsichtigenden Schutzbeamten in den Revieren Poeplitz und Norkitten Vf. 24. Juni 95 u. 31. Aug. 96 (JMB. 306), Luschwitz, Kreis Fraustadt, Stolzenberg, Kreis Landsberg a. W., Rabenstein, Kreis Zauch-Belzig, sowie den im Kreise Genthin und Jerichow I gelegenen Teilen der Forstreviere Lindau und Steckby und in den zum Kreise Bitterfeld gehörenden Teilen der Mosigkauer und Oranienbaumer Heide Vf. 13. Juli 97 (JMB. 211). Oberjäger, die den Forstversorgungsschein durch Dienst bei der Fahne erwerben (sogen. Kommandojäger), bleiben auch während zeitweiser Beurlaubung zur Verwendung im Forstdienste in ihrem Militärverhältnisse und gehören nicht zu den Hilfsbeamten der Staatsanwaltschaft RGer. 9. Januar 06 (Schultz III. 213). — Befugnisse der zu Hilfsbeamten der Staatsanwaltschaft bestellten Königl. Forstschutzbeamten: Vf. ML. u. MJ. 23. Juli 83 Anlage B. — Der Forst- und Jagdbeamte, Waldeigenthümer, Jagdberechtigte und der von diesem bestellte Aufseher können den auf frischer Tat betroffenen oder verfolgten Täter, sofern er fluchtverdächtig ist oder sofern seine Persönlichkeit nicht sofort festgestellt werden kann, vorläufig festnehmen StPO. § 127 RGer. 15. März 87 (St. XV. 356). — Die Befugnis zur vorläufigen Festnahme schließt das Recht ein, die Sachen, welche der Festzunehmende mit sich führt, in Verwahrung zu nehmen. Ein hierbei geleisteter Widerstand ist aus § 117 strafbar RGer. 20. März 83 (St. VIII. 288) u. RGer. 29. Mai 03 (Schultz I. 191). — Ein Privataufseher ist berechtigt, einem Jagdfrevler das Gewehr abzunehmen, wenn der Fall einer nach StPO. § 127 gerechtfertigten vorläufigen Festnahme vorliegt RGer. 18. Juni 89 (St. XIX. 327). Ein Pfändungsrecht zum Schutze des Jagdrechts besteht nach Aufhebung der Vorschriften des LR. I. 14 § 413 ff. und des gemeinen Rechts über Privatpfändung — AG. z. BGB. Art. 89 Nr. 1 b u. 3 — nicht mehr. Die im

Ist der Widerstand oder der Angriff unter Drohung mit Schießgewehr[11]), Aexten oder anderen gefährlichen Werkzeugen erfolgt, oder mit Gewalt an der Person begangen worden, so tritt Gefängnißstrafe nicht unter drei Monaten ein.

Sind mildernde Umstände vorhanden, so tritt in den Fällen des Absatz 1 Gefängnißstrafe bis zu einem Jahre, in den Fällen des Absatz 2 Gefängniß= strafe nicht unter einem Monat ein.

§ 118. Ist durch den Widerstand oder den Angriff eine Körperverletzung dessen, gegen welchen die Handlung begangen ist, verursacht worden, so ist auf Zuchthaus bis zu zehn Jahren zu erkennen.

Sind mildernde Umstände vorhanden, so tritt Gefängnißstrafe nicht unter drei Monaten ein.

§ 119. Wenn eine der in den §§ 117 und 118 bezeichneten Handlungen von mehreren gemeinschaftlich begangen worden ist, so kann die Strafe bis um die Hälfte des angedrohten Höchstbetrages, die Gefängnißstrafe jedoch nicht über fünf Jahre erhöht werden.

Fünfundzwanzigster Abschnitt.

Strafbarer Eigennutz und Verletzung fremder Geheimnisse.

§ 292[12]). Wer an Orten, an denen zu jagen[13]) er nicht berechtigt[14]) ist, die Jagd ausübt, wird mit Geldstrafe bis zu dreihundert Mark oder mit Gefängniß bis zu drei Monaten bestraft.

RGer. 15. Feb. 01 (St. XXXIV. 154) offen gelassene Frage, ob die Weg= nahme des Gewehrs kraft Selbsthilfe= recht BGB.:

§ 229. Wer zum Zwecke der Selbsthilfe eine Sache wegnimmt, zerstört oder beschädigt oder wer zum Zwecke der Selbsthilfe einen Ver= pflichteten, welcher der Flucht ver= dächtig ist, festnimmt oder den Wider= stand des Verpflichteten gegen eine Handlnng, die dieser zu dulden ver= pflichtet ist, beseitigt, handelt nicht widerrechtlich, wenn obrigkeitliche Hilfe nicht rechtzeitig zu erlangen ist und ohne sofortiges Eingreifen die Gefahr besteht, daß die Verwirklichung des Anspruchs vereitelt oder wesentlich er= schwert werde.

zulässig ist, hat dasselbe Gericht U. 14. Okt. 02 (St. XXXV. 403) verneint, die Wegnahme des Gewehrs aber unter Umständen als eine für den Jagd= berechtigten erlaubte Verteidigungsmaß= regel zur zweckmäßigen Abwehr des Ein= griffs in das Jagdrecht gemäß BGB.:

§ 227. Eine durch Notwehr ge= botene Handlung ist nicht wider= rechtlich.

Notwehr ist diejenige Verteidigung, welche erforderlich ist, um einen gegen= wärtigen rechtswidrigen Angriff von sich oder einem Anderen abzuwenden. erklärt mit dem Hinweise darauf, daß der vom Jagdberechtigten mit dem Jagdschutze Betraute alle in dieser Be= ziehung dem Jagdberechtigten selbst ge= gebenen und zur wirksamen Ausübung des Schutzes erforderlichen Rechts= zuständigkeiten auch ohne besondere Über= tragung auszuüben befugt ist.

[11]) Auch mit ungeladenem Gewehre, wenn der Bedrohte es für geladen halten konnte RGer. 25. Okt. 83 (St. IX. 176).

[12]) Das unberechtigte Jagen § 292 bis 295 bezieht sich auf die Nachstellung und Aneignung herrenlosen Wildes

BGB. § 960 (Nr. I. 2 d. W.) erster Satz. Die unbefugte Aneignung von Wild in Tiergärten BGB. § 960 zweiter Satz u. RGer. 6. Dez. 79 (DJ. XII. 185) ist nach den Bestimmungen über Diebstahl StGB. § 242 zu verfolgen. Eigentum wird nicht erworben, wenn die Aneignung gesetzlich verboten ist, oder wenn das Aneignungsrecht eines Andern durch die Besitzergreifung verletzt wird BGB. § 958 Abs. 2. Der Wilderer erwirbt mithin weder für sich noch für den Jagdberechtigten Eigentum. Das von ihm erlegte Wild bleibt herrenlos, bis es entweder der Jagdberechtigte in Besitz nimmt, oder ein gutgläubiger Dritter es erwirbt. Das noch nicht in die Gewahrsam des Jagdberechtigten gelangte Wild, welches infolge unberechtigter Jagdausübung eines Dritten des Gebrauchs seiner natürlichen Freiheit beraubt (z. B. in Schlingen geraten), demnächst aber infolgedessen eingegangen ist, unterliegt noch immer der Aneignungsbefugnis des Jagdberechtigten. Die Aufnahme solchen Wildes durch einen Unberechtigten erfüllt daher nicht den Tatbestand des Diebstahls, sondern den des Jagdvergehens RGer. 25. April 92 (St. XXIII. 89). Dagegen ist ein Diebstahl an Wild von dem Augenblicke an möglich, wo das Wild in eine von dem Jagdberechtigten hergestellte Fangvorrichtung geraten und in ihr derartig festgehalten wird, daß es sich nicht befreien kann (z. B. Fang in den Schlingen des Dohnenstiegs) RGer. 1. Dez. 96 (St. XXIX. 216), 9. Mai 99 (St. XXXII. 161), 25. Okt. 97 (GA. 45 S. 440). Der Tatbestand der unbefugten Jagdausübung ist durch das Gehen mit schußfertigem Gewehr, um zu jagen, erfüllt KammGer. 4. Dez. 05 (Schultz III. 60).

Für den Tatbestand des § 292 ist das Nichtbeisichführen eines Gewehres unwesentlich, wenn das Stück Wild, dem der Täter in der Absicht es sich anzueignen folgt, bereits von einem anderen angeschossen war, da dieser es noch nicht in seine Gewalt gebracht hatte RGer. 9. Okt. 06 (Schultz IV. 231).

[18]) Jagen, Jagd ausüben sind Handlungen, durch welche jemand Wild (d. h. jagdbare Tiere II. 2 § 1, 3 Anl. E § 1 d. W.), RGer. 3. März 84 [St. X. 234]) ergreift oder auch nur aufsucht, verfolgt oder ihm nachstellt, um es zu erlegen, einzufangen oder sonst in Besitz zu nehmen RGer. 17. März 85 (St. VII. 184). Zur Vollendung des Vergehens bedarf es nicht der Besitzergreifung des Tieres, noch des Gebrauchs eines Jagdgeräts oder einer Jagdvorrichtung; der Besitzergreifung braucht keine Nachstellung vorhergegangen zu sein. Demgemäß genügt ein Stehen auf Anstand in Jagdausrüstung RGer. 29. Jan. 86 (St. VIII. 102), selbst wenn das Gewehr noch nicht schußfertig gestellt (geladen) ist RGer. 24. Okt. 89 (XX. 4). Auch das unberechtigte Ansichnehmen toten Wildes (Fallwildes) ohne sonstige jagdliche Tätigkeit ist Jagdausübung. Das ausschließliche Aneignungsrecht des Jagdberechtigten bezieht sich auch auf die mit dem toten Körper noch verbundenen Geweihe (Gehörne) RGer. 13. Jan. 81 (St. III. 226), 21. Dez. 81 (St. V. 277), 19. Nov. 85 (VIII. 84). Die Geweihstangen eines Hirsches bilden, so lange sie sich in ihrer natürlichen Verbindung mit der Hirnschale befinden, Bestandteile des Körpers des Tieres. Wird in der Absicht, diese Bestandteile des Tieres zu erlangen, dem Wilde nachgestellt, so genügt auch diese Absicht zur Annahme einer Jagdausübung RGer. St. 14. Feb. 07 (Schultz IV. 230). — Fallwild kann jedoch als Gegenstand des Jagdrechts nicht mehr angesehen werden, wenn namentlich durch Verwesung eine den Begriff eines jagdbaren Tieres überhaupt aufhebende Zerstörung eingetreten ist RGer. 14. März 95 (GA. 43 S. 48). Abgeworfene Hirschstangen: III. 3 Anl. A d. W. Das Verfolgen (Hetzen) des Wildes genügt zum Tatbestande des Vergehens, selbst wenn die Absicht nur dahin ging, sich des Wildes nur vorübergehend zu bemächtigen und es dann wieder in Freiheit zu setzen, sollte es sich dabei auch lediglich um Ausübung eines Reitsports gehandelt haben (Parforcejagd) OT. 20. Juni 55, RGer. 20. Nov. 94 (XXVI. 216). Unberechtigtes Jagen liegt ferner vor, wenn jemand von seinem Jagdrevier aus auf Wild in einem fremden Jagdbezirke schießt OT. 23. Sept. 68 (IX. 510), ebenso wenn jemand sich zwar auf seinem Jagdgebiet aufstellt, aber durch seinen Hund oder durch angenommene Treiber das benachbarte, fremde Jagdrevier absuchen und von dort das Wild

Ist der Thäter ein Angehöriger[15]) des Jagdberechtigten, so tritt die Verfolgung nur auf Antrag ein. Die Zurücknahme des Antrags ist zulässig[16]).

§ 293. Die Strafe kann auf Geldstrafe bis zu sechshundert Mark oder auf Gefängniß bis zu sechs Monaten erhöht werden, wenn dem Wilde nicht mit Schießgewehr oder Hunden, sondern mit Schlingen, Netzen, Fallen oder anderen Vorrichtungen[17]) nachgestellt[18]) oder, wenn das Ver-

sich zutreiben läßt, um es sodann auf seinem eigenen Jagdgebiete zu erlegen RGer. 1. Juni 86 (St. VIII. 420) und 28. Nov. 89 (St. XX. 98). Wenn sich dagegen jemand in einem fremden Reviere aufstellt, um von dort aus das auf sein eigenes benachbartes Revier übertretende Wild zu erlegen, oder wenn er, um ein auf seinem Revier stehendes Wild zu erlegen, dasselbe anschleicht und hierbei fremdes Jagdgebiet beschreitet, oder wenn er von seinem Jagdgebiete aus das Wild zum Übertritte auf dasselbe anlockt, so begeht er kein unberechtigtes Jagen, sondern in den ersten beiden Fällen eine Jagdübertretung StGB. § 368[10] (Anm. 37), OT. 7. Okt. 75 (XVI. 640, RGer. 10. Juni 82 (St. VI. 375), 4. Mai 99 (Civilf. 44 S. 195), 13. März 90 (St. XX. 341). — Aufstellen von Schlingen, wenngleich das bezweckte Einfangen des Wildes noch nicht gelungen, auch die Aufstellung der Schlingen noch nicht beendet ist, stellt Jagdausübung dar; und zwar auch dann, wenn die Absicht des Täters auf Abwendung von Wildschaden gerichtet war RGer. 2. Juni 91 (St. XXII. 115) u. 14. Jan. 07 (Schultz IV. 232). — Das Ausnehmen der Eier oder Jungen von jagdbarem Federwild fällt nicht unter § 292, sondern ist nach § 368[11] strafbar (Anm. 38, 39). Das Aufnehmen von Jungen jagdbarer vierfüßiger Tiere aus dem Lager ist dagegen Jagdausübung. — Das Aufsuchen und Fangen oder Schießen nicht jagdbarer wilder Tiere auf fremdem Jagdrevier bildet ebenfalls kein nach § 292 zu bestrafendes Vergehen, sondern nur eine Übertretung jagdpolizeilicher Vorschriften OT. 31. März 56 (XXVI. 355), RGer. 3. Dez. 94 (XXIV. 266).

[14]) Maßgebend sind die landesgesetzlichen Vorschriften EG. z. BGB. Art. 69 (Nr. I. 1 d. W.), Jagd-O. (Nr. II 2, 3 u. 4 d. W.).

[15]) StGB.:

§ 52 Abs. 2. Als Angehörige sind anzusehen Verwandte und Verschwägerte auf- und absteigender Linie, Adoptiv- und Pflege-Eltern und -Kinder, Ehegatten, Geschwister und deren Ehegatten und Verlobte.

[16]) Verjährungsfrist für das Vergehen: drei Jahre StGB. § 67.

[17]) Zu anderen Vorrichtungen gehört z. B. das Auslegen giftigen Köders in fremden Jagdrevieren, und zwar auch dann, wenn es zur Abwendung von Wildschaden auf eigenem Grund und Boden erfolgt RGer. 23. Sept. 86 (St. XIV. 419). Der Erschwerungsgrund des Nachstellens des Wildes mit Schlingen liegt gegen den Täter erst vor, wenn er das Legen der Schlingen für die Zwecke seiner Jagdausübung bewirkt oder sonst veranlaßt hat RG. St. 11. Nov. 04 (Schultz II. 168).

[18]) Der erste Satz bezieht sich nur auf Nichtjagdberechtigte; der Jagdberechtigte kann dem Wilde in jeder erlaubten Weise nachstellen. Auch z. B. durch Auslegen von Gift zur Vertilgung von Raubzeug RGer. 23. Sept. 96 (St. XIV. 429). Der Jagdberechtigte unterliegt den allgemeinen sicherheitspolizeilichen Vorschriften, welche das Auslegen vergifteter Gegenstände an die Notwendigkeit einer polizeilichen Genehmigung knüpfen. Im RBez. Frankfurt a. O. ist zum Auslegen von Gift eine vorgängige ortspolizeiliche Erlaubnis erforderlich PolV. 15. Mai 61 (AB. 125), als rechtsgültig anerkannt durch OV. 13. Nov. 02 (Nr. III. 1896). Untersagt ist dem Jagdberechtigten das Aufstellen von Schlingen, in denen sich jagdbare Tiere u. Kaninchen fangen können. Auf die Ausübung des Dohnenstiegs mittels hochhängender Dohnen erstreckt sich dieses Verbot nicht (II. 2. § 44 u. II. 3. Anl. E § 4 u. II. 4 § 12),

gehen[19]), während der gesetzlichen Schonzeit[20]), in Wäldern[21]), zur Nacht=zeit[22]) oder gemeinschaftlich von Mehreren[23]) begangen wird[24]).

§ 294. Wer unberechtigtes Jagen gewerbsmäßig[25]) betreibt, wird mit Gefängniß nicht unter drei Monaten bestraft; auch kann auf Verlust der bürgerlichen Ehrenrechte, sowie auf Zulässigkeit von Polizeiaufsicht erkannt werden.

§ 295. Neben der durch das Jagdvergehen verwirkten Strafe ist auf Einziehung des Gewehrs, des Jagdgeräths und der Hunde, welche der Thäter bei dem unberechtigten Jagen bei sich geführt hat, ingleichen der Schlingen, Netze, Fallen und anderen Vorrichtungen zu erkennen, ohne Unterschied, ob sie dem Verurtheilten gehören oder nicht[26]).

---

das Ausnehmen der Eier und Jungen von jagdbarem Federwild (Anm. 38), die Jagdausübung während der Schon=zeit, sowie das Legen von Selbstgeschossen LR. II. 16 § 58 (Nr. I. 3 d. W.) u. Zuwiderhandlungen gegen StGB. § 367⁸ u. 368⁷ Anm. 29 bis 32.

[19]) D. i. das Vergehen des § 292.

[20]) Jagd=O. (II. 2 d. W.) § 39, Wild=schon=G. 14. Juli 04 (II. 3 Anl. E d. W.) § 2, Hohenz. Jagd=O. (II. 4 d. W.) § 15. — Bei Fallwild ist dieser straf=erhöhende Umstand seiner Natur nach ausgeschlossen. Die Anwendung des straferhöhenden Umstandes kann nur dann in Frage kommen, wenn feststeht, auf welche Wildarten die Jagd aus=geübt wurde. Erhellt nicht, daß die auf Verfolgung gerichtete Handlung einem Wilde gilt, das zur Zeit der Tat mit der Jagd zu verschonen war, so entfällt die Anwendung dieser Gesetzes=bestimmung (Olshausen Anm. 4ᵃ zu § 293).

[21]) Mithin auf zur Holzzucht be=stimmten Grundstücken. — Hierbei ist es gleich, ob sich der Jäger oder das Wild im Walde befunden hat RGer. 8. Feb. 94 (St. XXV. 120). Die Tat selbst muß in einem Walde verübt sein Kamm.Ger. 7. Jan. 07 (Schultz IV. 99). Jagdausübung „im Walde" liegt auch dann vor, wenn sie auf einer baumfreien Einbuchtung innerhalb einer mit Holz bestandenen Fläche stattgefunden hat RGer. St. 23. Okt. 06 (Schultz IV. 232).

[22]) Nachtzeit ist hier die infolge des Sonnenuntergangs eingetretene Zeit der nächtlichen Dunkelheit RGer. 5. Feb. 81 (St. III. 12) u. 27. Jan. 85 (St. VII. 56).

[23]) Die Aneignung von Fallwild in Wäldern zur Nachtzeit oder gemein=schaftlich mit mehreren fällt unter die Strafandrohung § 293.

[24]) Für die Fälle des Jagdvergehens unter erschwerenden Umständen erfolgt die Strafverfolgung von Amtswegen, ohne vorgängigen Antrag RGer. 10. Mai 81 (St. III. 290). Verjährung tritt in fünf Jahren ein StGB. § 67.

[25]) D. i. ein fortgesetztes, auf Er=zielung von Gewinn gerichtetes unbe=fugtes Jagen. Gewerbmäßigkeit kann auch angenommen werden, selbst wenn nicht Verkauf, sondern Verbrauch (im eigenen Haushalt) des erlegten Wildes beab=sichtigt wird RGer. 16. Okt. 80 (St. II. 336) u. 24. Jan. 87 (St. IX. 90) u. 24. Aug. 06 (Schultz IV. 233).

[26]) Die Einziehung des Gewehres usw. muß ohne Unterscheidung nach der Be=schaffenheit des begangenen Vergehens, sofern es nur unter den Tatbestand des § 292 fällt, also auch in einem Falle geschehen, in welchem es der der Ein=ziehung gesetzlich unterworfenen Gegen=stände zur Verübung des Vergehens gar nicht bedurfte RGer. 6. Dez. 79 (St. I. 28). — Jagdgeräte sind nur leblose Gegenstände, welche nach ihrer Beschaffenheit an sich zur Verwendung bei der Jagd geeignet und dazu auch dauernd bestimmt sind; sie sind stets einzuziehen. Gleichlautend hiermit RGer. St. 12. Nov. 06 (Schultz IV. 234). — Zu den Jagdgeräten kann auch ein zur Jagdausübung benutztes Fernrohr ge=rechnet werden RGer. St. 21. Feb. 05 (Schultz II. 169). Auch ein Rucksack Kamm.Ger. 7. Jan. 07 (Schultz IV. 99). Wer bei der Einziehung andere Jagd=

Neunundzwanzigster Abschnitt.
Uebertretungen.

§ 361. Mit Haft wird bestraft:

9. Wer Kinder oder andere unter seiner Gewalt stehende Personen, welche seiner Aufsicht untergeben sind und zu seiner Hausgenossenschaft gehören, von der Begehung von Diebstählen, sowie von der Begehung strafbarer Verletzungen, der Zoll- oder Steuergesetze, oder der Gesetze zum Schutze der Forsten, der Feldfrüchte, der Jagd oder der Fischerei abzuhalten unterläßt. Die Vorschriften dieser Gesetze über die Haftbarkeit für die den Thäter treffenden Geldstrafen oder anderen Geldleistungen werden hierdurch nicht berührt[27]).

In den Fällen der Nr. 9 kann statt der Haft auf Geldstrafe bis zu einhundertfünfzig Mark erkannt werden.

§ 366. Mit Geldstrafe bis zu sechzig Mark oder mit Haft bis zu vierzehn Tagen wird bestraft:

1. wer den gegen die Störung der Feier der Sonn- und Festtage erlassenen Anordnungen zuwiderhandelt[28]).

---

gerätschaften abliefert, als er bei der Jagdausübung bei sich geführt hat, unterliegt der Bestrafung nach StGB. § 288. Zur Stellung des Strafantrages ist der Reg. Pr. berechtigt RGer. 7. Jan. 87 (St. XV. 164). — Gegenstände, die nicht in den Kreis des § 295 fallen, aber gleichwohl im einzelnen Falle zur Begehung eines Jagdvergehens gebraucht oder bestimmt gewesen (also auch Transportmittel), sind von der Möglichkeit der Einziehung nicht ausgeschlossen; für sie bleibt anwendbar StGB. § 40:

Gegenstände, welche durch ein vorsätzliches Verbrechen oder Vergehen hervorgebracht, oder welche zur Begehung eines vorsätzlichen Verbrechens oder Vergehens gebraucht oder bestimmt sind, können, sofern sie dem Täter oder einem Teilnehmer gehören, eingezogen werden.

Die Einziehung ist im Urteil auszusprechen.

RGer. 22. Mai 91 (St. XXII. 15). — Die Einziehung ist durch die vorgängige Beschlagnahme oder die Zweifellosigkeit der späteren Vollstreckbarkeit oder einen Antrag der Staatsanwalt-

schaft nicht bedingt RGer. 17. Feb. 81 (St. III. 46), 7. Feb. 84 (X. 139). — Beschlagnahme: Anm. 10. — Wegen Verfügung über die eingezogenen Gegenstände: Nr. II. 2 Anm. 186.

[27]) Vergl. Jagd-O. 15. Juli 07 (II. 2. d. W.) § 80.

[28]) Die Anordnungen sind der Landesgesetzgebung vorbehalten. Die Ober-Präsidenten u. Reg.-Pr. sind in Preußen zum Erlaß der für die äußere Heilighaltung der Sonn- und Festtage erforderlichen PolV. befugt KO. 7. Feb. 37 (GS. 19) u. (neue Provinzen und Hohenzollern) G. 9. Mai 92 (GS. 107). — Für Hohenzollern ist die Jagdausübung an Sonn- und Festtagen gesetzlich geregelt Jagd-O. für Hohenz. (Nr. II. 4 d. W.) § 13 u. 26. — PolV., welche die Ausübung der Jagd an Sonn- und Feiertagen vor beendigtem Nachmittags-Gottesdienst verbieten, sind gültig Kamm.G. 11. Juni 91 (Johow XI. 318) u. 28. Sept. 03 (Johow XXVI. C. 76) — Die Reg.-Pr. sind befugt, Hetz- und Treibjagden an Sonn- und Feiertagen allgemein zu verbieten, also auch für die Fälle, daß solche Jagden keine besonders störenden Geräusche verursachen Kamm.G. 24. Sept. 00 (Johow XX. 116) u. 24. Juni 01 (Johow XXII. 79). — Unter das Verbot, an Sonn- u. Fest-

§ 367. Mit Geldstrafe bis zu einhundertfünfzig Mark oder mit Haft wird bestraft.

8. wer ohne polizeiliche Erlaubniß an bewohnten oder von Menschen besuchten Orten[29]) Selbstgeschosse, Schlageisen oder Fußangeln legt, oder an solchen Orten mit Feuergewehr oder anderem Schießwerkzeuge schießt, oder Feuerwerkskörper abbrennt[30]).

In den Fällen der Nr. 7 bis 9 kann neben der Geldstrafe oder der Haft auf die Einziehung der verfälschten oder verdorbenen Getränke oder Eßwaaren, ingleichen der Selbstgeschosse, Schlageisen oder Fußangeln, sowie der verbotenen Waffen erkannt werden, ohne Unterschied ob sie dem Verurteilten gehören oder nicht[31]).

§ 368. Mit Geldstrafe bis zu sechzig Mark oder mit Haft bis zu vierzehn Tagen wird bestraft:

7. wer in gefährlicher Nähe von Gebäuden oder feuerfangenden Sachen mit Feuergewehr schießt oder Feuerwerke abbrennt[32]);

9. wer unbefugt über Gärten oder Weinberge, oder vor beendeter Ernte über Wiesen oder bestellte Aecker[33]), oder über solche Aecker, Wiesen,

---

tagen Treibjagden abzuhalten, fällt es auch, wenn nichtjagdbare Tiere z. B. wilde Kaninchen von einer geringen Anzahl Treiber ohne besonderes Geräusch den Jägern zugetrieben werden Kamm.G. 22. April 97. Eine Treibjagd findet statt, wenn eine Kette von Treibern einer Kette von Schützen das Wild zutreibt Kamm.Ger. St. 22. Sept. 03 (Schultz I. 86), — Eine das Jagen an Sonntagen usw. gänzlich verbietende Anordnung auf Grund der KO. 7. Feb. 37 ist unverbindlich Kamm.Ger. 20. Juni 98 (Str. Johow XIX. 325). Die hierauf und gemäß Vf. MJ. u. MJ. 7. Juni 95 erlassenen PolV. für die einzelnen Provinzen sind in Anlage C aufgeführt.

[29]) D. s. nicht bloß öffentliche Orte, sondern auch solche Privaträumlichkeiten (einschließlich der eigenen Räumlichkeit des Handelnden), welche von Menschen besucht zu werden pflegen RGer. 26. Okt. 00 (GA. 47 S. 440). Die räumliche Ausdehnung des Ortes ist nach der Wirkung der Selbstgeschosse zu bemessen RGer. 11. Okt. 83 (St. IX. 127) u. Kamm.Ger. St. 18. April 95 (Johow XVI. 485).

[30]) Die Strafvorschrift findet auch Anwendung auf LR. II 16 (Nr. I. 3 d. W.) § 58, 59, Jagd-O. (II. 2 d. W.)

§ 35 u. Jagdschein-G. (II. 3 Anl. C d. W.) § 7 Nr. 2.

[31]) Die Zulässigkeit der Einziehung (Anm. 26 u. Nr. II 2 Anm. 186 d. W.) erstreckt sich nicht auf Schießwerkzeuge.

[32]) Anwendung der Strafvorschrift auf Jagd-O. (II. 2 d. W.) § 35 Jagdschein-G. (II. 3 Anl. C d. W.) § 7 Nr. 2 zulässig.

[33]) Das Betreten eines noch nicht abgeernteten Ackerstückes seitens eines Jagdpächters bei der Jagdausübung ist kein unbefugtes im Sinne dieser Strafvorschriften oder des Feld- und Forstpolizei-G. 1. April 80:

§ 10. Mit Geldstrafe bis zu zehn Mark oder mit Haft bis zu drei Tagen wird bestraft, wer, abgesehen von den Fällen des § 368 Nr. 9 des Strafgesetzbuchs, unbefugt über Grundstücke reitet, karrt, fährt, Vieh treibt, Holz schleift, den Pflug wendet oder über Aecker, deren Bestellung vorbereitet oder in Angriff genommen ist, geht. Die Verfolgung tritt nur auf Antrag ein.

Der Zuwiderhandelnde bleibt straflos, wenn er durch die schlechte

Weiden oder Schonungen, welche mit einer Einfriedigung versehen sind, oder deren Betreten durch Warnungszeichen untersagt ist, oder auf einem durch Warnungszeichen geschlossenen Privatwege geht, fährt, reitet oder Vieh treibt;

10. wer ohne Genehmigung des Jagdberechtigten[14]) oder ohne sonstige Befugniß[34]) auf einem fremden Jagdgebiete[35]) außerhalb des öffentlichen, zum gemeinen Gebrauch bestimmten Weges[36]), wenn auch nicht jagend, doch zur Jagd ausgerüstet[37]), betroffen wird[38]);

11. wer unbefugt Eier oder Junge von jagdbarem Federwild[39]) oder von Singvögeln[40]) ausnimmt.

Beschaffenheit eines an dem Grundstücke vorüberführenden und zum gemeinen Gebrauch bestimmten Weges oder durch ein anderes auf dem Wege befindliches Hinderniß zu der Uebertretung genöthigt worden ist. Die Jagdpächter, welche ihr Recht von den Grungstücksbesitzern ableiten, sind an sich befugt, behufs Ausübung des ihnen durch Vertrag übertragenen Jagdrechts alle zum Jagdbezirke gehörenden Grundstücke zu betreten. Ob Schadenersatz gefordert werden kann, wenn Schaden geschehen, ist nach den Grundsätzen des Privatrechts zu beurteilen. Die Jagd=O. (II 2, 3 u. 4 d. W.) enthalten darüber nichts OT. 27. Feb. 79 (Bd. 83 S. 185).

[34]) Der Forstschutzbeamte handelt nicht gegen diese Vorschrift, wenn er zur Jagd ausgerüstet, durch fremdes Jagdrevier außerhalb der öffentlichen Wege in Anlaß des Forstschutzes hingeht RGer. 26. Sept. 87 (St. XVI. 197).

[35]) Hierfür ist nicht das Eigentumsrecht an Gut und Boden entscheidend, sondern nach dem Zwecke der Bestimmung das Bestehen der Jagdberechtigung eines anderen an dem betreffenden Gebiete (Olshausen Anm. c zu Nr. 10).

[36]) Die Strafvorschrift ist anzuwenden, wenn der Angeklagte im Straßengraben des zum fremden Jagdreviere gehörenden öffentlichen Weges, d. h. außerhalb des dem allgemeinen Verkehre dienenden Wegeteiles zur Jagd ausgerüstet betroffen wird RGer. 12. Juli 87 (St. XVI. 203). Gemeint ist hier die Handlung des Betretens (Olshausen Anm. d zu Nr. 10).

[37]) D. h. wer ein zur Jagdausübung geeignetes Werkzeug, insbesondere ein Schießgewehr, in einem solchen Zustande bei sich führt, daß von demselben bei sich darbietender Gelegenheit sofort zum Zwecke der Jagdausübung Gebrauch gemacht werden kann RGer. 7. Jan. 84 (St. IX. 412). Der Feststellung, daß das Gewehr geladen sei, bedarf es hierbei nicht RGer. 24. Okt. 89 (St. XX. 4). Die Strafe tritt unbedingt ein, auch wenn feststeht, daß der Täter gar nicht jagen wollte, auch wenn er lediglich dem freien Tierfange unterliegende Tiere fangen wollte. Es handelt sich mithin um ein reines Polizeidelikt (Olshausen Anm. a zu Nr. 10). — Die Vorschrift verfolgt, wie StGB. § 292 zunächst den Zweck, das ausschließliche Aneignungsrecht des Jagdberechtigten an jagdbaren Tieren gegen Eingriffe Unbefugter zu schützen; sie will aber auch überhaupt Jäger und andere Personen, die durch ihre Ausrüstung mit Jagdgeräten jeden Augenblick in der Lage sind, Wild zu erlegen (oder ihm nachzustellen) von fremden Jagdrevieren fernhalten. Diese Norm gilt auch dem fahrlässigen Täter gegenüber RGer. St. 18. Mai 05 (Schultz III. 59).

[38]) Jagdberechtigte sind nach Jagd=O. (II. 2 d. W.) § 42 u. Wildschon=G. (II 3 Anl. E d. W.) § 5 befugt, Kiebitz= u. Möveneier in dazu bestimmter Zeit einzusammeln, sowie im Freien gelegte Eier jagdbaren Federwildes in Besitz zu nehmen, um sie ausbrüten zu lassen.

[39]) II. 2 § 1 u. II. 3 Anl. E § 1 d. W.

[40]) In Betreff der Singvögel ist die Strafvorschrift aufgehoben und durch das Reichs=Vogelschutz=G. 22. März 88

Anlagen zum StGB.

Anlage A1 (zu Anmerkung 9).
Verfügung des Ministers des Innern vom 24. Feb. 1900 (MB. 101).

Es hat sich in einigen Gegenden das Bedürfnis fühlbar gemacht, die Forst=
beamten zur Mitwirkung bei Ausübung des Jagdschutzes auch außerhalb ihrer
Schutzbezirke, namentlich auf den an ihre Reviere grenzenden Jagdbezirken hin=
zuzuziehen.

Die Frage, inwieweit und ob überhaupt die Königlichen Forstschutzbeamten
kraft ihrer eigenen Befugnisse zur Ueberwachung und Verfolgung von Jagdver=
gehen und Jagdpolizeiübertretungen, welche außerhalb ihrer Schutzbezirke begangen
werden, berechtigt sind, ist in früherer Zeit von den Gerichten verschiedenartig
beurteilt, neuerdings aber von dem Königl. Kammergerichte in Uebereinstimmung
mit der schon vorher in der Ministerialinstanz vertretenen Ansicht im verneinenden
Sinne entschieden worden.   Der Herr Landwirtschafts=Minister hat deshalb den
Regierungen empfohlen, soweit ein Bedürfniß vorliegt, sich an die gesetzlich mit
der Wahrnehmung der Jagdpolizei betrauten Behörden (ZustG. § 103) mit einer
Anregung zu wenden, daß diese für ihren Amtsbezirk oder bestimmte Theile des=
selben, einzelnen geeigneten Königl. Forstschutzbeamten unter Zustimmung der
vorgesetzten Regierung die aushülfsweise Mitwirkung bei der Ausübung der Jagd=
polizei übertragen und diese Aufträge unter namentlicher Bezeichnung der mit
ihnen betrauten Forstbeamten in ihren Amtsbezirken öffentlich bekannt machen
möchten.

Es findet sich nichts dagegen einzuwenden, unter geeigneten Umständen auch
gleichartigen Anträgen der Gemeinde= oder Privat=Forst= und Jagdbesitzer Folge
zu geben oder aus eigener Entschließung in dieser Weise vorzugehen.

Es erscheint ferner zulässig, die Uebertragung solcher Hülfsleistungen bei
Ausübung der Jagdpolizei nicht auf Königl. Forstbeamte zu beschränken, sondern,
soweit es ohne Kosten für die Staatskasse geschehen kann, auch auf solche im Ge=
meinde= oder Privatdienste stehende Förster und Schutzbeamten mit Genehmigung
ihrer Dienstherrschaft auszudehnen, welche für den Jagd= und Forstschutz ver=
eidigt, mit der Berechtigung zum Waffengebrauche ausgestattet sind und an deren
Zuverlässigkeit keine Zweifel bestehen.

Die beauftragten Beamten haben bei Ausübung der Jagdpolizei lediglich als
Organe der Jagdpolizeibehörde aufzutreten und zu handeln.

(Nr. II 2 Anl. D d. W.) ersetzt. Die Ergänzungs=Vorschrift des Feld= und Forstpolizei=G. 1. April 50 § 33:

Mit Geldstrafe bis zu dreißig Mark oder mit Haft bis zu einer Woche wird bestraft, wer, abgesehen von den Fällen des § 368 Nr. 11 des Strafgesetzbuchs, auf fremden Grundstücken unbefugt nicht jagd= bare Vögel fängt, Sprenkel oder ähnliche Vorrichtungen zum Fangen von Singvögeln aufstellt, Vogelnester zerstört oder Eier oder Junge von Vögeln ausnimmt. Die Sprenkel oder ähnliche Vorrichtungen sind einzuziehen.

gilt auch heute noch (Stelling). — In dem Ankaufe verbotswidrig ge= fangener Vögel ist eine Hehlerei (StGB. § 259) nicht zu erblicken RGer. St. 11. Juli 04 (Entsch. XXXVII. 230).

Anlage B (zu Anmerkung 10).

Verfügung des Ministers für Landwirthschaft und des Ministers des Innern vom 23. Juli 1883 (MB. 181) und vom 3. Januar 1883 (PJ. XV. 120) betr. die zu Hülfsbeamten der Staatsanwaltschaft bestellten Königl. Forstschutzbeamten. (Auszug)[1].

1. Nach § 153 des Gerichtsverfassungsgesetzes haben die Hülfsbeamten der Staatsanwaltschaft den Anordnungen der Staatsanwälte bei dem Landgerichte ihres Bezirks und der diesen vorgesetzten Beamten Folge zu leisten. Daneben sind sie aber unter Umständen zu selbständigem Handeln befugt und verpflichtet, insbesondere sind sie nach §§ 98 und 105 der Strafprozeßordnung bei Gefahr im Verzuge zu Beschlagnahmen und zur Anordnung von Durchsuchungen (sowohl zum Zwecke der Ergreifung der wegen strafbarer Handlungen Verfolgten als zur Aufsuchung von Beweismitteln) ermächtigt.

Die Bestellung der Forstschutzbeamten zu Hülfsbeamten der Staatsanwaltschaft hat nun, was den sachlichen Umfang der ihnen übertragenen Funktion angeht, zunächst die Zwecke des Forstschutzes im Auge, und soweit es auf selbstständiges Handeln in jener Eigenschaft ankommt, haben deshalb jene Beamten ihre Thätigkeit zu beschränken auf die Verfolgung solcher Gesetzwidrigkeiten, welche in dem ihnen im Hauptamte zugewiesenen Schutzbezirke begangen werden und in irgend einer Beziehung zu ihrer hauptamtlichen Thätigkeit stehen, wohin vornehmlich die Verletzungen der Forst-, Jagd-, Feld-, Fischerei u. s. w. Gesetze zu rechnen sind. Auch die Staatsanwälte werden die Thätigkeit der Forstschutzbeamten der Regel nach nur wegen strafbarer Handlungen dieser Art in Anspruch nehmen, doch bleibt es deren Ermessen überlassen, auch in anderen Fällen, wo ihnen solches aus besonderen Gründen erwünscht scheint, der Forstschutzbeamten neben den ihnen sonst zur Verfügung stehenden Hülfsbeamten, oder anstatt dieser, sich zu bedienen, und auch auf solche Fälle erstreckt sich die Verpflichtung der Forstschutzbeamten, den Anordnungen der Staatsanwälte Folge zu geben.

2. Anlangend die örtliche Zuständigkeit der Forstschutzbeamten als Hülfsbeamten der Staatsanwaltschaft, so versteht es sich, daß dieselben durch einen Auftrag des Staatsanwalts die Befugniß erlangen, auch außerhalb ihres eigenen Schutzbezirks thätig zu werden. Dagegen beschränkt sich die Befugniß zu selbstständigem Handeln in der Regel auf den Schutzbezirk des einzelnen Beamten. Eine Ausnahme von dieser Regel ergiebt sich aus dem Rechte der Nacheile und aus analoger Anwendung des § 167 des Gerichtsverfassungsgesetzes, wonach ein Gericht Amtshandlungen außerhalb seines Bezirks ohne Zustimmung des Amtsgerichts des Ortes nur vornehmen darf, wenn Gefahr im Verzuge obwaltet, in welchem Falle dem Amtsgerichte des Orts Anzeige zu machen ist. In entsprechendem Sinne ist anzunehmen, daß die in Rede stehenden Beamten, sofern es sich um Zuwiderhandlungen gegen die Strafgesetze handelt, gegen welche sie nach dem zu 1 Gesagten selbständig einzuschreiten haben, auch außerhalb ihres Dienstbezirkes Beschlagnahmen und Durchsuchungen selbständig vornehmen können, jedoch nur dann, wenn sie in der Verfolgung des Thäters (unmittelbar oder nach seinen Spuren) begriffen sind und wenn zugleich die bei einer Verzögerung der Maßregel obwaltende Gefahr der Erfolglosigkeit so dringlich ist, daß nicht nur ein Antrag bei dem zuständigen Richter, sondern auch eine vorherige Verständigung

---

[1] Eine gleichlautende Vf. ist für die zu Hilfsbeamten der Staatsanwaltschaft bestellten Gemeindeforstbeamten der Rheinprovinz erlassen Vf. MJ. u. ML. 6. Aug. 92.

mit der Ortspolizeibehörde nicht angängig ist. Auch in einem solchen Falle ist aber, und zwar baldmöglichst, der Ortspolizeibehörde Anzeige zu machen[2]).

Die Befugniß zur Vornahme von Amtshandlungen im Gebiete eines anderen Bundesstaats beschränkt sich übrigens auf die nach § 168 des Gerichtsverfassungsgesetzes statthafte Verfolgung und Ergreifung Flüchtiger. Insbesondere haben die Forstschutzbeamten durch ihre Bestellung zu Hülfsbeamten der Staatsanwaltschaft nicht die Befugniß zur Vornahme von Haussuchungen im Gebiete anderer Bundesstaaten erlangt, müssen hierzu vielmehr nach wie vor die dort zuständigen Behörden in Anspruch nehmen.

3. Der Herr Justizminister hat sich bereit erklärt, die Staatsanwälte dahin anzuweisen, daß diese ihre Aufträge an die Forstschutzbeamten der Regel nach unter der Adresse der betreffenden Oberförster, und nur aus besonderen Gründen, wie namentlich in solchen Fällen besonderer Dringlichkeit unmittelbar an die Forstschutzbeamten erlassen, in welchen zu besorgen, daß der Umweg durch die Hand des Oberförsters den Auftrag an den Forstschutzbeamten wirkungslos machen könnte. In letzterem Falle hat der Forstschutzbeamte selbst dem Oberförster von dem ihm gewordenen Auftrage so bald als möglich Anzeige zu machen. Die Oberförster haben die unter ihrer Adresse eingehenden Aufträge der Staatsanwälte den beauftragten Forstschutzbeamten ungesäumt zuzustellen. Glaubt ein Oberförster, daß durch einen Auftrag des Staatsanwalts an die Forstschutzbeamten das Interesse des Forstdienstes geschädigt werde, so hat er der vorgesetzten Regierung zu berichten. Die Ausführung des vom Staatsanwalt einmal ertheilten Auftrages darf jedoch aus diesem Grunde in keinem Falle verweigert oder verzögert werden.

4. Die Forstschutzbeamten haben bei Erledigung von Aufträgen der Staatsanwälte die Liquidation der etwa zu beanspruchenden Tagegelder und Reisekosten dem auftraggebenden Staatsanwalt zur Zahlbarmachung einzureichen. Doch dürfen bei Ausrichtung solcher Aufträge innerhalb des eigenen Schutzbezirkes Tagegelder und Reisekosten in keinem Falle verlangt werden. Soweit ein Forstschutzbeamter als Hülfsbeamter der Staatsanwaltschaft selbstständig thätig wird, ist dies als eine Thätigkeit in seinem Hauptamte anzusehen, wofür Tagegelder u. s. w. grundsätzlich nicht gewährt werden.

Anlage C (zu Anmerkung 28).
Polizeiverordnungen über die äußere Heilighaltung der Sonn- und Feiertage:

1. **Für die Provinz Ostpreußen.** Vom 7. Dezember 1896. (AB. für Königsberg 1897 S. 3, Gumbinnen 1896 S. 486). — Auszug.

§ 13. Hetz- und Treibjagden sind an Sonn- und Feiertagen unbedingt, sonstiges Jagen ist während der Zeit des Hauptgottesdienstes untersagt.

§ 14. Feiertage im Sinne dieser Verordnung sind der Neujahrstag, der Charfreitag, der zweite Osterfeiertag, der Himmelfahrtstag, der zweite Pfingstfeiertag, der Bußtag und der erste und zweite Weihnachtsfeiertag.

---

[2]) Aus der Stellung der Hilfsbeamten der Staatsanwaltschaft ist zu folgern, daß die örtliche Zuständigkeit des Beamten sich dann, wenn er in dieser Eigenschaft tätig wird, im Zweifel auf den ganzen Bezirk der ihm übergeordneten Staatsanwaltschaft erstreckt RGer. St. 18. Dez. 03 u. 28. Nov. 05 (Schultz II. 73 u. III. 212). — Werden Polizei- und Sicherheitsbeamte, welche nach § 153 Abs. 2 des GVG. Hilfsbeamte der Staatsanwaltschaft sind, zur Wahrnehmung ortspolizeilicher Geschäfte nach anderen Bezirken entsendet, so werden sie hiermit für die Dauer ihres Auftrages zu Hilfsbeamten der Staatsanwaltschaft dieser Bezirke bestimmt Vf. JM. u. MJ. 25. April 01 (JMB. 99).

§ 15. Der Ortspolizeibehörde liegt es ob, die Gottesdienste, auch diejenigen, welche an anderen christlichen Feiertagen, als den im § 14 bezeichneten, und welche sonst aus besonderen Anlässen (Kirchweih-, Missions- usw. Festen) stattfinden, gegen örtliche Störungen zu schützen.

§ 16. Unter der Zeit des Hauptgottesdienstes im Sinne dieser Verordnung wird diejenige Zeit verstanden, welche auf Grund des § 105 Absatz 2 der Gewerbeordnung von der Polizeibehörde als die durch den Gottesdienst bedingte Arbeitspause festgesetzt ist.

Wo in zweisprachigen Bezirken an den Sonn- und Feiertagen neben dem Hauptgottesdienste Nachmittagsgottesdienst stattfindet, greifen für diesen die Bestimmungen des § 13 dieser Verordnung derart Platz, daß Alles, was für die Zeit des Hauptgottesdienstes verboten ist, auch während der Zeit des Nachmittagsgottesdienstes insoweit unterbleiben muß, als dieser nicht über 3 Uhr Nachmittags hinausreicht. Welche Zeit hiernach als die Zeit des Nachmittagsgottesdienstes zu betrachten ist, hat die Ortspolizeibehörde bekannt zu machen.

§ 17. Zuwiderhandlungen gegen diese Polizeiverordnung unterliegen, sofern nicht noch härtere Strafe verwirkt ist, einer Geldstrafe bis zu 60 Mark, im Unvermögensfalle einer entsprechenden Haftstrafe (§ 366 Ziffer 1 des Reichsstrafgesetzbuches).

2. **Für die Provinz Westpreußen.** Vom 31. Juli 1897 (AB. für Danzig 292, Marienwerder 269).

Gleichlautend mit V. zu Nr. 1 bis auf § 16 Abs. 2, welcher hier fehlt.

3. **Für die Provinz Brandenburg.** Vom 4. Juli 1898. (AB. für Potsdam und Berlin 306, Frankf. a/O. 212)[1]).

Gleichlautend mit V. zu Nr. 1, ausschließlich der Worte „in zweisprachigen Bezirken" des § 16 Abs. 2.

4. **Für die Provinz Pommern.** Vom $\frac{9.\ \text{Dez.}\ 1895}{8.\ \text{Juni}\ 1898}$ (AB. für Stettin $\frac{379,}{200,}$ Köslin 359, Stralsund 96 S.   1).

„ 164,   „   98 „ 127)[2]).

Wie zu Nr. 3.

5. **Für die Provinz Posen.** Vom 14. April 1896. (AB. für Posen 156, Bromberg 229).

Wie zu Nr. 3.

6. **Für die Provinz Schlesien.** Vom 20. März 1899. (AB. für Breslau 117, Liegnitz 106, Oppeln 84).

Wie zu Nr. 3.

6. **Für die Provinz Sachsen.** Vom 23. April 1896 (AB. für Magdeburg 186, Merseburg 154, Erfurt 97):

§ 13. Hetz- und Treibjagden, sowie die von mehr als drei Personen unternommenen Gesellschaftsjagden sind an Sonn- und Feiertagen unbedingt, sonstiges Jagen ist während des Hauptgottesdienstes untersagt.

Im Weiteren wie zu Nr. 3.

---

[1]) Die Rechtsgültigkeit dieser V. ist anerkannt Kamm.Ger. 21. Dez. 99 (St. Johow XIX. 324) u. 24. Juni 01 (St. Johow XXII. 79). Unter den im § 13 an den Sonn- und Festtagen verbotenen Treibjagden sind nur solche zu verstehen, bei welchen, abgesehen von dem Geräusche des Schießens, besondere Geräusche durch das Treiben des Wildes verursacht werden.

[2]) Die durch V. 14 Dez. 06 getroffene Änderung der angeführten V. bezieht sich nicht auf die Jagdausübung.

8. **Für die Provinz Schleswig-Holstein.** Vom 20. Februar 1896. (AB. Beilage zu Stück 10 hinter S. 78).

Wie zu Nr. 3, jedoch gilt hier auch der Gründonnerstag als Feiertag. Im Kr. Herzogt. Lauenb. gilt dieser Tag aber nur bis 12 Uhr Mittags als Feiertag.

9. **Für die Provinz Hannover**[3]). Vom 25. August 1905. (AB. für Hann. 185, Hildesheim 179, Lüneb. 175, Stade 170, Osnabr. 179, Aurich 237). Auszug.

§ 13. Hetz- und Treibjagden sind an Sonn- und Feiertagen unbedingt, sonstiges Jagen ist während der Zeit des Hauptgottesdienstes untersagt.

§ 14. Festtage im Sinne dieser Verordnung sind beide Tage der großen Feste (Weihnachten, Ostern nnd Pfingsten), das Fest der Himmelfahrt Christi, der Neujahrstag und der Bußtag (Mittwoch vor dem letzten Trinitatis-Sonntage), sowie der Charfreitag.

Im Uebrigen wie zu Nr. 3.

10. **Für die Provinz Westfalen.** Vom 24. Juli 1897. (AB. für Münster Beilage zu Nr. 35, Minden Beilage S. 282, Arnsberg Beilage zu Nr. 35) nebst Abänderung vom 7. Juli 1898 (AB. für Münster 213, Minden 213, Arnsberg 435).

§ 13. Hetz- und Treibjagden sind an Sonn- und Feiertagen unbedingt, sonstiges Jagen ist während der Zeit des Hauptgottesdienstes und des Nachmittagsgottesdienstes (§ 16) untersagt[4]).

§ 14. Feiertage im Sinne dieser Verordnung sind der Neujahrstag, der Ostermontag, der Himmelfahrtstag, der Pfingstmontag, der Buß- und Bettag, der erste und zweite Weihnachtsfeiertag, im Gebiete der Grafschaften Mark, Ravensberg, Lingen und Tecklenburg, im Fürstenthum Minden, sowie in den Kreisen Siegen und Wittgenstein auch der Charfreitag.

§ 16. Unter der Zeit des Hauptgottesdienstes im Sinne dieser Verordnung wird diejenige Zeit verstanden, welche auf Grund des § 105 b Abs. 2 der Gewerbeordnung von der Polizeibehörde als die durch den Gottesdienst bedingte Arbeitspause festgesetzt ist. Die Zeit des Nachmittagsgottesdienstes im Sinne dieser Verordnung ist an den Orten, an welchen ein solcher stattfindet, durch die Ortspolizeibehörde bekannt zu machen. Diese Zeit darf nicht über $3\frac{1}{2}$ Uhr Nachmittag hinausreichen.

11. **Für die Provinz Hessen-Nassau**[5]).

12. **Für die Rheinprovinz** besteht ebenfalls keine die ganze Provinz umfassende V.[6]).

---

[3]) Hann. Jagd-O. II 3 Anm. 57 d. W.

[4]) Das in der V. 24. Juli 97 § 13 ausgesprochene unbedingte Verbot des Jagens an Sonn- u. Feiertagen ist in dem Kamm.Ger. 20. Juni 98, als über die Grenzen der Gesetze (KO. 7. Febr. 37 und StGB. § 366 Nr. 1) hinausgehend und deshalb für ungültig erklärt worden. Die V. 24. Juli 97 ist infolgedessen in der angegebenen Weise durch V. 7. Juli 98 abgeändert worden.

[5]) Hier besteht keine einheitliche Vorschrift. — Die V. für den RBez. Kassel 31. Dez. 96 (AB. 97 S. 3) bestimmt:

§ 13. Die Ausübung der Jagd an Sonn- u. Festtagen ist verboten.

§ 14. Feiertage im Sinne dieser V. sind der erste u. zweite Weihnachts-, Oster- u. Pfingstfeiertag, der Neujahrstag, Gründonnerstag-Vormittag, Karfreitag, Himmelfahrtstag u. der Bußtag. Welche Tage in den vorwiegend katholischen Ortschaften außerdem als allgemeine Feiertage zu halten sind, wird von dem Landrat im Anschlusse an diese V. bekannt gemacht.

Im übrigen stimmt die V. mit der zu Nr. 3 überein, jedoch unter Wegfall des § 16 Abs. 2. Die V. ist nur in-

13. Für Hohenzollern. Vom 23. Okt. 1897 (AB. 209).

§ **13.** Wie zu Nr. 1.

§ **14.** Feiertage im Sinne dieser Verordnung sind außer den Sonntagen bezw. den stets auf einen Sonntag fallenden Festen: Neujahr, Epiphanias (6. Januar), Mariä Lichtmeß (2. Februar), St. Joseph (19. März), Mariä Verkündigung (25. März), Ostermontag, Christi Himmelfahrt, Pfingstmontag, Frohnleichnam, St. Peter und Paul (29. Juni), Mariä Himmelfahrt (15. August), Mariä Geburt (8. September), Aller-Heiligen (1. November), Mariä Empfängnis (8. Dezember), Weihnachten, St. Stephan (26. Dezember).

§ **15.** Der Ortspolizeibehörde liegt es ob, die Gottesdienste, auch diejenigen, welche an anderen christlichen Feiertagen als den im § 14 bezeichneten, und welche sonst aus anderen Anlässen (Kirchweih-, Missionsusw. Festen) stattfinden, gegen örtliche Störungen zu schützen.

§ **16.** Unter der Zeit des Hauptgottesdienstes im Sinne dieser Verordnung wird diejenige Zeit verstanden, welche auf Grund des § 105 b Absatz 2 der Gewerbeordnung von der Polizeibehörde als die durch den Gottesdienst bedingte Arbeitspause festgesetzt ist.

§ **17.** Wie zu Nr. 1.

---

soweit gültig, als sie gemäß G. 9. Mai 92 (IV. 2 Anm. 28) die äußere Heilighaltung der Sonn- u. Festtage schützen will. Einzeljagd u. Anstandsjagd sind hiernach nicht verboten Kamm.Ger. 24. Sept. 00 (St. Joh. XX. 116). — Die V. gilt anscheinend auch nur für den Geltungsbereich der Kurhess. Sabbaths-O. 13. Mai 1801 (Neue Kurh. GS. IV. 345), mithin nur für die früher Kurhess. Teile des RBez. In den vorm. Großh. Hess. Teilen sind bis nach beendetem Nachmittags-Gottesdienste Jagden mit Treibern verboten (Polizeistrafg. 30. Okt. 55, Art. 229), im früher Bayerischen Gebiete ist die Abhaltung von Treibjagden an Sonn- u. Festtagen untersagt (V. 30. Juli 62 § 3). — Für den RBez. Wiesbaden gilt die V. des Reg.Pr. 23. Sept. 96 (AB. 311), welche mit Nr. 3 gleichlautende Bestimmungen enthält und nur im § 14 unter Nr. 2 zusätzlich vorschreibt, daß der Charfreitag und der Frohnleichnamstag als Feiertage zu gelten haben, soweit sie in den einzelnen Teilen des Bezirks bisher als gesetzliche Feiertage anerkannt sind.

⁶) Der Gegenstand ist jedoch gleichmäßig geregelt, indem für den RBez. Coblenz V. 12. Dez. 53 (AB. 402)

RBez. Cöln   V. 3. Jan. 54 (AB.   4)
   „   Düsseldorf „ 14. Dez. 53 („ 682)
   „   Trier   „ 14. Dez. 53 („ 414)
   „   Aachen   „ 17. Dez. 53 („ 393)
bestimmt:

§ 10. Die Abhaltung von Treib- u. Klapperjagden ist während der Sonn- und gedachten Festtage unbedingt, die Abhaltung von sonstigen Jagden während der Dauer des vor- und nachmittägigen Gottesdienstes untersagt.

§ 11. Die Verordnung findet Anwendung auf alle Sonntage, den Christtag, den zweiten Weihnachtsfeiertag, den Neujahrstag, den Ostermontag, Bußtag, Christi Himmelfahrt und Pfingstmontag.

§ 12. In Betreff des Allerheiligentages und des Karfreitags sollen besondere Verordnungen nach den Verhältnissen der einzelnen Orte oder Gemeinden ergehen. — Durch Pol.V. für den RBez. Coblenz vom 26. Juli 00 (AB. 220) bestimmt: § 2: der § 11 der V. 12. Dez. 53 wird dahin ergänzt, daß diese V. in den Gemeinden, deren Bevölkerung nicht überwiegend katholisch ist, auch auf den Charfreitag Anwendung findet. — Die für den RBez. Cöln erlassene Pol.V. 15. Aug. 00 (AB. 353) hat die aufgeführten § 10—12 nicht geändert.

3. Provinzialgesetzliche Bestimmungen über den Jagdschutz.

Von den in den Provinzialgesetzen (Provinzial=Forst= und Jagdordnungen) zum Schutze der Jagd getroffenen Anordnuugen sind gegenwärtig noch gültig die Vorschriften über Ablieferung gefundener Abwurfstangen von Hirschen (Anlage A) und über die Abwehr von in fremde Jagd= reviere überlaufenden Hunden und Katzen (Anlage B).

Anlage A.
Provinzialgesetzliche Vorschriften über Ablieferung gefundener Abwurfstangen von Hirschen.

a) Forst=Ordnung von Ostpreußen u. Littauen. Vom 3. Dezember 1775[1]) — Tit. XI § 6:

„Die Hirschstangen, welche sich auf unseren Heiden und Wildbahnen finden, sollen von den Forstbedienten an den Jagd=Zeugmeister nach Königsberg geliefert werden, und sollen daher die Untertanen, welche dergleichen Stangen finden, solche bei der Tit. XIV § 35 festgesetzten Strafe nicht zurückbehalten, sondern an den nächsten Forstbedienten abgeben, dagegen aber dem Überbringer, es sei ein Forstbedienter oder ein Anderer, für jedes Ende ein Groschen preuß. bezahlt werden"[2]).

Tit. XIX § 35:

Wer gefundene Hirschstangen nicht abliefert, . . . soll für jedes zurück= behaltene Ende oder Stück fünf Taler an Strafe erlegen oder daferne er solche nicht bezahlen kann, mit achttägigem Gefängnis bei Wasser und Brot[3]) bestraft werden.

b) Forst= und Jagd=O. für Westpreußen und den Netzedistrikt 8. Okt. 1805[4]) — Tit. III § 13:

Derjenige, welcher Hirschstangen in den Heiden und Wildbahnen findet, ist nicht berechtigt, solche sich anzueignen, vielmehr verbunden, dieselben an

---

[1]) Rabe, Samml. Preuß. G. I. Abt. 6, 81). Sie gilt für die ganze Provinz Ostpreußen, vielleicht mit Ausnahme der früher westpreuß. Dörfer Reichenbach und Buchwalde (Kr. Pr. Holland) und Johannishof (Kr. Braunsberg), in denen die Forst= u. Jagd=O. für Westpreußen (b.) zutrifft, ferner für den RBez. Posen und die vorm. südpreuß. An= teile des RBez. Bromberg (Kreise Gnesen und Wongrowitz), Publikandum 1. März 1794, AE. 30. Mai 41 (AB. für Posen 42 S. 145), U. OT. 7. Juli 61 (Bd. 45 S. 355).

[2]) Bezieht sich nur auf fiskalische Re= viere; anderswo abgeworfene Hirsch= stangen kann sich der Finder aneignen.

[3]) Jetzt Haftstrafe EG. zum StGB. § 6 Abf. 1 u. StGB. § 28, 29 Abf. 1.

[4]) (Rabe, Samml. Preuß. G. VIII. 354). Sie gilt für Westpr., mit Ein= schluß der früher ostpr. Kreise Marien= werder u. Riesenburg und des Netze= distrikts (RBez. Bromberg), ferner in den früher westpr. Ortschaften Giesen mit Christiansberg, Louisenthal, Neuer Krug u. Heideschäferei des Kr. Dram= burg, Brautzen, Groß Poppelow u. Hegenhorst des Kr. Belgard, Heinrichs= dorf, Reppow, Blumenwerder, Wahr= lang, Bergten, Kalenzig, Winkel, Klöwen= stein, Wilhelmshof, Augenweide, Seehof und Grünhof nebst Klapperkathen (jetzt Charlottenhof) des Kr. Neustettin der Prov. Pommern.

den Waldeigentümer oder dessen Aufseher gegen eine Belohnung von dem halben Werte abzuliefern.

c) Renovirte usw. Holz=, Mast= und Jagd=O. für die Mittel=, Alt=, Neu= und Uckermark usw. 20. Mai 1720[5]) — Tit. XXXV. § 1.

Die Hirschstangen sollen . . . Unsere Untertanen und alle Diejenigen, so auf Unseren Heiden und Wildfuhren oder sonsten dergleichen finden, an die nächsten Forstbedienten bei 10 Taler Strafe vor jedes Paar zurückbehaltener oder unterschlagener Stangen richtig abliefern und dem, der solche bringt, für jedes Ende eines kleinen Gehörnes 1 Pfennig, und vor das Ende eines großen Gehörnes 2 Pfennige gegeben werden[6]).

d) V. 22. Juni 1800, betr. die Pflichten und Verbindlichkeiten der Holz= und Hütungsberechtigten und die Bestrafung der Forst= und Jagd=Verbrecher (Zusammenfassung der seit Erlaß der Forst=O. für Pommern 24. Dez. 1777 erlassenen Bestimmungen[7]) — Tit. IV § 12:

Wer gefundene Hirschstangen nicht abliefert, soll für jede zurückbehaltene Stange 5 Taler Strafe erlegen, daferne er aber solche nicht bezahlen kann, mit achttägigem Gefängnis bei Wasser und Brot[3]) bestraft werden.

e) Renovierte usw. Holz=, Mast= und Jagd=O. vor das Herzogt. Magdeburg und das Fürstent. Halberstadt 3. Okt. 1743[8]) — Tit. XXXV § 1 = gleichlautend wie c.

f) Des Erzstifts und Kurfürstent. Köln Jagd=, Busch= und Fischerei=O. 9. Juli 1759[9]) — Kap. 1 § 35:

Alle Untertanen, welche in denen Wäldern Hirsch=Gewichter . . . finden,

---

[5]) (Rabe, I. Abt. 1. 591). Sie gilt auch für die ursprünglich Neumärk. Kreise Schlawe, Stolp, Schievelbein u. Dramburg (ausschließlich der unter b. genannten Ortschaften) der Provinz Pommern.

[6]) Seit Aufhebung des Jagdrechts auf fremdem Grund und Boden hat Fiskus nur noch Anspruch auf die auf seinem Grund und Boden gefundenen Hirschstangen; in anderen Fällen gebühren sie dem Grundeigentümer. Die Bestimmung der Holz=, Mast= u. Jagd=O. über die Ablieferung der gefundenen Hirschstangen ist noch gültig, Kamm.Ger. 23. Dez. 97 (St. Johow XVIII. 282).

[7]) (Rabe, VI. 141). Sie gilt für die landrechtlichen Teile der Prov. Pommern mit Ausnahme ihrer unter b u. c genannten Kreise u. Ortschaften.

[8]) (Lentze, Provinzialrecht von Halberstadt S. 180). Sie gilt für das Herzogt. Magdeburg, die Grafschaft Mansfeld Magdeb. Hoheit, das Fürstent. Halberstadt u. der inkorporierten Grafsch. u. Herrsch. Die Rechtsgültigkeit dieser O. ist durch RGer. 1. Okt. 81 (St. V 85) anerkannt.

[9]) (Hahn, das preuß. Jagdrecht, Bresl. 36 S. 314). Sie gilt für das Herzogt. Westfalen u. die Grafsch. Recklinghausen (jetzt Kr. Arnsberg, Brilon, Meschede, Olpe, Lippstadt (ohne die Stadt Lippstadt), vom Kr. Soest für die Stadt Werl u. die Ämter Werl, Koerbecke, Bremen und Ostinghausen und vom Kreise Iserlohn für das Amt Menden; ferner in der Rheinprovinz für die Bürgerm. Linz (Stadt u. Land), Unkel, Asbach, Neustadt u. Waldbreitbach (Kr. Neuwied), die ehem. Herrlichkeit Lahr, nämlich die Orte Oberlahr, Burglahr, Heckenfeld, Lamerichskaul und Lusterhof (Bürgerm. Flamersfeld), die Bürgerm. Friesenhagen u. den rechts der Sieg gelegenen Teil der Bürgerm. Wissen (Kr. Altenkirchen), die früher kurköln. rechtsrhein. Teile des RBez. Köln (Ämter Wolkenburg, Vilich, Deutz, reichsritterschaftliche Herrschaft Wildenburg a. d. Sieg, die Herrsch. Homberg und Gimborn=Neustadt (Kr. Gummersbach) u. für die Gebiete der Ortsch. Rhens, Zeltingen u. Rachtig auf dem rechten Moselufer und den nicht zu Kurtrier gehörenden Teil von Alken.

sollen dieselben dem nächst gelegenen Waldförster oder Amtsjäger, dieser aber zum Forst= und Jagdamt bei Strafe von drei Goldgulden einliefern[10]).

g) (Kurfürstent. Hessen)[11]).

h) Jülich=Bergische Jagd= und Forstsatzungen 8. Mai 1761[12]).

§ 13. Zu mehrerer Verhütung alleinigen Verdachts und Unterschleifs sollen die von denen Untertanen in den Wäldern, Feldern, Wiesen usw. ge= fundenen Hirschstangen gleich dem negstbeiwohnenden Churfürstl. Jäger hin= gebracht u. für jedes Pfund 2 Alb. bezahlet, — wenn auch ein oder anderer ein Hirschgeweihe von einem angeschossenen Hirsche finden und beibringen würde, außer allem Verdacht sein, im Falle er aber solches nicht abliefern würde, auf Betreten nicht allein für verdächtig gehalten, sondern auch be= nannter Sachen nach bestrafet werden.

i) Kur=Triersche V. 3. Dez. 1720[13]).

§ 73. Alle Untertanen, welche in den Wäldern abgeworfene Stangen oder Hirschgeweihe finden, sollen dieselben dem Forstknechte und dieser dem Forstamte gegen billigen Lohn liefern.

Anlage B.
Provinzialgesetzliche Bestimmungen über Abwehr von in fremde Jagdreviere überlaufenden Hunden und Katzen.

a) Forstordnung von Ostpreußen und Littauen.
Vom 3. Dezember 1775. Auszug[1]).

Tit. X. Von den Jagden überhaupt.

§ 10. Niemand darf in die Wälder oder auf Jagdreviere, welcher nicht darauf zu der Jagd berechtigt ist, . . . Hunde[2]) frei laufen lassen, und wer Hunde mit sich zu nehmen nöthig hat, muß solche entweder auf dem Wagen oder am

---

[10]) Es ist anzunehmen, daß die ge= fundenen Stangen dem Waldeigentümer gehören.

[11]) Die Bestimmungen des Kurheff. Jagdstraftarif 30. Dez. 22. II. Jagd= vergehungen von Nichtjagdberechtigten: 12. Wer Hirschstangen findet u. solche an den Revier=, Forst= oder Jagd= bedienten gegen Vergütung des Weges nicht längstens am folgen= den Tage abliefert, sondern sich zueignet, soll vor jede Stange geben 12 ggr. und die gefundenen Stangen dem Offizianten vergüten gilt als aufgehoben, weil sie im Kurh. Jagd=G. 7. Sept. 65 nicht wiederholt ist.

[12]) (Scotti, Herzogt. Jülich, Kleve, Berg I. 499). Geltungsbereich: Herzogt. Berg, d. i. der rechtsrhein. Teil des OLGBez. Köln (mit Ausschluß der früher kurköln. Ämter Wolkenburg, Vilich u. Deutz, der reichsritterschaftl. Herrschaft Wildenburg a. d. Sieg, sowie der Herrsch. Homberg und Gimborn [Neustadt]) u. der Herrsch. Broich mit dem Amte Styrum des OLGBez. Hamm.

[13]) (Scotti, Kurfürstent. Trier II. 822). Sie gilt für die früher kurtrier'schen Bürgerm. Ehrenbreitstein, Vallendar u. Gem. Sayn (Bürgerm. Bendorf, Kr. Koblenz=Land).

[1]) Geltungsbereich Anl. A Anm. 1.

[2]) Ein Unterschied zwischen gemeinen Hunden u. Jagd= oder Windhunden, wie LR. II 16 § 65 u. 66 ist hier nicht zugelassen.

Stricke führen, diejenigen aber, welche die Hunde, um ihre Häuser zu bewahren, gebrauchen, müssen solche zu Hause behalten, und auch nicht in den Städten und Dörfern herum laufen lassen, sondern anlegen.

§ **12.** Die Schäfer und andere Hirten, welche Hunde bei ihren Heerden ge=brauchen, müssen solchen den gewöhnlichen Knüttel 2½ Schuh lang und 6 Zoll in der Rundung anhängen, oder sie an Stricken führen und die Hunde, welche die Feldhüter zur Abkehrung des Wildprets aus den Saatfeldern bei sich haben, müssen ebenfalls gehörig geknüttelt oder an der Hinterhesse gelähmt sein.

Tit. XIV. Von den Forstverbrechen und Strafen.

§ **32.** Niemand darf Hunde ledig laufen lassen, als auf demjenigen Jagd=distrikte, wozu er berechtigt ist, und wo er die Hunde gebrauchet: in allen übrigen Fällen sollen die Hunde, welche in den Wäldern, auf den Feldern und Land=straßen, oder auch in den Städten und Dörfern ledig herum laufen und nicht an Stricken geführet oder gehörig geknüttelt oder an der Hinterhesse gelähmet sind, von Unseren Forstbedienten oder anderen[3] todtgeschossen und von dem Eigen=thümer des Hundes ein Rthlr. Schießgeld erleget werden[4].

b) Forst= und Jagdordnung für Westpreußen und den Netzedistrikt. Vom 8. Oktober 1805. Auszug[5].

Tit. III. Von der Jagdgerechtigkeit, Jagdnutzung und den Wolfsjagden.

§ **10.** Die Schäfer, Hirten und Feldhüter müssen ihre Hunde genau in Acht nehmen, daß sie sich nicht von ihnen entfernen, noch dem Wilde Schaden zufügen. Hunde, welche in den Waldungen, auf den Feldern und Landstraßen[6] frei herum laufen und nicht neben ihren Eigenthümern gehen, oder an Stricken geführt werden, oder gehörig geknüttelt oder an der Hinterhesse gelähmt oder mit Beißriemen versehen sind, sowie auch Katzen, die auf Jagdrevieren herum laufen, können von den Forstbedienten, Waldaufsehern oder Jägern der Jagdberechtigten[7] todt geschossen werden. Sind jedoch Jagd= oder Windhunde während der von einem Jagdberechtigten auf seinem Revier angefangenen Jagd blos übergelaufen, und hat der Jäger alles gethan, um sie zurück zu rufen, so können sie nicht ge=tödtet, sondern blos gefangen werden und müssen dem Eigenthümer gegen Ent=richtung eines Pfandgeldes von acht gute Groschen für das Stück zurück gegeben werden (Allgem. LR. Th. II, Titel 16 § 66)[8].

Tit. IV. Von den bei Forst=, Holz=, Hütungs= und Jagdverbrechen statt=findenden Strafen und Prämien für die Entdecker.

§ **50.** Der Eigenthümer desjenigen Hundes, welcher der im Tit. III § 10

---

[3] Die Bestimmungen LR. II 16 § 64 bis 68 haben diese Vorschrift nicht auf gehoben OT. 5. Sept. 54 (St. XXX. 189). — Die Tötung von ledig. (d. h. nicht unter Aufsicht befindlichen OT. 23. Sept. 70 XI. 477) und ungeknüppelt in ihrem Jagdgebiete umherlaufenden Hunden steht nach dieser Forst=O. nur den Königl. Forstbeamten, sowie den Privatjagdberechtigten und deren Forst=bedienten zu RGer. 15. Nov. 92 (St. XXIII. 296).

[4] Da hier keine Bestimmung wegen der Katzen getroffen ist, gelten in Ost=preußen die landrechtlichen Vorschriften II. 16 § 65 u. die Bestimmungen des BGB., vergl. I. 3. Anm. 24 d. W.

[5] Geltungsbereich Anl. A Anm. 4.

[6] Diese Aufführung (Waldungen, Felder, Landstraßen) enthält nur eine Umschreibung des Ausdruckes „Jagd=reviere" RGer. St. 30. Mai 05 D. 5496/04 (Schultz III. 87).

[7] Von den Jagdberechtigten ebenfalls.

[8] In betreff der Jagdhunde gelten die Vorschriften des LR. OT. 29. Sept. 62 (Strieth. A. Bd. 45 S. 347).

enthaltenen Vorschrift zuwider betroffen und todt geschossen wird, soll dafür einen Thaler Schußgeld zu erlegen gehalten sein.

c) Im Geltungsbereiche der renovirten und verbesserten Holtz=, Mast= und Jagd=Ordnung, wie es hinführo in der Mittel=, Alte=, Neu= und Ucker=Mark, auch im Wendischen und zugehörigen Creyßen, mit dem Holtz=Verkauff, und sonst in denen Heyden und Gehegen gehalten werden solle. Vom 20. Maji 1720. Auszug[9]).

Tit. XXVIII. Von Knüttelung der Hunde.

§ 1. Es wird auch hiermit alles Ernstes verbothen, daß niemand, er sey von Adel, Bürger, Müller, Hirte oder Schäffer, seine Hunde in Unsern Holtzungen, Gehegen, oder Heyden frey lauffen, sondern denenselben die gewöhnliche Knüttel, wie solche in Unsern deshalb emanirten Edicten, und sonderlich dem letzten vom 9. Januarii 1717 beschrieben, nehmlich drittehalb Werk=Schuhe lang, und sechs Zoll in der Runde anhangen, oder dieselbe an Stricken führen soll. Die Knüttel müssen sie von denjenigen Forstbedienten, unter dessen Beritt sie belegen, jedes Stück mit sechs Dreyer lösen; Und ob zwar denen von Adel freystehet, sothane Knüttel selber verfertigen zu lassen, so müssen selbige doch eben obbemeldete Länge und Dicke haben. Denen Bauern aber wird hiermit gäntzlich verbothen, keine Hunde mit sich in die Wälder zu nehmen, sondern sie sollen dieselbe die Häuser zu bewahren, daheim lassen.

§ 2. Würden nun Unsere zum Forst=Wesen bestellte Bediente, oder deren Leute dergleichen ungeknüttelte Hunde antreffen, sollen dieselbe sie sogleich todt schiessen, und von denjenigen, welchen der Hund zuständig gewesen, einen Groschen zu Pulver und Bley bekommen.

d) Forstordnung für Pommern. Vom 24. Dezember 1777 und Verordnung vom 22. Juni 1800[10]).

Die Bestimmungen dieser Forst=O. stimmen überein mit den Vorschriften der Forst=O. von Ostpreußen u. Littauen 3. Dez. 1775 siehe: a.

e) Patente vom 13. Dezember 1721, 9. Mai 1725 u. 13. Juli 1729 für Neuvorpommern und Rügen.

Den Inhalt dieser drei Patente, soweit er hier von Belang ist, hat der Entwurf des Provinzialrechts, wie folgt, zusammengefaßt:

§ 1786: Wenn von ihnen — den in § 1785 erwähnten Königlichen Forstbedienten — in den Königlichen Gehegen und Wildbahnen . . . Jagd= und Windhunde angetroffen werden, so sollen dergleichen Hunde von ihnen erschossen werden, und erhalten sie für jeden solchen erschossenen Hund 2 Thlr.

---

[9]) Geltungsbereich Nr. III. 3 Anl. A Anm. 5. Die Bestimmungen dieser Holz= und Jagd=O. gelten nur für Königl. Forsten. Für Privatforsten ist die Frage, inwieweit der Jagdberechtigte befugt ist, fremde in Jagdrevieren umherlaufende Hunde zu töten, nach LR. II. 16 § 65 zu beurteilen RGer. 14. März 93 (St. XXIV. 62). Fortdauer der Gültigkeit der O. anerkannt RGer.B. 30. April 03 (Entsch. St. XXXVI. 230). Im Kreise Schwiebus der Prov. Brandenburg gelten die Vorschriften für Schlesien, siehe: f. In den übrigen früher Sächs. Teilen der Prov. sind die Vorschriften der LR. maßgebend.

[10]) Geltungsbereich III. 3 Anl. A Anm. 7.

7 Sgr. 10 Pf. (2 Thlr. Pomm. Cour.) aus der Königlichen Forſtkaſſe zur Belohnung.

§ 1797: Niemand, er ſei aus den Städten oder vom Lande, darf ins Holz oder aufs Feld, wenn er dort nicht zur Ausübung der Jagd befugt iſt, Hunde, von welcher Größe und Gattung ſie auch ſein mögen, ohne ſie mit einem Knüttel verſehen zu haben oder ſie am Stricke zu führen, mitnehmen, widrigenfalls — wozu die Forſtbedienten ganz beſonders verpflichtet ſind, — dieſe Hunde zu erſchießen, einem jeden freiſteht, der Eigentümer des Hundes aber mit einer Strafe von 2 Thlr. 7 Sgr. 10 Pf. (2 Thlr. Pomm. Cour.), welche zur Hälfte dem Königlichen Fiskus und zur Hälfte demjenigen, welcher den Hund erſchoſſen hat, anheim fällt, belegt werden ſoll.

§ 1798: Alle diejenigen, welche in der Nähe von Königlichen Wäldern und Gehegen wohnen, müſſen das ganze Jahr hindurch, vornehmlich aber in der Setzzeit, alle Hunde, welche ſie halten und von welcher Größe und Gattung ſelbige auch ſein mögen, mit einem Schleif= oder Querknüttel verſehen.

§ 1800: In beiden Fällen — §§ 1798 und 1799 — tritt im widrigen Falle die Beſtimmung der Nr. 42 — § 1797 — ein.

§ 1801: Überhaupt iſt ſolches bei allen Hunden, welche frei und ohne Knüttel auf fremden Jagdrevieren umherlaufen, ſowie namentlich auch dann der Fall, wenn die in Nr. 32 — § 1787 — genannten Perſonen ihre Hunde, ſolche mögen verbotene oder nicht verbotene Arten ſein, ohne Knüttel umher laufen laſſen[11]).

f) 1. Neue revidirte und vermehrte Holtz=, Maſt= und Jagd= Ordnung für Unſer ſouveraines Erb-Herzogthum Schleſien und die ſouveraine Grafſchaft Glatz. d. d. Potsdam, den 19. April 1756. Auszug[12]).

Tit. XV. § 8. Falls ein Jagdberechtigter, der mit Unſern Heyden grentzet, die Jagd-Hunde an den Grentzen zu löſen, auf Unſre Forſten und Gehege über=

---

[11]) In den Motiven zum Entwurf des Provinzialrechts wird hervorgehoben, es ſei auch in der Bekanntmachung der Königl. Reg. vom 8. April 1825 ange= nommen, daß ſo generell, wie ſolches der erſte Satz des § 1801 ausſpricht, der § 3 des Patents vom 13. Juli 1729 zu verſtehen ſei. Hiernach dürfen in Neu=Vorpommern und Rügen Hunde jeder Art, die ungeknüppelt auf fremdem Jagdgebiet angetroffen werden, erſchoſſen werden, und dies zu tun, iſt den Forſt= beamten, die an Stelle der „Heyde= Reuter" getreten ſind, zur Pflicht gemacht. OV. 14. Nov. 05 I. 1265 (PrVBl. XXVII. 930).

[12]) (Schleſ. Edikten=Samml. VI. 387). Geltungsbereich: Erbherzogt. Schleſien u. Grafſchaft Glatz, ſowie Kreis Schwiebus Prov. Brandenburg. Zu vergl. auch Forſt=O. 8. Sept. 1777 für die Schleſ. Gebirgsforſten in den Fürſtentümern Schweidnitz, Jauer u. dem Goldbergiſchen Kreiſe, wie auch der Grafſchaft Glatz, beſonders für die Forſten der Gräflich Schaffgottſchen Majoratsherrſch. Kynaſt, Giersdorf und Greifenſtein (Schleſ. Edikten=Samml. XV. 313). Nach Auf= hebung des Jagdregals ſind die Vor= ſchriften der Holz= pp. O. auf die Königl. Reviere u. auf die Königl. Forſtbeamten beſchränkt. Für Privatreviere u. Privat= jagdaufſeher ſind die Beſtimmungen des LR. als maßgebend anzunehmen (Anm. 9). In den früher Sächſ. Teilen der Prov. Schleſien gelten die Vorſchriften des LR.

laufen zu lassen, sich auf der Grenze anzusetzen, und wenn das Wild von Unsern Heyden kommt, solches zu schiessen unternehmen würde, welches nicht anders, als ein Eingriff in Unsre Jagd=Gerechtsame angesehen werden kann, überdem auf solche Art manches Stück Wild, wenn es geschossen wird, und fällt, von den Vögeln gefressen wird; so sollen Unsre Forst=Bediente dergleichen Hunde nicht allein todt schiessen, sondern auch solche Eingriffe an ihre Vorgesetzte einberichten, welches Wir nicht weniger von einem Vasallen oder Privato gegen den andern beobachtet wissen wollen.

Wenn jedoch ein Hund, der nicht mit Vorsatz auf den Grenzen gelöset, sondern vielmehr von weiten her, und von ungefähr über die Grenze gelaufen kommt, muß solcher aufgefangen, und dem Eigenthümer gegen ein Pfändungs= geld von 8 Ggr. per Stück retradiret werden.

Tit. XX. Von Verhütung des Schadens am Wilde durch Hunde und Katzen.

§ 1. Allen und jeden, wes Standes sie auch seyn mögen, die mit Unsern Heyden und Gehegen grentzen, wird hiermit ernstlich untersaget, ihre Hunde, voraus in der Setz=Zeit, ohne Knüppel, als welche 2½ Fuß lang und 6 Zoll in der Rundung haben müssen, herum laufen zu lassen, widrigenfalls Unsre Forst= Bediente beordert sind, wenn nicht klar erweislich, daß solche wider Willen des Besitzers und ohne seine Schuld los gekommen, selbige nach vorher geschehener Verwarnung todt zu schiessen, und wenn etwa eines oder das andere Stück Wild in Unsern Gehegen von den Hunden niedergerissen worden, soll solches nach der darauf gesetzten, oder einer anderen arbitrairen Strafe ohne Anstand bezahlet, für jeden todtgeschossenen Hund aber, das Schieß=Geld mit 2 Ggr. erleget werden.

Die Schäfer müssen nicht nur beständig die Hunde geknüppelt, sondern auch durch die ganze Setz=Zeit am Strick halten, und solche nicht anders als mit dem Stricke, loslassen, wenn sie die Schafe zusammen hetzen, die Bauern hingegen gar keine Hunde, ausser zum Wildkehren im Sommer, da sie solche am Stricke führen können, mit sich ins Feld nehmen, sonst sie ihnen todtgeschossen, und es damit, wie bey den Schäfer= und anderen Hunden, in Ansehung des Schieß=Geldes gehalten werden soll[18]).

§ 2. Weil auch die ins Feld auslaufenden Katzen dem kleinen Wildprett viel Schaden zufügen: So verordnen Wir, daß ein jeder diese schädlichen Thiere abschaffen soll. Würde aber dennoch eine Katze von Unsern Forst=Bedienten im Felde angetroffen, so soll solche todtgeschossen, und von demjenigen, dem selbige zuständig, 2 Ggr. dem Forst=Bedienten auf Pulver und Bley gegeben werden: Falls der Wirth, dem die Katze gehöret, nicht ausfündig gemacht werden könnte, hat der Forst=Bediente dafür das festgesetzte Schießgeld aus der Forstkasse zu gewärtigen.

2. d. d. Glogau den 12ten und Breslau den 27ten Octbr. 1779. Circulare der Kriegs= und Domänenkammer wegen des schädlichen Herum= laufens der Hunde. An sämtliche Land=Räte.
(Schles. Edict=Samml. XVI. 199)[14]).

Unsern 2c. Es äußert sich in verschiedenen Kreisen eine Seuche unter dem Hornvieh.

---

[18]) Abs. 1 dieses § bezieht sich auf herrenlos umherlaufende Hunde, Abs. 2 dagegen auf Hunde, die von Schäfern oder Bauern mit ins Feld usw. ge= nommen werden. Solche Hunde können, wenn sie nicht geknüppelt sind oder nicht an Stricken gehalten werden, ohne vor= gängige Verwarnung totgeschossen werden OT. 20. Juni 62 (Goldt. Arch. X. 637).

[14]) Die von dem OT. (Entsch.

Da nun durch das Herumlaufen der Hunde das Vieh-Sterben leicht verbreitet werden kann, Wir aber mit vielem Mißfallen bemerken müssen, daß das bereits durch das Circulare vom 19ten Novbr. 1754 und durch verschiedene andere Verordnungen erneuerte Verbot des Herumlaufens der Hunde ganz in Vergessenheit gekommen, und sowohl auf den Feldern als in den Dörfern die Hunde ganz frei herumlaufen; so wird alles dasjenige, was in gedachtem Circulare vom 19ten Novbr. 1754 verordnet worden, nicht allein hierdurch erneuert, sondern um der Sache mehrern Nachdruck zu geben, zugleich festgesetzt: daß, da einem jeden frei stehet, alle auf dem Felde herumlaufenden Hunde todt zu schießen, der Eigenthümer des Hundes demjenigen, der ihn todt geschossen, 1 Rthlr. Schußgeld bezahlen, im Unvermögens-Fall aber mit einer 8 bis 14tägigen opere dominico belegt werden soll; weshalb den Dominiis hierdurch aufgegeben wird, ihre Jäger hiernach zu instruiren. Hierunter sind jedoch die Hunde nicht zu rechnen, welche die Jäger, oder andere Personen, so die Jagd exerciren, auf der Jagd bei sich führen.

Da auch durch erwähntes Circulare fest stehet, daß in den Dörfern die Hunde entweder in Ketten gehalten, oder wenigstens anders nicht herumlaufen sollen, als mit einem angehängten Knüppel, welcher drittehalb Fuß lang und 6 Zoll in der Runde haben soll: so soll der Eigenthümer eines im Dorfe frei oder mit einem nicht so starken Knüppel, wie vorgedacht, herumlaufenden Hundes ebenfalls in eine Strafe von 1 Rthlr. für denjenigen, der solches denunciret, verfallen sein, und zwar zu allen Zeiten, es mag eine Vieh-Seuche existiren, oder nicht, denn zur Zeit der Vieh-Sterbe muß auch kein Hund mit einem Knüppel herumlaufen, sondern schlechterdings in Ketten gelegt oder eingesperret werden.

Ihr habt dahero diese wiederholte Verordnung im Kreise per Currendam bekannt zu machen, und die Land-Dragoner zur Invigilance anzuweisen, übrigens aber auch selbst auf die Beobachtung besser als zeithero geschehen, zu attendiren, indem, wenn ihr nicht so sehr connivirt, das verordnete nicht so leicht vergessen werden kann. Sind usw.

g) Holz- und Jagd-Ordnung für das Herzogthum Magdeburg und Fürstenthum Halberstadt. Vom 3. Oktober 1743[15]).

Die Vorschriften dieser O. stimmen überein mit denen der Holz- u. Jagd-O. 20. Mai 1720 — siehe: c.

h) Im Geltungsbereiche der Forst- und Jagd-O. 2. Juli 1784 für Herzogt. Schleswig-Holstein.

§ 172. Haus- und Ketten-Hunde, welche außerhalb des Hofplatzes betroffen werden, sollen von den Jagd- und Forstbedienten sofort erschossen werden. Windhunde, Jagd- und Vorstehhunde sollen die Forst- und Jagd-

---

6. Dez. 67 Goldt. Arch. XVI. 139) anerkannte Rechtsgültigkeit dieser V. ist in neueren oberlandesgerichtlichen Entscheidungen nicht angenommen worden. — Da die V. sich als eine jagdpolizeiliche nicht darstellt, so erscheint sie durch Art. 69 des EG. z. BGB. nicht gedeckt und deshalb nicht mehr gültig.

[15]) Geltungsbereich siehe III. 3 Anl. A Anm. 8. — In den früher Sächs.,

Westfäl. usw. Landesteilen der Prov. Sachsen gelten die Vorschriften des LR. Das in den ehemals Königl. Sächs. Landesteilen bestandene u. vom OT. 23. Jan. 68 (JMB. 78) als noch gültig bezeichnete Mandat 26. Juli 1732, worin das Herumlaufenlassen ungeknüppelter Hunde nur mit Geldstrafe bedroht wird, ist als aufgehoben anzusehen RGer. 7. Mai 94 (St. IX. 299).

bedienten aufgreifen und als ihr Eigentum behalten und wenn dies nicht möglich, sie auf der Stelle erschießen[16]).

i) Für das Herzogthum Lauenburg bestimmt die V., betreffend Bestrafung der Wilddieberei und der Jagdfrevel 8. Sept. 1866.

Offizielles Wochenblatt für das Herzogthum Lauenburg Nr. 31 S. 141. § 9. Umherstreifende Hunde oder Katzen. Die Jagd=Inhaber und ihre Vertreter sind befugt, Hunde, welche ohne ihren Herrn zu begleiten, oder ohne einen Knüppel am Halsbande zu tragen, in dem Jagdgebiet umherstreifen, sofort zu tödten, aus= genommen die im § 13 erwähnten überjagenden Jagd= oder Meutehunde. Wenn Hunde, welche ihren Herrn begleiten, jagend betroffen werden, so ist der Eigen= thümer das erste Mal zu warnen, kann auch in eine Buße von einem Thaler genommen werden. Das zweite Mal kann, vorausgesetzt, daß eine vorangegangene Bestrafung desselben Eigenthümer mit Bezug auf dasselbe Jagdgebiet erfolgt ist, der Hund ohne weiteres getödtet werden. Diese Bestimmung findet auch auf Hirtenhunde Anwendung. Das Mitnehmen von Hunden zu der Feldarbeit ist nicht gestattet und der Kontravenient jedesmal in eine Brüche von einem Thaler zu nehmen. Auch kann der Hund im zweiten Betretungsfalle todtgeschossen werden. Katzen, die im Jagdgebiet umherlaufen, können ohne weiteres getödtet werden.

k) Hannov. Jagd=O. 11. März 1859 § 32—35 — Nr. II 3 d. W.

l) Im Geltungsbereiche der Königlich Preußischen Holz=, Forst=, Jagd= und Grentz=Ordnung des Fürstenthums Minden und derer Grafschaften Ravensberg, Tecklenburg und Lingen, vom 4. März 1738. Auszug[17]).

§ 7. Die Bürger und Bauern, auch Hirten und Schäfer, und überhaupt alle diejenigen, welche an und auf Unsern Heiden, Wäldern und Feldern einige Hutung und Trift haben, müssen ihren Hunden, so sie zur Bewahrung ihrer Heerden, Häuser und Höfe haben, Knüppel von 2½ Fuß lang und 4 Zoll dick, anhangen, selbige auch von denen Hirten oder Schäfern die Setzzeit über am Stricke geführt werden; diese Knüppel haben sie von Unsern Forstbedienten, unter deſſen Beritt sie belegen sind, abzufordern, und jedes Stück mit 1 ggr. 6 Pfg. zu lösen, widrigenfalls, wenn Unsere Forstbediente dergleichen ungeknüppelte Hunde antreffen, selbige todt schießen, und von den Contravenienten 6 gr. Pulvergeld sich erlegen lassen, mithin denselben auf dem nächsten Holzmarkt zur Bestrafung an= zeigen sollen; denen nahe an Unsern Wildbahnen und Gehegen wohnenden von Adel aber freistehet, obgedachte Schleifknüppel vor ihre Hof= und Schäferhunde nach gemeldeter Länge und Dicke selbst verfertigen zu lassen.

---

[16]) Geltungsbereich: Prov. Schleswig= Holstein außer Lauenburg u. Helgoland. Rechtsgültigkeit anerkannt durch RGer. 30. April 03 (St. XXXVI. 230).

[17]) Geltungsbereich: Jetzige Kreise Minden, Lübbecke, Herford, Bielefeld, Halle u. von Tecklenburg die eigentliche Grafschaft T. d. h. die Städte Tecklen= burg, Lengerich u. Kappeln, die Dörfer Ledde, Leeden, Lienen, Loch, Schalm u. Wersen. (Schlüter, Prov. Recht West= falen II. 90 Leipz. 29). — Fortdauer der Rechtsgültigkeit anerkannt RGer. 30. April 03 (St. XXXVI. 230).

m) Im Geltungsbereiche des Erzstifts und Churfürstenthums Cöln Jagd-, Büsch- und Fischereyordnung, vom 9. Juli 1759. Auszug [18]).

§ 28. Allen und jeden Erzstiftischen Unterthanen wird ernstlich und bey Strafe von acht Goldgulden eingebunden, ihren auslaufenden Hunden einen Knüppel, ungefähr von einer Ehlen lang, anzuhengen, oder zu gewärtigen, daß die Hunde tot geschossen, und für jeden, nebst obgemelter Straf, dem Jägern ein halben Florin Schuß-Geld von ihnen entrichtet werden solle.

§ 29. Niemand soll auch beym Abätzen und Hüten in denen Feldern und Weingarten, wie obgemelt, ungekuppelte Hunde, weder Rohre, oder Schießbüchsen gebrauchen, bei Strafe von acht Goldgulden.

§ 30. Besonders wird denen Dienst-Mägden, wan sie das Essen denen Knechten und Tagelöhnern ins Feld tragen, bey gleicher Straf anbefohlen, keine ungekuppelte Hunde mitzunehmen.

§ 31. Die Metzger, wan sie nichts zu treiben haben, sollen ihre Hunde bey drey Goldgulden Straf am Strick führen.

§ 32. Nachdem es die tägliche Erfahrnüs giebt: was massen durch das beständige Auslaufen deren Katzen in Feldern und Wiesen die jungen Fasanen, Feld-Hünere und Hasen zu nicht geringem Verderb der Jagd, von selbigen weggefangen werden, so wollen Wir zu dessen Vorbeugung, daß allen in Unserem Erzstift, bey Unseren Unterthanen ohne Ausnahm der Personen befindlichen Katzen die Ohren, und zwar platt am Kopf bei Straf eines Goldgulden abgeschnitten werden sollen, damit dieselbe beym Thau, oder Regenwetter in die Felder und Wiesen nicht mehr laufen, denen Fasanen und sonstigem kleinen Wildprett aufpassen und selbiges wegfressen.

n) Im Geltungsbereiche der Verordnung des Erzbischofs zu Köln, Bischofs zu Münster usw. wegen der Jagd vom 10. Februar 1792. Auszug [19]).

§ 3. Damit auch der Jagd durch die auf dem Lande frey herumlaufenden Hunde nicht zu sehr geschadet werde: so soll kein Bauer, weder auf seinem Hofplatze, noch außer demselben seine Hunde ohne Bengel oder ungelähmt laufen lassen, bey Strafe eines halben Reichsthalers, wovon der Denunziant die Hälfte haben soll, und mit der Warnung: daß ein Hund, welcher ohne Bengel oder ungelähmt betroffen wird, todt geschossen werden könne. Zugleich soll kein zur Jagd nicht berechtigter Eingesessener der Städte, Wiegbolden und Dörfer seine Hunde bey gleicher Strafe und Warnung in die Gehege, oder auch auf die an solchen gelegenen Feldern und Waldungen mit sich nehmen; jedoch mit der Ausnahme, daß die Schäferhunde bey den Herden gebraucht werden dürfen.

---

[18]) Geltungsbereich III. 3. Anl. A Anm. 9. — Die in dieser durch V. 3. Juli 1765 (Scotti, Kurfürstent. Köln II. 797 u. 854) bestätigten Jagd-O. enthaltenen Strafbestimmungen sind aufgehoben G. 24. Mai 99 (GS. 106). Die Verbotsbestimmungen über das Herumlaufenlassen ungeknüppelter Hunde sind durch das G. nicht beseitigt, sondern nur die damit verbundenen, veralteten Strafsätze, für welche im Wege der PolV. Ersatz geschaffen werden soll. Begr. des Gesetzentwurfs u. Landt.Verh. StB. AH. Sitzung 26. April 99.

[19]) Geltungsbereich: Hochstift Münster (Fürstent. Münster), Grafsch. Horstmar, Fürstent. Rheina-Wolbeck, Herrsch. Dülmen, Ahaus-Bocholt u. Werth (Schlüter, Prov.-Recht für Westfalen I. 420).

o) **Publicandum der Kriegs- und Domänenkammer zu Münster wegen Anlegen und Knüppelen der Hunde, vom 28. Januar 1806**[20]).

Da die bestehenden Landesverordnungen, welche das Anlegen und Knüppeln der Hunde vorschreiben, bisher nicht gehörig befolgt werden; so werden solche hierdurch in Erinnerung gebracht, mit folgenden näheren Bestimmungen:

1. Muß jedermann ohne Unterschied auf dem Lande seine Hunde vom 1. Juni bis 1. September jeden Jahres, bei 2 Rthlr. Strafe anlegen.

2. Müssen gemeine Hunde, außer der Zeit, wenn sie auf dem Lande herumlaufen, mit einem Knüppel 2 Fuß lang und 6 Zoll in der Rundung versehen seyn; und wird derjenige, welcher gegen diese Bestimmung handelt, zu gewärtigen haben, daß seine Hunde werden erschossen werden, und er 1 Rthlr. Schußgeld zahlen muß.

3. Diesen Bestimmungen sollen zwar auch die Hirten, Schäfer, Feldhüter und Schlächter in Hinsicht ihrer Hunde unterworfen, jedoch davon während der Zeit, in welcher sie die Hunde zum Treiben des Viehes brauchen, frey seyn. Das Publikum hat sich hiernach zu achten und vor Strafe zu hüten.

p) **Im Fürstentum Paderborn bestimmt Holz-O. 1. März 1669**

§ 34[21]): „Unsere Förster haben darauf zu achten, daß keine Hirten-, Schäfer- oder sonst mit den Pferden hinterm Pflug oder Holzwagen laufende Hunde ohne am Hals habende Prügel oder Knüppel, $^3/_4$ Ellen lang, in Unseren Wäldern und Gehölzen gelitten, sondern niedergeschossen werden, und diejenigen, welche ihre Hunde also ohne Knüppel oder Prügel laufen lassen, Unseren Beamten um ein jedesmal mit 1 Thlr. abzustrafen, eingebracht werden."

Das ferner dort geltende Edikt 2. Aug. 1783 enthält gleichartige Vorschriften und erstreckt die Befugnis, ungeknüppelte Hunde in den Wäldern totzuschießen, auf die Fürstlichen und anderen Jäger. Das Edikt 3. Mai 1785 (Wigand, Prov. Rechte des Fürstent. Paderborn und Korvey III. 285) bestimmt dagegen, daß die Schäferhunde in dem Falle, wenn sie bei dem Schäfer gehen oder bei der Heerde sich befinden, nicht mehr totgeschossen werden sollen. Die V. 6. Juli 1803 (Wigand III. 325) erteilt diese Anweisung auch für das Fürstent. Korvey.

q) **Die Vorschrift der Clevischen Jagd- u. Wald-O.**
13. Juli 1765[22]),

wonach die Forstbeamten ungeknüppelte Hunde fangen oder totschießen sollen, ist ersetzt durch LR. OT. 15. Mai 79 (JMB. 80 S. 29).

---

[20]) Geltungsbereich: Bezirk der Kriegs- u. Domänenkammer.

[21]) Geltungsbereich: Jetzige Kreise Paderborn, Büren u. Warburg (Wiegand, Prov.-Recht von Paderborn u. Korvey).

[22]) Geltungsbereich: Grafsch. Mark (jetzt Kr. Altena, Bochum, Gelsenkirchen, Hagen, Hamm, Hattingen, Hörde, Schwelm, Dortmund-Landkr., mit Ausnahme der Gem. Huckarde, vom Kr. Soest die Stadt Soest u. die Ämter Borgeln, Schwefe u. Lohne, vom Kr. Jserlohn die Stadt Jserlohn u. das Amt Hemer); landrechtliche Teile der Rheinprovinz (Kr. Essen, Stadt u. Land, Mühlheim a. d. Ruhr, Duisburg-Stadt, Ruhrort u. Rees); linksrhein., altpreuß. Landesteile der Rheinprovinz in den Kreisen Kleve, Geldern, Moers u. Krefeld (Stadt). (Scotti, Herzogt. Kleve u. Grafsch. Mark III. 1649). — In betreff der Strafbestimmungen gilt auch hier G. 24. Mai 99 (Anm. 18).

r) Das Kurheff. Jagd=Gesetz 7. Sept. 1865 bestimmt für das
vorm. Kurfürstentum Hessen:

§ 30 Nr. 6: Hunde, die herrenlos oder deren Eigenthümer unbekannt sind, dürfen, wenn sie in fremden Jagdrevieren betreten werden, vom Jagdberechtigten oder dessen Jagdbedienten getödtet werden [23]).

PolV. 8. Nov. 83 (AB. für Cassel 74 S. 62) ordnet für den RBez. Cassel mit Ausschluß der früher Großh. Hess. Teile an:

„Derjenige, dessen Hund in einem fremden Jagdreviere jagend, suchend oder aufsichtslos umherlaufend, betreten wird, verfällt, wenn es in der Zeit vom 1. September bis 1. Februar geschieht, in eine Geldstrafe von 1 bis 8 Thalern und wenn es in der Zeit vom 1. Februar bis 1. September geschieht, in eine Geldstrafe von 2 bis 10 Thalern."

Die Jagdberechtigten und Jagdbedienten durch G. 7. Sept. 65 erteilte Befugniß, die Hunde zu erschießen, wird durch die PolV. nicht berührt.

s) Für das vorm. Herzogt. Nassau bestimmt G. 6. Jan. 1860

§ 29 Nr. 2: „Wegen Jagdpolizeivergehens wird bestraft: der Besitzer eines Hundes, der in einem fremden Jagdbezirke (unter Ausschluß der darin befindlichen Landstraßen, Vicinalwege, Wege, welche zur Verbindung zwischen Orten und diese verbindenden Vicinalwegen und Straßen dienen, und des Ortsbrings) jagd, d. h. jagdbare Tiere verfolgt, Strafe . . . 30 Kr."

Die fortdauernde Geltung dieser Bestimmung ist festgestellt durch E. Komp. G. 14. Sept. 78 (MB. 246).

t) Für das früher Landgr. Hess. Amt Homburg bestimmt
V. 3. Sept. 1841 Nr. 6[24]):

Strafe als Jagdpolizeikontravenient erlegt:

d) Der Besitzer eines Hundes, der in einer Wildbahn, wo jener nicht jagen darf, jagd oder ohne seinen Herrn herum läuft, 3 Gulden.

Der Jagdberechtigte ist überdem befugt, in seiner Wildbahn einen solchen Hund zu töten und von dessen Herrn den Ersatz des etwa verursachten Jagdschadens ersetzt zu verlangen.

e) Wer einen Hund bei der Feldarbeit mitnimmt = 1 Guld. 30 Kreuz. und wird der Hund totgeschossen.

u) Für die vormals Bayerischen Teile der Provinz gilt Bay. V.
5. Okt. 1863[25]).

§ 17. In den Jagdrevieren aufsichtslos umherstreifende Hunde dürfen von dem Jagdausübungsberechtigten oder dem von ihm aufgestellten Jagdaufseher getödtet werden.

v) Die Vorschriften des Großh. Hess. G. 19. Juli 58, Art. 24 u. 25 über die Abwehr von Hunden sind durch die Jagd=O. 15. Juli 07 § 86 Nr. 17 aufgehoben.

---

[23]) Diese Bestimmung ist durch Jagd=O. 15. Juli 07 (II. 2 d. W.) § 86 Nr. 13 aufrecht erhalten. — Herrenlos sind Hunde, die keinen Eigentümer haben. Fehlt dem Jagdberechtigten die Tötungsbefugnis, so kann er wegen Sachbeschädigung nur verurteilt werden, wenn er bewußt rechtswidrig gehandelt hat Kamm.=Ger. St. 3. April 05 (Johow XXIX C. 83).

[24]) Diese Bestimmung ist durch Jagd=O. 15. Juli 07 (II. 2 d. W.) § 86 nicht aufgehoben worden.

[25]) Aufrecht erhalten durch Jagd=O. 15. Juli 07 § 86 Nr. 20.

w) Im Geltungsbereiche der Verordnung des General-Gouverne-
ments vom Nieder- und Mittel-Rhein über die Ausübung der
Jagden. Vom 18. August 1814. Auszug[26]).

§ 9. Außer den vorstehenden Jagdgesetzen sollen folgende Jagdpolizeigesetze
streng beachtet werden.

3. Es ist ferner verboten, daß die Landesbewohner die Hunde mit aus den
Dörfern nehmen, oder gar frei, ohne Anhängung eines Knittels, in denen
Felder oder Holzungen herum laufen lassen[27]).

In den Fällen Nr. 2 und 3 dieses Paragraphen sind die Förster autho-
risirt, die Hunde, Katzen usw. todt zu schießen, und haben die Eigenthümer
außerdem noch eine Strafe von 5 Franken zu entrichten[28]).

Insbesondere müssen in der Hegezeit die Hirten ihre Hunde immer an
der Leine halten und dürfen solche von den Heerden nicht entfernen.

x) Im Geltungsbereiche der Verordnung des östreichisch-baierschen
Gouvernements über die Verwaltung und Ausübung der Jagd.
Vom 21. September 1815. Auszug[29]).

§ 15. Es ist den Landesbewohnern bei 5 Franken Strafe verboten, während
der Setz- und Hegezeit Hunde mit in die Felder oder in die Waldungen zu nehmen
und sie daselbst frei und ohne Knittel herumlaufen zu lassen.

Hiervon sollen die Hirtenhunde ausgenommen seyn, jedoch haben die Hirten
solche möglichst an der Leine zu halten, und bei eben der Strafe nicht von der
Heerde weg umherschwärmen zu lassen[30]).

y) Im Geltungsbereiche der Jülich-Bergischen Jagd- und Forstsatzungen 8. Mai 1761 (Scotti I. 499) und der Brüchte-O. 2. Nov. 02
(Scotti II. 859)

ist es bei Geldstrafe untersagt, ungeknüppelte oder unangebundene Hunde in der
Wildbahn umherlaufen zu lassen[31]).

---

[26]) Geltungsbereich: Linksrhein. Teile
der Rheinprovinz, nördlich der Mosel,
mit Ausnahme der altpreuß. Landesteile
u. der früher niederländ., erst 1816 an
Preußen abgetretenen Gem. Schenken-
schanz, d. h. in dem früheren General-
gouv. Nieder- u. Mittelrhein (Lottner,
Samml. der G. der Rheinprov. I. 163).

[27]) Diese Bestimmung gilt nicht bloß
für Bewohner des platten Landes, sondern für alle Einwohner Kamm.Ger.
14. Dez. 91 (Johow XII. 231).

[28]) Die Förster in der Rheinprovinz
sind berechtigt, die in der Forst frei umherlaufenden Katzen und fremden Hunde
zu töten, und zwar ohne Unterschied, ob
es Bauernhunde oder Jagdhunde sind,
welche aus einem benachbarten Reviere
übertreten EKompG. 13. Mai 71 (JMB.
231), OB. 3. Juni 85 (XII. 415).

[29]) Geltungsbereich: Die linksrhein.
zwischen Rhein, Mosel u. den neufranz.

Ländern gelegenen Landesteile — ausschließlich der Kr. Kreuznach u. Meisenheim (Lottner, Samml. der G. der
Rheinprov. I. 329).

[30]) Im Geltungsbereich der V. besteht
keine gesetzliche Vorschrift, wonach frei
umherlaufende Hunde (Bracken) totgeschossen werden dürfen. Das Recht
zur Selbstverteidigung gegenüber einem
rechtswidrigen Eingriff in das Jagdrecht läßt das Totschießen eines Hundes
auch nur dann gerechtfertigt erscheinen,
wenn die Abwehr des Hundes nur durch
dessen Vernichtung geschehen kann OVG.
7. Mai 97 (XXXII. 44).

[31]) Geltungsbereich: Herzogt. Berg,
d. i. des rechtsrhein. Teiles des OLG-
Bez. Köln (mit Ausschluß der früher
kurköln. Ämter Wolkenburg, Vilich u.
Deutz, der reichsritterschaftl. Herrschaft
Wildenburg an der Sieg, sowie der
Herrschaften Homberg u. Gimborn [Neu-

z) Polizei=V. 17. März 1903 für die Hohenzollernschen Lande. (AB. Sigmaringen 76).

Hunde und Katzen außerhalb der geschlossenen Ortslage, bei einzel belegenen Gehöften außerhalb eines Umkreises von 200 Metern während der Schonzeit, wie sie im Reichsgesetze zum Schutze von Vögeln vom 22. März 1888 (R.=G.=Bl. S. 111) § 3 Abf. 1 auf die Zeit vom 1. März bis 15. September festgesetzt ist, frei umherlaufen zu lassen, ist bei Geldstrafe bis 30 M., im Unvermögensfalle entsprechender Haft verboten.

------

4. Gesetz vom 31. März 1837 (GS. 65) über den Waffengebrauch der Forst= und Jagdbeamten [1]).

§ 1[2]). Unsere Forst= und Jagdbeamten[3]), sowie die im Kommunal= oder Privatdienste stehenden, wenn sie auf Lebenszeit angestellt sind, oder die

stadt]) u. der Herrsch. Broich mit dem Amte Styrum des OLGBez. Hamm. Ob in den Jülich=Bergischen Anteilen der Kreise Mühlheim u. Essen die Jülich=Bergischen Jagd= u. Forstsatzungen 8. Mai 1761 u. die Brüchte=O. 2. Nov. 1802 gelten, ist fraglich. — In betreff der Strafbestimmungen gilt auch hier G. 24. Mai 99 (Anm. 18). — Die Rechtsgültigkeit der O. ist anerkannt Kamm.Ger. 22. Nov. 94 (Johow XVI. 416).

[1]) Das G. verleiht den Forst= u. Jagd= beamten die Befugnis, im Dienste gegen Forst= und Jagdfrevler zur Überwin= dung eines tätlichen Widerstandes oder zur Abwehr eines Angriffs auf ihre Person über die Grenzen der Notwehr und des Notstandes (StGB. § 53 u. 54) hinaus von ihren Waffen Gebrauch zu machen. — Inhalt: Das G. han= delt von den Voraussetzungen, für den Waffengebrauch § 1 u. 2 u. von dem Verhalten des Beamten, sowie dem Ver= fahren nach erfolgtem Waffengebrauch § 3—5. In die 1866 erworbenen Landesteile ist das G. durch V. 25. Juni 67 (GS. 921) Art. II F und in den Kreis Lauenburg durch V. 24. Dez. 69 (Wochenbl. 27. Dez. 69) eingeführt worden. — Ausf.=Best. Min.=Instr. für Königl. Forst= u. Jagdbeamte 17. April 37 u. Vf. 17. Juli 97 (MB. 175) An= lage A; Min.=Instr. für Kommunal= u. Privat=, Forst= u. Jagdbeamte 21. Nov. 37 u. Vf. 1. Sept. 97 (MB. 193) An= lage B.

[2]) Anl. A. Art. 6—8, Anl. B. § 5—9.
[3]) Zum Waffengebrauch sind auch be= rechtigt:

a) Die zum 20 jähr.[*]) Militärdienst verpflichteten Korpsjäger, welche, nachdem sie zur Reserve oder als halbinvalide beurlaubt, interimistisch eine Anstellung als Forstschutzbeamte erhalten haben und als solche vor= schriftsmäßig vereidigt worden sind AE. 6. Oft. 37 u. 19. April 38 (GS. 257, 258);

b) diejenigen Korpsjäger, die im Kom= munal= u. Privatdienst zwar nicht auf Lebenszeit angestellt, aber vor= schriftsmäßig vereidigt sind u. bei ihrer Beurlaubung von dem Kom= mandeur der betr. Jägerabteilung das Qualifikationsattest über die Befugnisse zum Waffengebrauche im Forst= und Jagddienst erhalten haben AE. 21. Mai 40 (GS. 129);

c) die von Königl. Forstbeamten zu ihrer Unterstützung u. zur Ver= stärkung des Forst= und Jagd= schutzes angenommenen und vor= schriftsmäßig vereidigten Korps= jäger AE. 19. Febr. 42 (GS. 111);

d) diejenigen auf Forstversorgung die= nenden Jäger, welche nach drei= jähriger Dienstzeit während der sechs Wintermonate oder zur Disposition ihres Truppenteils beurlaubt werden und von dem Kommandeur des betr. Jägerbataillons das Qualifikations= Zeugnis zum Waffengebrauch im

------

[*]) (Jetzt 12 jähr.)

Rechte der auf Lebenszeit Angestellten haben[4]), nach Vorschrift des Gesetzes vom 15. April 1878 §§ 23 und 24[5]) vereidigt und mit ihrem Diensteinkommen nicht auf Pfandgelder, Denunziantenantheil oder Strafgelder angewiesen sind, haben die Befugniß, in ihrem Dienste zum Schutze der Forsten und Jagden gegen Holz- und Wilddiebe, gegen Forst- und Jagdkontravenienten, von ihren Waffen Gebrauch zu machen:

1. wenn ein Angriff auf ihre Person erfolgt, oder wenn sie mit einem solchen Angriffe bedrohet werden[6]);

2. wenn diejenigen, welche bei einem Holz- oder Wilddiebstahl, bei einer Forst- oder Jagdkontravention auf der That betroffen, oder als der Verübung oder der Absicht zur Verübung eines solchen Vergehens verdächtig in dem Forste oder dem Jagdreviere gefunden werden, sich der Anhaltung, Pfändung oder Abführung zu der Forst- oder PolizeiBehörde, oder der Ergreifung bei versuchter Flucht thätlich oder durch gefährliche Drohungen widersetzen[7]).

Der Gebrauch der Waffen darf aber nicht weiter ausgedehnt werden, als es zur Abwehrung des Angriffes und zur Ueberwindung des Widerstandes nothwendig ist.

Der Gebrauch des Schießgewehrs als Schußwaffe ist nur dann erlaubt, wenn der Angriff oder die Widersetzlichkeit mit Waffen, Aexten, Knütteln oder andern gefährlichen Werkzeugen, oder von einer Mehrheit, welche stärker ist, als die Zahl der zur Stelle anwesenden Forst- oder Jagdbeamten, unternommen oder angedrohet wird. Der Androhung eines solchen Angriffes wird es gleich geachtet, wenn der Betroffene die Waffen oder Werkzeuge nach erfolgter Aufforderung nicht sofort ablegt, oder sie wieder aufnimmt[8]).

Forstdienst erlangt haben AE. 11. Aug. 55 (GS. 633).

Ein Königl. Forstschutzbeamter, welcher mit Genehmigung der vorgesetzten Behörde neben seinem Posten noch den Schutz einer andern (Gemeinde-) Waldung, wenn auch nur interimistisch überkommt, hat in diesem letzteren Dienste die Berechtigung zum Waffengebrauch, falls er sie im fiskalischen Dienste besitzt Vf. 17. Juni 45 (MB. 193).

[4]) Der Zwischensatz: „wenn sie auf Lebenszeit angestellt sind, oder die Rechte der auf Lebenszeit angestellten haben" bezieht sich auf Kommunal- und Privat-, Forst- u. Jagdbeamte Vf. 29. Juni 67.

[5]) Diese Bestimmungen sind an Stelle des G. 7. Juni 21 § 20 getreten II. 2 Anm. 96 d. W.

[6]) III. 2 Anm. 4 d. W.

[7]) Auch dann, wenn der tätliche Widerstand gegen die Abführung außerhalb der Forst versucht wird U. Gerichtshof für Kompetenzkonflikte 22. Nov. 51 (MB. 53 S. 253) und Nr. III 2 Anm. 6, 9—13 d. W.

[8]) Nach OB. 5. April 98 (DJ. XXXI. 23) ist hier nur an Fälle gedacht, wo der Besitz der Waffe dem Beamten Gefahr bringen kann, nicht aber an Fälle, wo es sich nur um Verweigerung der Herausgabe der Waffe handelt und keine Veranlassung zu der Befürchtung, die Waffe könne gegen den Beamten mißbraucht werden, vorliegt. Die Weigerung zur Abgabe eines zur Ausführung des Frevels benutzten Werkzeuges ist nirgends in dem Gesetze als Grund, der zum Gebrauch der Schußwaffe berechtigt, anerkannt Entsch. Komp.Ger. 18. April 57 (JMB. 381).

§ 2[9]). Die Beamten müssen, um sich der Waffen bedienen zu dürfen, in Uniform oder mit einem amtlichen Abzeichen versehen sein[10]).

§ 3[11]). Der Forst= und Jagdbeamte, der hiernach von seinen Waffen Gebrauch gemacht und Jemand dadurch verletzt hat, ist verpflichtet, soweit es ohne Gefahr für seine Person geschehen kann, dem Verletzten Beistand zu leisten, und wenn er auf jemand geschossen hat, nachzuforschen, ob derselbe dadurch verletzt sei. Ist es erforderlich, so muß der Beamte dafür sorgen, daß der Verletzte zum nächsten Orte gebracht werde, wo die Polizei= behörde für die ärztliche Hülfe und für die nöthige Bewachung Sorge zu tragen hat.

Die Kurkosten sind erforderlichen Falls, und zwar hinsichtlich Unserer Forsten und Jagden von der Forst= und Jagdverwaltung, hinsichtlich der andern Forsten und Jagden aber von den Forst= und Jagdberechtigten vor= zuschießen, welche den Ersatz von dem Verletzten und den Theilnehmern des Frevels, oder von den Beamten, je nachdem die Anwendung der Waffen ge= rechtfertigt befunden worden ist, oder nicht, verlangen können.

§ 4[12]). Auf die Anzeige, daß Jemand von einem Unserer Forst= oder Jagdbeamten (§ 1) im Dienste durch Anwendung der Waffen verletzt worden, hat das Gericht des Orts, wo die Verletzung vorgefallen ist, mit Zuziehung eines Ober=Forstbeamten den Thatbestand festzustellen und zu ermitteln: ob ein Mißbrauch der Waffen stattgefunden habe. Das Gericht ist schuldig, hierbei auf die Anträge Rücksicht zu nehmen, welche der Ober=Forstbeamte zur Aufklärung der Sache zu machen für nothwendig erachtet.

§ 5. Werden in Ansehung eines Forst= oder Jagdbeamten, der nicht zu Unseren Beamten gehört, die im § 4 vorgeschriebenen Ermittelungen erforderlich, so ist hinsichtlich der standesherrlichen Forstbeamten statt des im § 4 erwähnten Ober=Forstbeamten, der standesherrliche Oberbeamte für die Polizei, oder in Ermangelung eines solchen, der Kreis=Landrath, hinsichtlich

---

[9]) Anl. A. Art. 9; Anl. B. § 10 u. 11.

[10]) Uniform=Reglement für die Königl. Preuß. Forstbeamten 29. Dez. 68 (DJ. II. 3), AE. 22. März 02 (DJ. XXXIV. 166), Vf. ML. 4. Sept. 97 (DJ. XXIX. 184) u. 17. Juli 03. — AE. 11. Okt. 99 (MB. 203) u. AE. 30. Juli 02 u. Vf. 17. Juli 03 über Dienstkleidung der Forstbeamten der Kommunalverbände u. öffentl. Anstalten. Forstschutzbeamte sind auch ohnedem zum Waffengebrauch berechtigt, sofern der Beamte dem Frevler persönlich bekannt ist Kamm.Ger. 9. Juni 66 (MB. 255). — Aus der Unanwendbarkeit des G., wel= ches den Waffengebrauch der Forst= u. Jagdschutzbeamten für diejenigen Fälle regelt, wenn sie sich in Uniform befinden oder mit Abzeichen versehen sind, folgt noch nicht, daß der Waffengebrauch eines Forst= u. Jagdschutzbeamten in allen an= deren Fällen rechtswidrig ist. Ist der Gebrauch der Waffe durch die Verteidi= gung geboten, die erforderlich ist, um einen gegenwärtigen Angriff von sich oder einem Anderen abzuwenden — Not= wehr BGB. § 227, so fehlt dem Vor= gehen die Widerrechtlichkeit Konflikt= Entsch. OV. 14. Juni 07 (Deutsche Forst=Z. XXII. 892). Vergl. III. 2 Anm. 10.

[11]) Anl. A. Art. 10 u. 11; Anl. B. § 12 u. 13.

[12]) Anl. A. Art. 12.

aller andern Forſtbeamten aber in jedem Falle der Kreis-Landrath bei der
Ermittelung zuzuziehen.

§§ 6 bis 11[13]).

§ 12[14]).

Anlagen zum Geſetz über den Waffengebrauch vom 31. März 1837.

Anlage A (zu Anmerkung 1).
Miniſterial-Inſtruktion über den Waffengebrauch der Königlichen Forſt- und Jagd-Beamten vom 17. April 1837.

Damit die in dem obigen Geſetze enthaltenen Beſtimmungen, dem beab-
ſichtigten Zwecke gemäß, zur Ausführung gebracht, und etwaigen Exzeſſen beim
Gebrauch der Waffen vorgebeugt werde, werden für die Königlichen Forſten und
Jagden nachſtehende Anweiſungen ertheilt, welche gleich den in dem Geſetze ſelbſt
enthaltenen Beſtimmungen ein jeder Königlicher Forſt- und Jagdbeamter ſich genau
einzuprägen, ſtets zu vergegenwärtigen und ſtreng zu befolgen hat.

Allgemeine Beſtimmungen.

Art. 1. Unter den Forſt- und Jagdbeamten verſteht das Geſetz nicht bloß
die zur Verwaltung und zum Schuß der Forſten und Jagden angeſtellten Ober-
förſter und Förſter, ſondern auch die zur Verſtärkung des Forſt- und Jagdſchußes
angenommenen Hülfs-Aufſeher und Corps-Jäger, ſobald ſie mit den im § 1 des
Geſetzes beſtimmten Erforderniſſen verſehen, und namentlich gehörig vereidigt ſind.

Art. 2. Die vorbemerkten Forſt- und Jagdbeamten ſind überhaupt nur dann,
wenn ſie ſich in den ihnen zur Verwaltung und zum Schuß überwieſenen Forſt-
und Jagdbezirken befinden, ſich der Waffen zu bedienen, befugt[1]).

Art. 3. An Waffen dürfen ſie nur den Hirſchfänger, die Flinte oder
Büchſe führen. Die Schuſswaffe iſt nur mit Schrot oder der Kugel zu laden.
Wer ſich anderer Waffen bedient, oder diejenigen Schuſswaffen, welche geführt
werden dürfen, anders, als vorgeſchrieben, ladet, hat jedenfalls Disziplinar-

---

[13]) § 6—11, die das weitere gerichtliche Verfahren und den Fall des Kon-
fliktes behandeln, ſind durch die Vorſchriften der StPO. und durch G.
13. Febr. 54 (GS. 89) über Konflikte bei
gerichtlicher Verfolgung von Amtshandlungen hinfällig geworden. Liegt
nach Anſicht der vorgeſetzten Behörde
eine Überſchreitung der Amtsbefugniſſe
im Falle eines Waffengebrauches nicht
vor, ſo kann darüber vor Einleitung,
ſowie im Laufe des gerichtlichen Verfahrens vor erfolgter rechtskräftiger
Entſcheidung Konflikt erhoben und iſt
alsdann auf Vorentſcheidung durch das
Ober-Verwaltungsgericht anzutragen G.
13. Febr. 54 § 1[2], EG. z. GVG. 27. Jan.
77 (RGB. 77) § 11.

[14]) § 12, wonach die Vorſchriften über
Selbſthilfe und Notwehr für nicht zum
Waffengebrauch berechtigte Perſonen
durch das G. keine Änderung erfahren,
iſt bedeutungslos.

[1]) Entgegen dieſer Vorſchrift iſt durch
OT. 11. Juni 58 (XXXIX. 66) u.
11. Sept. 61 (Oppenhoff Rechtſpr. I. 526)
anerkannt, daß das Waffengebrauchsrecht
des Forſtbeamten nicht unbedingt durch
die Grenze der Forſt räumlich beſchränkt
ſei, u. auch da Platz greife, wo ein
innerhalb der Forſt betroffener Holzdieb
außerhalb derſelben verfolgt werde.
Damit ſtimmt überein RGer. 1. Okt.
80 (St. II. 207). Dies trifft auch bei
Verfolgung von Jagdfrevlern zu Nr. III.
2 Anm. 9 d. W.

strafe verwirkt, und bleibt ausserdem für allen Nachtheil, der daraus entsteht, verantwortlich [2]).

Art. 4. Beim Gebrauch der Waffen müssen die Forst= und Jagd=beamten sich stets vergegenwärtigen, daß solcher nur soweit statt=finden darf, als die Erfüllung des bestimmten Zwecks, die Holz= oder Wilddiebe, oder die Forst= und Jagdkontravenienten bei thätlichem Widerstande oder gefährlichen Drohungen unschädlich zu machen, es unerläßlich erfordert. In der Regel sind daher die Waffen nicht gegen fliehende Frevler zu gebrauchen. Legt indessen ein auf der Flucht befindlicher Frevler auf erfolgte Aufforderung die Schuß=waffe nicht sofort ab, oder nimmt er dieselbe wieder auf, und ist außerdem nach den besonderen Umständen des einzelnen Falls in dem Nichtablegen oder Wiederaufnehmen der Schußwaffe eine gegen=wärtige, drohende Gefahr für Leib oder Leben des Forst= oder Jagd=beamten zu erblicken, so ist Letzterer auch gegen den Fliehenden zum Gebrauch seiner Waffen berechtigt. In jedem Falle sind die Waffen nur so zu gebrauchen, daß lebensgefährliche Verwundungen soviel als möglich vermieden werden. Deshalb ist beim Gebrauch der Schuß=waffe der Schuß möglichst nach den Beinen zu richten, und beim Gebrauch des Hirschfängers der Hieb nach den Armen des Gegners zu führen. Uebrigens muß beim Gebrauch der Schußwaffe die größte Vorsicht angewendet werden, damit durch das Schießen nicht dritte Personen verletzt werden, welche ohne Theilnahme an einer Kontra=vention sich zufällig in der Schußlinie oder in deren Nähe befinden. In dieser Hinsicht ist besonders dann Aufmerksamkeit nöthig, wenn nach einer Richtung geschossen wird, in der sich eine Landstraße, oder ein bewohntes Gebäude befindet. Auch ist der Gebrauch der Schußwaffe überhaupt in der Nähe von Gebäuden zur Verhütung von Feuersgefahr möglichst zu vermeiden [3]).

Art. 5. Der pflichtmäßigen Erwägung und Entscheidung der Regierungen bleibt es überlassen, denjenigen Forst= oder Jagdbeamten von deren Persönlichkeit ein Mißbrauch der Waffen zu besorgen ist, den Gebrauch der Waffen überhaupt, oder der Schußwaffen, nach ihrem Ermessen zu untersagen. Eine gleiche Befugniß wird den Oberförstern, in Betreff der ihnen untergebenen Forstschutz= und Jagd=beamten ertheilt. Sie müssen aber gleichzeitig der betreffenden Regierung hiervon Anzeige machen, ihr Verfahren gehörig begründen und deren weitere Bestimmung über die Dauer dieser Maßregel einholen.

Besondere Bestimmungen zum § 1 des Gesetzes.

Art. 6. Zum Zweck der Abwehrung eines Angriffs und der Ueberwindung eines thätlichen Widerstandes findet der Gebrauch der Waffen statt, ohne Unter=schied, ob der Vorfall bei Tage oder zur Nachtzeit sich ereignet.

Art. 7. Wenn, wegen Bedrohung mit einem Angriff, von den Waffen Gebrauch gemacht werden soll, so muß die Bedrohung von der Art und von solchen Umständen begleitet sein, daß an ihrer Ausführung zu zweifeln kein be=

---

[2]) Durch Vf. ML. 17. Juli 97 (MB. 175) ist Art. 3 aufgehoben und dadurch die Einschränkung hinsichtlich der Art der anzuwendenden Waffen beseitigt, so daß jetzt z. B. auch von dem Revolver Gebrauch gemacht werden kann.

[3]) Durch dieselbe Vf. (Anm. 2) ist der bis dahin untersagte Waffengebrauch gegen fliehende Frevler unter den im Art. 4 angegebenen Voraussetzungen zu=gelassen.

sonderer Grund obwaltet, und von der Schußwaffe darf überhaupt nur dann Gebrauch gemacht werden, wenn der Angriff oder die Widersetzlichkeit mit Waffen, Aexten, Knitteln oder andern gefährlichen Werkzeugen, oder aber von einer Mehrheit, welche stärker ist, als die Zahl der zur Stelle anwesenden Forst= oder Jagdbeamten, unternommen oder angedroht wird.

Art. 8. Beleidigungen ohne thätliche Widersetzlichkeit oder ohne gefährliche Drohungen berechtigen nicht zum Waffengebrauch. Beamte, welche durch ungebührliches Betragen zu Widersetzlichkeiten selbst Anlaß gegeben, und in Folge hiervon sich der Waffen bedienen, haben nach Maßgabe des Grades ihrer Verschuldung und ihrer Folgen gesetzliche Ahndung nach Maßgabe der betreffenden Bestimmungen des Strafgesetzbuches für die Preußischen Staaten zu gewärtigen.

Zum § 2 des Gesetzes.

Art. 9. Die Forst= und Jagdbeamten müssen, um sich der Waffen bedienen zu können, entweder in Uniform, wenigstens in dem Uniforms=Oberrock mit Dienstknöpfen, gekleidet, oder doch mit dem Hirschfänger an dem vorgeschriebenen Koppel versehen sein [4]).

Zu § 3 des Gesetzes.

Art. 10. Die Forst= und Jagdbeamten haben, so oft sie von den Waffen Gebrauch gemacht haben, selbst dann, wenn eine Verletzung unzweifelhaft nicht erfolgt ist, dies ihrem unmittelbaren Vorgesetzten, und zwar der Oberförster dem betreffenden Forst=Inspektor oder dessen Stellvertreter, die Unterbeamten dagegen dem betreffenden Oberförster sofort schriftlich oder zu Protokoll anzuzeigen, damit dieser in den Stand gesetzt werde, geeigneten Falles zu untersuchen, ob Veranlassung zum Gebrauch der Waffen vorhanden gewesen, und die Vorschriften der gegenwärtigen Instruktion gehörig beachtet worden sind.

Art. 11. Die Verbindlichkeit der Forst= und Jagdbeamten, dem Verletzten Beistand zu leisten, erstreckt sich auf alle Fälle ohne Unterschied, ob die Verletzung durch Anwendung der Schußwaffe oder auf andere Art zugefügt worden ist. Bis dahin, daß die sogleich zu benachrichtigende Polizeibehörde die Sorge für den Verletzten übernommen hat, müssen die Forst= und Jagdbeamten derselben verpflegen und bewachen.

Hat ein einzelner Forst= oder Jagdbeamter Gebrauch von den Waffen machen müssen und dabei den Gegner verwundet, so muß er den letzteren, so weit es ohne Gefahr für seine Person geschehen kann, dahin geleiten, wo er Pflege und Bewachung findet, oder hiezu Hülfe herbeiholen: die Polizeibehörde aber, sobald für den Verwundeten gesorgt ist, demnächst ohne den geringsten Verzug von dem Vorfalle benachrichtigen, und seiner vorgesetzten Behörde die durch den Art. 10 vorgeschriebene Meldung machen.

Zum § 4 des Gesetzes.

Art. 12. Unter den im § 4 des Gesetzes beregten Ober=Forstbeamten ist der nächste Vorgesetzte des betreffenden Forst= und Jagdbeamten zu verstehen, und es hat sich daher, sofern die Verwundung durch einen Schutzbeamten geschehen, der Oberförster, wenn es durch den Oberförster geschehen, der Forst=Inspektor, und sofern etwa dieser in die Nothwendigkeit gekommen sein sollte, von seinen Waffen Gebrauch zu machen, der Ober=Forstbeamte der Regierung der Theilnahme an Feststellung des Thatbestandes zu unterziehen.

------

[4]) Uniform=Reglement für die Kgl. Preuß. Forstbeamten (III. 4 Anm. 10 d. W.).

Art. 13. Findet der betreffende Vorgesetzte bei der nach Art. 10 dieser Instruktion zu veranlassenden Untersuchung, daß von den Waffen zur Ungebühr Gebrauch gemacht worden, so hat er nach Befinden der Umstände den Thäter zu verhaften, und an die nächste Gerichtsbehörde abzuliefern.

Art. 14. Die Forst- und Jagdbeamten müssen bei Anwendung der Waffen eben so sehr mit Besonnenheit und Umsicht, als mit Kraft und Unerschrockenheit handeln. — Diejenigen, welche hierdurch in schwierigen Fällen das in sie gesetzte Vertrauen rechtfertigen, können auf den Schutz der Gesetze und der Fürsorge ihrer Vorgesetzten rechnen, dagegen werden diejenigen, welche beim Waffengebrauch ihre Befugnisse überschreiten, ohne Nachsicht zur Untersuchung gezogen und bestraft werden.

Diese Instruktion, so wie das Gesetz, sind sorgfältig aufzubewahren und zu inventarisiren.

Anlage B (zu Anmerkung 1).
Ministerial-Instruktion über den Waffengebrauch der Kommunal- und Privat-Forst- und Jagdbeamten vom 21. November 1837.

Damit die in dem Gesetze vom 31. März d. J. über den Waffengebrauch der Forst- und Jagdbeamten enthaltenen Vorschriften auch zum Schutze der Kommunal- und Privat-Forsten und Jagden richtig angewendet und Mißbräuche möglichst verhütet werden, ertheile ich über die Ausführung dieses Gesetzes, sowohl zur Instruktion der Polizeibehörden, als zur Belehrung der Forst- und Jagdbesitzer und des betreffenden Dienst-Personals derselben nachstehende nähere Anweisung:

§ 1. Die Bestimmungen des § 1 des Gesetzes finden auch auf die zu Verstärkung des Forstschutzpersonals angenommenen Hülfsaufseher Anwendung, wenn die im Eingange des angeführten Paragraphen festgesetzten Erfordernisse bei ihnen vorhanden, und sie bei Ausübung ihrer Funktionen mit Dienstkleidung oder einem Abzeichen versehen sind.

§ 2. Die Kommunal- und Privat-Forst- und Jagd-Offizianten dürfen sich ihrer Waffen nur bedienen, wenn sie sich innerhalb des ihnen zur Verwaltung oder zum Schutz überwiesenen Forst- und Jagd-Reviers befinden [1]).

§ 3. An Waffen dürfen sie nur den Hirschfänger, die Flinte oder die Büchse führen; Flinten und Büchsen dürfen nur mit der Kugel oder mit Schrot geladen sein. Wer sich anderer Waffen oder einer andern Ladung bedient, hat dadurch eine nach Maassgabe des ihm zur Last fallenden Missbrauchs zu arbitrirende Polizeistrafe verwirkt, und bleibt ausserdem für den etwa dadurch herbeigeführten Schaden verantwortlich [2]).

§ 4. Beim Gebrauch der Waffen müssen die Forst- und Jagdbeamten sich stets vergegenwärtigen, daß solcher nur insoweit stattfinden darf, als die Erfüllung des bestimmten Zwecks, die Holz- oder Wilddiebe, oder die Forst- und Jagdkontravenienten bei thätlichem Widerstande oder gefährlichen Drohungen unschädlich zu machen, es unerläßlich erfordert. In der Regel sind daher die Waffen nicht gegen fliehende Frevler zu gebrauchen. Legt indessen ein auf der Flucht befindlicher Frevler auf erfolgte Aufforderung

---

[1]) Anl. A Anm. 1.
[2]) Durch Vf. MJ. 1. Sept. 97 (MB. 193) ist § 3 aufgehoben, wodurch die bei Anl. A Anm. 2 angegebene Einschränkung in gleicher Weise beseitigt ist.

die Schußwaffe nicht sofort ab, oder nimmt er dieselbe wieder auf, und ist außerdem nach den besonderen Umständen des einzelnen Falles in dem Nichtablegen oder Wiederaufnehmen der Schußwaffe eine gegenwärtige, drohende Gefahr für Leib oder Leben des Forst- oder Jagdbeamten zu erblicken, so ist Letzterer auch gegen den Fliehenden zum Gebrauch seiner Waffen berechtigt. In jedem Falle sind die Waffen nur so zu gebrauchen, daß lebensgefährliche Verwundungen soviel als möglich vermieden werden. Deshalb ist beim Gebrauch der Schußwaffe der Schuß möglichst nach den Beinen zu richten, und beim Gebrauch des Hirschfängers der Hieb nach den Armen des Gegners zu führen. Uebrigens muß beim Gebrauch der Schußwaffe die größte Vorsicht angewendet werden, damit durch das Schießen nicht dritte Personen verletzt werden, welche ohne Theilnahme an einer Kontravention sich zufällig in der Schußlinie oder in deren Nähe befinden. In dieser Hinsicht ist besonders dann Aufmerksamkeit nöthig, wenn nach einer Richtung geschossen wird, in der sich eine Landstraße oder ein bewohntes Gebäude befindet. Auch ist der Gebrauch der Schußwaffe überhaupt in der Nähe von Gebäuden zur Verhütung von Feuersgefahr möglichst zu vermeiden[3]).

§ 5. Es begründet keinen Unterschied, ob der Vorfall, der zum Gebrauch der Waffen Veranlassung giebt, sich bei Tage oder zur Nachtzeit ereignet.

§ 6. Da nach dem Gesetz von der Schußwaffe nur dann Gebrauch gemacht werden darf, wenn der Angriff mit Waffen, Aexten, Knitteln, oder andern gefährlichen Werkzeugen, oder von einer Mehrzahl, welche stärker ist, als die zur Stelle anwesenden Forst- und Jagd-Offizianten, unternommen wird: so berechtigen Drohungen, welche nicht von der Art sind, daß sie sofort ausgeführt werden können, und bloß wörtliche Beleidigungen, zum Waffengebrauche nicht.

§ 7. Da es für die Polizeiverwaltung von Interesse ist, wem die durch den § 1 des Gesetzes zugestandene wichtige Befugniß anvertraut wird, und da überdies der § 3 des Gesetzes den Waldbesitzern und Jagdberechtigten selbst Kostenvertretung auferlegt, so haben diejenigen Kommunen und Privatpersonen, welche ihren Forst- und Jagd-Offizianten die Befugniß, sich in betreffenden Fällen der Waffen zu bedienen, beigelegt wissen und sie zu dem Ende mit einer Dienstkleidung oder einem Abzeichen versehen wollen, hiervon zuvor der kompetenten Polizeibehörde Anzeige zu machen[4]).

§ 8. Mit dieser Erklärung ist zugleich die Benennung der Personen, welchen die Verwaltung oder der Schutz der gleichfalls genau zu bezeichnenden Forst- oder Jagdreviere übertragen ist, und ebenso die Beschreibung der gewählten Dienstbekleidung oder Abzeichen zu verbinden.

§ 9. Sofern gegen die in dieser Art benannten Personen sich in irgend einer Art erhebliche Bedenken herausstellen, ist die Polizeibehörde befugt, denselben den Gebrauch der Waffen zu untersagen.

---

[3]) Durch die in Anm. 2 angeführte Vf. wie in Anl. A geändert.

[4]) „Die Instruktion bietet keinen An-„laß für eine besondere Genehmigung „in Betreff des Waffengebrauchs Seitens „der Regierung, es genügt vielmehr die „Anzeige bei der zunächst vorgesetzten „Polizeibehörde (meist wohl der Landrat). „Auch diese hat keine förmliche Konzession „über Verstattung des Waffengebrauchs „auszufertigen, sondern sich lediglich auf „die Bescheinigung zu beschränken, daß „die Anzeige in Gemäßheit des § 7 der „Instruktion erfolgt sei, und daß sich „gegen die Qualifikation des betr. Beam-„ten und die gewählten Dienstabzeichen „desselben nichts zu erinnern gefunden „hat." MJ. 30. März 1841 (MB. 95).

§ **10.** Die Kommunal=[5]) und Privat=Forft= und Jagd=Offizianten müffen in dem Augenblick, wo fie fich der Waffe bedienen, entweder mit einer Dienft= kleidung, die ihre Beftimmung hinlänglich erkennen läßt, oder mit einem Abzeichen verfehen fein, welches letztere nur in einem metallenen Schilde von wenigftens 3 Zoll Breite und Höhe mit einer in oben erwähnter Art der Polizeibehörde namhaft zu machenden Bezeichnung beftehen, und entweder an der Kopfbedeckung, auf der Bruft, oder dem Oberarm, oder auch an der Koppel des Hirfchfängers getragen werden kann.

§ **11.** Erinnerungen der Polizeibehörde gegen die Zuläffigkeit oder Zweck= mäßigkeit der gewählten Dienftkleidungen oder Abzeichen haben die Waldeigen= thümer und Jagdberechtigten zu berückfichtigen. Findet fich bei denfelben nichts zu erinnern, fo ift deren Befchreibung in denjenigen Polizeibezirken, wo die be= treffenden Forft= oder Jagdreviere belegen, von der Orts=Polizeibehörde öffentlich bekannt zu machen.

§ **12.** So oft ein Forft= und Jagd=Offiziant von den Waffen Gebrauch gemacht hat, auch wenn eine Verletzung unzweifelhaft nicht erfolgte, ift derfelbe verpflichtet, unverzüglich der Orts=Polizeibehörde und demnächft feiner Dienft= herrfchaft, fofern aber der Sitz der erftern von dem Orte, wo der Vorfall fich ereignet, entfernter fein follte, als die Wohnung der letztern, zuerft diefer davon Anzeige zu machen. Die Orts=Polizeibehörde hat hierauf fofort dem Landrath des Kreifes Bericht zu erftatten, damit derfelbe dasjenige, was ihm nach §§ 4 und 5 des Gefetzes obliegt, wahrnehmen kann.

§ **13.** Wenn eine Verletzung vorgefallen ift, fo find die Forft= oder Jagd= Offizianten, es mögen nun ihrer mehrere oder ein einzelner zur Stelle fein, fchuldig, den Verwundeten dahin zu geleiten, wo er ärztliche Hülfe, Pflege und Bewachung findet, und, wenn fie hierzu allein nicht im Stande find oder folches für fie mit Gefahr verknüpft fein würde, dazu Hülfe herbeizuholen, demnächft aber ohne allen Verzug der Orts=Polizei=Behörde davon Anzeige zu machen. Bis dahin, daß die Orts=Polizei=Behörde die Sorge für den Verwundeten über= nommen hat, liegt diefelbe dem betreffenden Forft= oder Jagd=Offizianten, und beziehungsweife deffen Dienftherrfchaft ob.

---

[5]) Dienftkleidung der Forftbeamten Anftalten (III. 4 Anm. 10 d. W.). der Kommunalverbände und öffentlichen

II. Landesrecht.

1850 — 7. März, Jagdpolizei-G. —
10, 57.
§ 2 — 53.
§ 7 — 17 (43).
§ 13 — 62.
§ 21/23 — 71.
„ 30. März, Bayerisches Jagd-G. —
1 (2), 51.
„ 29. Juli, Hannov. Jagd-G. — 1,
2, 8, 10, 50, 89.
„ 30. Aug., Frankfurter Jagd-G. —
1 (2), 51.
1854 — 26. Jan., Kurhess. Wildschaden-
G. — 1 (2), 49, 85.
„ — 26. Jan., Konflikt-G. —
158 (13).
1858 — 19. Juli, Großherz. Hess. Jagd-
straf-G. — 51, 153.
„ 2. Aug., Großherz. Hess. Jagd-G.
— 1 (2), 51.
1859 — 11. März, Hannov. Jagd-O. —
10, 89, 140 (3).
§ 1 — 9 (3).
§ 5, 23, 25 — 107 (6, 7, 8).
§ 13 — 9 (5).
§ 14 — 112 (7),
§ 27 — 115 (29).
§ 31 — 115 (28).
§ 32/35 — 150.
1860 — 6. Jan., Nassau'sches G. — 153.
1863 — 5. Okt., Bayerische V. poliz.
Vorschriften — 51, 153.
1865 — 7. Sept., Kurhess. Jagd-G. —
1 (2), 10, 49, 51, 56, 144 (1).
§ 5 bis 7 — 19 (49), 57.
§ 19 — 54.
§ 26, 28 — 89.
§ 30 — 153.
§ 34/37, 40 — 85 (1 bis 14).
1866 — 8. Sept., Lauenb.'sche V. —
150.
1867 — 30. März, V. für das vorm.
Herzogt. Nassau — 1, 10, 50, 57.
„ 22. Mai, V. für die Enklave Kaulsdorf — 10.
„ 20. Sept., V. für das Amt Meisenheim — 10.
1868 — 23. Okt., Förster-Dienstinstruktion
§ 37, 40, 71 — 126 (9).

1870 — 26. Feb., Wildschon-G. — 10,
110 (1),
§ 5 — 46 (189).
§ 7 — 48 (194).
„ — 4. Juni, Geschäftsanw. für Oberförster, § 91 — 126 (9).
1872 — 17. Juli, V. für Lauenburg —
1, 10, 50, 57.
1873 — 1. März, Jagd-G. für vorm.
Kurhess. usw. Landesteile — 1, 10,
49, 50.
1874 — 30. Mai
1880 — 30. März, Fischerei-G. — 4 (15),
43.
§ 45 — 72, 78 (5).
1878 — 15. April, Forstdiebstahl-G. —
31 (107).
§ 23, 24 — 28, 64, 104, 128 (10),
156.
1880 — 1. April, Feld- u. Forstpol.-G.
§ 10 — 134 (33).
§ 18 — 107 (2),
§ 33, 34 — 2 (2), 3 (4),
§ 62 bis 66 — 125 (3).
1881 — 14. März, G. über gemeinschaftliche Holzungen — 16 (36).
1883 — 23. April, G. betr. die sächlichen
Polizeikosten — 48 (194).
„ — 23. Juli, LVG.,
§ 52 — 39 (152).
§ 57 — 39 (154).
§ 58 — 58.
§ 60 — 40 (155).
§ 63, 65, 66 — 39 (153).
§ 127/129 — 32, 39 (149), 44 (178),
101 (1), 105.
§ 132 — 41 (164).
§ 153, 155 — 28 (96).
„ 1. Aug., Zust.G., § 103 bis 108 —
11, 44 (177), 51, 72, 93 (25),
95 (33, 34), 101, 113 (19),
117 (3), 121, 126 (9).
1884 — 6. Mai, Kreis-O. § 26 — 28 (96).
1891 — 18. Feb., G. betr. Helgoland — 2.
„ — 11. Juli, Wildschaden-G. — 11,
37 (137), 39 (154), 41 (162),
42 (166), 50, 70, 71 (9), 116 (1),
121.
„ — 29. Dez., LGO. — 21 (51).

Sachverzeichnis.

Druck von E. Buchbinder in Neu-Ruppin.

Jahrbuch für Entscheidungen des Reichsgerichts, des Reichsversicherungs=
amtes, des Oberverwaltungsgerichts, des Kammergerichts und des Oberlandes=
kulturgerichts aus dem Gebiete der Preußischen Agrar=, Jagd= und Fischerei=
Gesetzgebung sowie der Arbeiterversicherung und des Strafrechts. Herausgegeben
von **W. Schultz,** Landforstmeister a. D. Jährlich 2 Hefte. Preis jedes Heftes
M. 1.— bis M. 2.—. Bis jetzt sind erschienen: Erster Band 1904 M. 4.—. Zweiter
Band 1905 M. 4.—. Dritter Band 1906 M. 4.—. Vierter Band 1907 M. 4.—.

Die Forstwirtschaft. Forstschutz — Staatsforsten — Gemeinde= u. Anstalts=
forsten — Privatforsten. Von **W. Schultz,** Landforstmeister a. D.
In Leinwand geb. Preis M. 7.—.

Die preußischen Forst- und Jagdgesetze mit Erläuterungen.
Herausgegeben von **O. Oehlschläger, A. Bernhardt, K. Frh. v. Bülow** und
F. Sterneberg.

Band I. Gesetz, betreffend den Forstdiebstahl vom 15. April 1878. Fünfte,
vermehrte Auflage. Kart. Preis M. 2.—.

Band II. Gesetze über 1. Die Verwaltung und Bewirtschaftung von Waldungen
der Gemeinden usw. sowie über 2. Schutzwaldungen und Waldgenossenschaften.
Kart. Preis M. 2.40.

Band III. Das Feld= und Forstpolizeigesetz vom 1. April 1880. Vierte Auf=
lage. Kart. Preis M. 2.—.

Ergänzungsband zu Band III. Die zum Feld= und Forstpolizeigesetz vom 1. April
1880 erlassenen Polizeiverordnungen, zusammengestellt von **F. Sterneberg.**
Kart. Preis M. 2.80.

Handbuch der Forstpolitik mit besonderer Berücksichtigung der Gesetzgebung
und Statistik. Von **Dr. Max Endres,** o. ö. Professor an der Universität München.
Preis M. 16.—; in Leinwand geb. M. 17.20.

Die forstlichen Verhältnisse Preußens. Von **Otto von Hagen,** w.
Oberlandforstmeister. Dritte Auflage, bearbeitet nach amtlichem Material
von **K. Donner,** Oberlandforstmeister und Ministerialdirektor. In zwei Bänden.
Preis M. 20.—; in 1 Leinwandband geb. M. 21.50.
in 2 Leinwandbände geb. M. 22.50.

Als Ergänzung hierzu erschienen:

Amtliche Mitteilungen aus der Abteilung für Forsten des Kgl. Preuß. Ministeriums
für Landwirschaft, Domänen und Forsten. 1. Heft 1893—1900. 2. Heft 1900—
1903. 3. Heft 1905. 4. Heft 1906 unter der Presse. Preis je M. 2.—.

Die Geschichte der Holzzoll- und Holzhandelsgesetzgebung
in Bayern. Von **Dr. W. Jucht,** Assistent an der Kgl. Bayr. forstlichen Ver=
suchsanstalt in München. Preis M. 4.—.

Die forstliche Bestandesgründung. Ein Lehr= und Handbuch für Unterricht und Praxis. Auf neuzeitlichen Grundlagen bearbeitet von **Hermann Reuss,** k. k. Oberforstrat, Direktor der höheren Forstlehranstalt Mährisch=Weißkirchen. Mit 64 Textfiguren. Preis M. 8.—, in Leinwand geb. M. 9.20.

Die Forsteinrichtung. Ein Grundriß zu Vorlesungen mit besonderer Berück= sichtigung der Verhältnisse Preußens. Von **Dr. H. Martin,** Kgl. Preuß. Forst= meister und Professor. Zweite Auflage. Preis M. 2.60.

Die forstliche Statik. Ein Handbuch für leitende und ausführende Forstwirte sowie zum Studium und Unterricht. Von **Dr. H. Martin,** Kgl. Preuß. Forst= meister und Professor. Preis M. 7.—; in Leinwand geb. M. 8.20.

Lehrbuch der Waldwertrechnung und Forststatik. Von **Dr. Max Endres,** Professor der Forstwissenschaft an der Technischen Hochschule zu Karlsruhe. Mit 4 in den Text gedruckten Figuren. Preis M. 7.—; in Leinwand geb. M. 8.20

Leitfaden für den Waldbau. Von **W. Weise,** Kgl. Oberforstmeister und Direktor der Forstakademie zu Hann. Münden. Dritte vermehrte und ver= besserte Auflage. Preis M. 3.—; in Leinwand geb. M. 4.—.

Leitfaden für Vorlesungen aus dem Gebiete der Ertragsregelung. Von **W. Weise,** Kgl. Preuß. Oberforstmeister und Direktor der Forstakademie zu Hann. Münden. Mit 8 Abbildungen im Text. Preis M. 4.—; geb. M. 5.—.

Die wirtschaftliche Einteilung der Forsten mit besonderer Berück= sichtigung des Gebirges in Verbindung mit der Wegnetzlegung. Von **Otto Kaiser,** Regierungs= und Forstrat a. D. Mit 30 Textfiguren, 10 lithogr. Tafeln und 4 Karten. Preis M. 6.—; in Leinwand geb. M. 7.—.

Der Ausbau der wirtschaftlichen Einteilung des Wege- und Schneisennetzes im Walde. Von **Otto Kaiser,** Regierungs= und Forstrat a. D. Mit 16 Textfiguren und 14 lithogr. Tafeln. Preis M. 6.—; in Leinwand geb. M. 7.—.

Untersuchungen im Buchenhochwalde über Wachstumsgang und Massenertrag. Nach den Aufnahmen der Herzoglich Braunschweigischen Forstlichen Versuchsanstalt. Von **Dr. F. Grundner,** Herzogl. Braunschweigischer Kammerrat und Vorstand der Herzoglichen forstlichen Versuchsanstalt. Mit 2 lithogr. Tafeln. Preis M. 3.—.

Zeitschrift für Forst- und Jagdwesen. Zugleich Organ für forstliches Versuchswesen. Begründet von **Bernhard Danckelmann.** Herausgegeben in Verbindung mit den Lehrern der Forstakademien zu Eberswalde und Münden, sowie nach amtlichen Mitteilungen von **Paul Riebel,** Kgl. Preuß. Oberforstmeister und Direktor der Forstakademie zu Hann. Münden, und Professor **Dr. Alfred Möller,** Kgl. Preuß. Oberforstmeister und Direktor der Forstakademie zu Ebers= walde. Jährlich 12 Hefte. Preis M. 16.—.

Bodenkunde. Von **Dr. E. Ramann,** o. ö. Professor an der Universität München. Zweite Auflage. Mit in den Text gedruckten Abbildungen.
Preis M. 10—; in Leinwand geb. M. 11.20.

Die nordwestdeutsche Heide in forstlicher Beziehung. Von **F. Erdmann,** Forstmeister zu Neubruchhausen. Preis M. 1.60.

Freie Durchforstung. Von **Dr. C. R. Heck,** Kgl. Württ. Oberförster in Adelsberg. Mit 31 Übersichten und 6 Tafeln. Preis M. 3.—.

Die Aufforstung landwirtschaftlich minderwertigen Bodens. Eine Untersuchung über die Zweckmäßigkeit der Aufforstung minderwertig oder ungünstig gelegener landwirtschaftlich benutzter Flächen mit besonderer Berücksichtigung des Kleinbesitzes. Vom Kgl. sächs. Ministerium des Innern preisgekrönte Arbeit von **Dr. Möller,** Königl. Forstassessor in Schandau i. Sa.
Unter der Presse.

Die Pflanzenzucht im Walde. Ein Handbuch für Forstwirte, Waldbesitzer und Studierende. Von **Dr. H. von Fürst,** k. bayr. Oberforstrat, Direktor der Forstlehranstalt Aschaffenburg. Vierte vermehrte und verbesserte Auflage. Mit 66 in den Text gedruckten Holzschnitten.
Preis M. 7.—; in Leinwand geb. M. 8.20.

Forstästhetik. Von **H. von Salisch.** Zweite vermehrte Auflage. Mit 16 Lichtdruckbildern und zahlreichen Abbildungen im Text.
Preis M. 7.—; in Leinwand geb. M. 8.—.

Leitfaden der Holzmeßkunde. Von **Dr. A. Schwappach,** Kgl. Preuß. Forstmeister, Professor an der Kgl. Forstakademie Eberswalde und Abteilungsdirigent bei der preuß. Hauptstation des forstlichen Versuchswesens. Zweite, umgearbeitete Auflage. Mit 22 in den Text gedruckten Abbildungen.
Preis M. 3.—; in Leinwand geb. M. 4.—.

Leitfaden für die Försterprüfungen. Ein Handbuch für den Unterricht und Selbstunterricht unter Berücksichtigung der preußischen Verhältnisse, sowie für den praktischen Forstwirt. Mit 145 Holzschnitten und 1 Spurentafel. Von **G. Westermeier,** Kgl. Preuß. Forstmeister zu Schkeuditz. Zehnte, zum Teil umgearbeitete Auflage des Leitfadens für das preußische Jäger- und Försterexamen. Preis M. 5.—; in Leinwand geb. M. 6.—.

Forst- und Jagd-Kalender. Begründet von **Judeich** (Tharandt) und **Schneider** (Eberswalde). Bearbeitet von **Dr. M. Neumeister,** Geh. Oberforstrat und Oberforstmeister in Dresden, und **M. Retzlaff,** Geh. exp. Sekretär und Kalkulator im Kgl. Preuß. Ministerium für Landwirtschaft, Domänen und Forsten. In zwei Teilen.

Erster Teil: Ausgabe **A.** Schreibkalender, 7 Tage auf der linken Seite, rechte Seite frei. Preis in Leinwand geb. M. 2.—; in Leder geb. M. 2.50.
Ausgabe **B.** Schreibkalender, auf jeder Seite nur 2 Tage.
Preis in Leinwand geb. M. 2.20; in Leder geb. M. 2.70.
Zweiter Teil: Für die Käufer des ersten Teiles M. 2.—; sonst M. 3.—.

Zu beziehen durch jede Buchhandlung.

Handbuch der Gesetzgebung
in Preußen und dem Deutschen Reiche.

Unter Mitwirkung von

Geh. Oberregierungsrat **Altmann**, Geh. Oberpostrat **Aschenborn**, Geh. Oberregierungsrat **Fritsch**, Senatspräsident beim Oberverwaltungsgericht **Genzmer**, Geh. Oberregierungsrat **Hoffmann**, Landgerichtsrat Dr. **Hornemann**, Oberbergrat **Kreisel**, Geh. Oberregierungsrat **Küster**, Geh. Oberregierungsrat **Lusensky**, Geh. Regierungsrat Dr. **Münchgesang**, Regierungs-Assessor Dr. **Rintelen**, Reichsmilitärgerichtsrat Dr. **Schlayer**, Landforstmeister a. D. **Schultz**, Regierungs-Präsident Frhr. **v. Scherr-Thoß**

herausgegeben von

Graf Hue de Grais,

Wirkl. Geh. Oberregierungsrat, Regierungspräsident a. D.

Jeder Band ist einzeln käuflich.

Bis jetzt sind erschienen:

Das Deutsche Reich. Reichsverfassung — Reichsangehörigkeit — Reichstag — Reichsbehörden und Reichsbeamte — Reichsfinanzen — Elsaß-Lothringen. Von Graf Hue de Grais, Wirkl. Geh. Oberregierungsrat, Regierungspräsidenten a. D. Gr. 8°. XII u. 385 S. In Leinwand geb. Preis M. 6.—.

Heer und Kriegsflotte. 1. Band: Allgemeine Bestimmungen. Von Graf Hue de Grais, Wirkl. Geh. Oberregierungsrat, Regierungspräsidenten a. D. Gr. 8°. XVI u. 733 S. In Leinwand geb. Preis M. 14.—.

2. Band: Militärstrafrecht. Von Dr. Schlayer, Reichsmilitärgerichtsrat. Gr. 8°. XIII u. 690 S. In Leinwand geb. Preis M. 14.—.

Der Preußische Staat. 1. Band: Staatsverfassung und Staatsbehörden. Von Graf Hue de Grais, Wirkl. Geh. Oberregierungsrat, Regierungspräsidenten a. D. Gr. 8°. XIII u. 608 S. In Leinwand geb. Preis M. 9.—.

3. Band: Kommunalverbände. Gemeinsame Bestimmungen — Landgemeinden und Gutsbezirke — Städte — Kreise — Provinzen. Von Graf Hue de Grais, Wirkl. Geh. Oberregierungsrat, Regierungspräsidenten a. D. Gr. 8°. XVI u. 620 S. In Leinwand geb. Preis M. 12.—.

Die Polizei. Polizeiverwaltung — Strafpolizei — Sicherheitspolizei — Ordnungspolizei. Von St. Genzmer, Senatspräsidenten des Oberverwaltungsgerichts. Gr. 8°. XVI u. 544 S. In Leinwand geb. Preis M. 10.—.

Das Bauwesen. Staatsbauverwaltung — Baurecht — Baupolizei. Von Dr. jur. F. Münchgesang, Geh. Regierungsrat. Gr. 8°. XII u. 506 S. In Leinwand geb. Preis M. 10.—.

Die Forstwirtschaft. Forstschutz — Staatsforsten — Gemeinde- und Anstaltsforsten — Privatforsten. Von W. Schultz, Landforstmeister a. D. Gr. 8°. XII u. 428 S. In Leinwand geb. Preis M. 7.—.

Die Jagdgesetzgebung. Jagdrecht — Jagdpolizei — Wildschaden — Jagdschutz. Von W. Schultz, Landforstmeister a. D., und Frhr. v. Scherr-Thoß, Regierungspräsident. Zweite, neubearbeitete Auflage. Gr. 8°. Preis M. 3.60, in Leinwand geb. M. 4.40.

Der Handel. Von F. Lusensky, Geh. Oberregierungsrat und vortragendem Rat im Ministerium für Handel und Gewerbe. Gr. 8°. XIV u. 482 S. In Leinwand geb. Preis M. 10.—.

Die Eisenbahnen. Allgemeine Bestimmungen — Verwaltung der Staatseisenbahnen, Staatsaufsicht über Privateisenbahnen — Beamte und Arbeiter — Finanzen, Steuern — Eisenbahnbau, Grunderwerb und Rechtsverhältnisse des Grundeigentums — Eisenbahnbetrieb — Eisenbahnverkehr — Verpflichtungen der Eisenbahnen im Interesse der Landesverteidigung — Post- und Telegraphenwesen — Zollwesen, Handelsverträge. Von K. Fritsch, Geh. Oberregierungsrat und vortr. Rat im Reichsamt für die Verwaltung der Reichseisenbahnen. Gr. 8°. XVI u. 971 S. In Leinwand geb. Preis M. 17.50.